高等职业教育能

U0694623

用电检查与服务

YONGDIAN JIANCHA YU FUWU

● 主 编 魏梅芳
● 参 编 朱雪松 付 蕾 张成林
　　　　 吴 春 李 清 邓春平
　　　　 李 彪 郭拥军 郭 卉

重庆大学出版社

图书在版编目(CIP)数据

用电检查与服务/魏梅芳,主编. -- 重庆:重庆

大学出版社,2020.4

ISBN 978-7-5689-2093-3

Ⅰ.①用… Ⅱ.①魏… Ⅲ.①用电管理—高

等职业教育—教材 Ⅳ.①TM92

中国版本图书馆 CIP 数据核字(2020)第 062841 号

高等职业教育能源动力与材料大类系列教材

用电检查与服务

主 编 魏梅芳

参 编 朱雪松 付 蕾 张成林 吴 春 李 清

邓春半 李 彪 郭拥军 郭 卉

策划编辑:鲁 黎

责任编辑:陈 力 版式设计:鲁 黎

责任校对:王 倩 责任印制:张 策

*

重庆大学出版社出版发行

出版人:饶帮华

社址:重庆市沙坪坝区大学城西路 21 号

邮编:401331

电话:(023)88617190 88617185(中小学)

传真:(023)88617186 88617166

网址:http://www.cqup.com.cn

邮箱:fxk@cqup.com.cn(营销中心)

全国新华书店经销

重庆俊蒲印务有限公司印刷

*

开本:787mm×1092mm 1/16 印张:18.25 字数:435 千

2020 年 4 月第 1 版 2020 年 4 月第 1 次印刷

印数:1—1 500

ISBN 978-7-5689-2093-3 定价:48.00 元

高等职业教育能源动力与材料大类

（供电服务）系列教材编委会

编写人员名单

主　编　魏梅芳　长沙电力职业技术学院

参　编　朱雪松　长沙电力职业技术学院

　　　　付　蕾　长沙电力职业技术学院

　　　　张成林　长沙电力职业技术学院

　　　　吴　春　长沙电力职业技术学院

　　　　李　清　国网湖南省电力有限公司
　　　　　　　　邵阳供电分公司

　　　　邓春平　国网湖南省电力有限公司
　　　　　　　　岳阳供电分公司

　　　　李　彪　国网湖南省电力有限公司
　　　　　　　　湘潭供电分公司

　　　　郭拥军　国网湖南省电力有限公司
　　　　　　　　常德供电分公司

　　　　郭　卉　国网湖南省电力有限公司
　　　　　　　　常德供电分公司

序言

实施乡村振兴战略，是党的十九大作出的重大决策部署。习近平总书记指出，"乡村振兴是一盘大棋，要把这盘大棋走好"。近年来，在国家电网有限公司统一部署下，国网湖南省电力有限公司全面建设"全能型"乡镇供电所，持续加大农网改造力度，不断提升农村电网供电保障能力，与此同时，也对供电所岗位从业人员技术技能水平提出了更新更高的要求。

近年来，长沙电力职业技术学院始终以"产教融合"为主线，以"做精做特"为思路，立足服务公司和电力行业需求，大力实施面向供电服务职工的定制定向培养，推进人才培养与"全能型"供电所岗位需求对接，重点培养电力行业新时代卓越产业工人，为服务乡村振兴和经济社会发展，提供强有力的人才保障。

教材，是人才培养和开展教育教学的支撑和载体。为此，长沙电力职业技术学院把编写适应供电服务岗位需求的教材作为抓好定向培养的关键切入点，从培养供电服务一线职工的角度出发，破解职业教育传统教材与生产实际、就业岗位需求脱节的突出问题。本套教材由长沙电力职业技术学院教师与供电企业专家、技术能手和星级供电所所长等人员共同编写而成，贯穿了"产教协同"的思路理念，汇聚了源自供电服务一线的实践经验。

以德为先，德育和智育相互融合。本套教材立足高职学生视角，突出内容设计和语言表达的针对性、通俗性、可读性的同时，注重将核心价值观、职业道德和电力行业企业文化等元素融入其中，引导学生树立社会主义核心价值观，把"爱国情、强国志、报国行"自觉融入实现"中国梦"的奋斗之中，努力成为德、智、体、美、劳全面发展的社会主义建设者和接班人。

以实为体，理论与实践相互支撑。"教育上最重要的事是要给学生一种改造环境的能力"（陶行知语）。为此，本套教材更加突出对学生职业能力的培养，在确保理论知识适度、实用的基础上，采用任务驱动模式编排学习内容，以"项目＋任务"为主体，导入大量典型岗位案例，启发学生"做中学、学中做"，促进实现工学结合、"教学做"一体化目标。同时，得益于本套教材为校企合作开发，确保了课程内容源于企业生产实际，具有较好的"技术跟随度"，较为全面地反映了专业最新知识，以及新工艺、新方法、新规范和新标准。

以生为本,线上与线下相互衔接。 本套教材配有数字化教学资源平台,能够更好地适应混合式教学、在线学习等泛在教学模式的需要,有利于教材跟随能源电力专业技术发展和产业升级情况,及时调整更新。该平台建立了动态化、立体化的教学资源体系,内容涵盖课程电子教案、教学课件、辅助资源(视频、动画、文字、图片)、测试题库、考核方案等,学生可通过扫描"二维码",结合线上资源与纸质教材进行自主学习,为大力开展网络课堂和智慧学习提供了有力的技术支撑。

"教育者,非为已往,非为现在,而专为将来"(蔡元培语)。随着现场工作标准的提高、新技术的应用,本套教材还将不断改进和完善。希望本套教材的出版,能够为全国供电服务职工培养培训提供参考借鉴,为"全能型"供电所建设发展做出有益探索!

与此同时,对为本套系列教材辛勤付出的编委会成员、编写人员、出版社工作人员表示衷心的感谢!

2019 年 12 月

　　"人民电业为人民",为客户提供安全优质的电力保障,打通供电服务"最后一公里"是构建"以人民为中心"的现代能源体系的关键。用电检查与服务,是全能型乡镇供电所台区经理日常的重要工作。本书基于全能型乡镇供电所典型工作任务编写,依据"业务协同运行、人员一专多能、服务一次到位"的"全能型"乡镇供电所农电工台区经理岗位标准,结合乡村电力发展,立足高职学生视角,重视职业素养和技能水平培养,做到"五对接",即行为素养对接电力职业精神,教学内容对接全能型乡镇供电所真实工作任务,教学过程对接农电工标准化工作过程,教学环境对接农电工真实工作环境,教学评价对接企业农网配电营业工技能等级评价标准。

　　本书是国家级供用电技术专业教学资源库"用电检查"课程的配套教材。全书包括客户安全用电检查、供电方案与供用电合同管理、反窃查违、系统监控与数据分析4个项目14个教学任务。每个项目包括项目描述和三维教学目标介绍,每个任务均包括任务目标、任务描述、任务准备、相关知识、任务实施、任务评价、思考与练习7部分。任务均来源于现场真实工作任务,引导学生按标准化作业流程完成任务,达成知识、能力、素质三维教学目标,任务完成后按照企业技能等级评价标准实施任务评价,培养学生标准规范的职业能力和安全严谨的职业素质。

　　本书采用"专职教师+企业专家"联合编写的方式。其中项目1由魏梅芳、邓春平、张成林编写,项目2由魏梅芳、李彪、吴春编写,项目3由郭拥军、郭卉、朱雪松编写,项目4由魏梅芳、李清、付蕾编写,全书由魏梅芳统稿。

　　本书可作为全国高职高专供用电技术、电力系统自动化、电力客户服务等专业三年制学生的学习用书,也可作为电力营销工作人员的培训教材或参考用书。

　　由于编者水平有限,书中难免有疏漏之处,恳请读者批评指正。

编　者

2019 年 12 月

目　录

项目 1　客户安全用电检查

【项目描述】

本项目为客户安全用电检查的学习任务。通过该项目的学习,要求学生能够对用户受电装置工程质量、用户电气设备安全运行、电能计量装置安全运行进行正确检查,并对重要电力用户开展用电检查管理。

【教学目标】

客户安全用电检查

知识目标:

1. 掌握各类客户用电线路和电气设备(变压器、开关、高压进出线柜、电动机、保护)安全运行检查的项目内容。

2. 掌握用户电能计量装置安全运行检查的项目内容(外观检查、计量抄表、参数比对与分析)。

3. 掌握重要电力用户用电检查管理的项目内容。

4. 了解用户受电装置工程质量检查的项目内容。

能力目标:

1. 能编制客户安全用电检查计划并能做好检查前的充分准备(表单、工单、工作流程、工器具准备)。

2. 能对各类客户电气设备(变压器、开关、高压进出线柜、电动机、保护)开展安全运行检查。

3. 能对各类客户用电线路开展安全运行检查。

4. 能对各类客户电能计量装置(外观检查、计量抄表、参数比对与分析)开展安全运行检查。

5. 能对各类客户用电检查数据进行处理与管理(查处违约用电处理)、对资料整理归档。

素质目标:

1. 对用户开展安全用电检查必须认真细致、避免出现遗漏和不到位的情况。

2. 安全用电检查全过程应加强安全意识、防范安全风险。

3. 安全用电检查全过程应加强现场优质服务意识。

任务 1.1   用户受电装置工程质量检查

【任务目标】

1. 能阐明客户电气工程设计审查的要点。
2. 能阐明客户电气装置的中间检验项目内容及注意要点。
3. 能阐明客户电气工程竣工检查的项目内容及程序。

【任务描述】

对用户受电装置工程质量检查包括前期的电气工程设计审查、中期的电气装置的中间检验和后期的电气工程竣工检查。

【任务准备】

1. 知识准备
① 熟悉客户电气工程设计图纸的识读方法。
② 熟悉客户电气装置的中间检验项目内容。
③ 熟悉客户电气工程竣工检查的项目内容。
2. 资料准备
电气工程设计图纸、装有 Auto CAD 软件的计算机。

安全生产事故典型
案例及分析

【相关知识】

1.1.1   客户变(配)电所的设计

客户为满足电力需求增加,向供电企业办理电力增容,并根据供电企业批准的供电方案委托有设计资质的设计单位进行受电工程设计。

1）受电工程设计的基本要求

应满足客户的用电需求，便于实施用电管理和经济运行。应体现安全性、可靠性、实用性和前瞻性，注意环保、节能、合理降低工程造价。应提倡采用新型节能设备，提高客户终端用电效率。

2）客户变（配）电工程设计依据

客户受电工程设计应依据国家和电力行业的有关设计标准、规程进行，同时应按照当地供电企业确定的供电方案要求进行设计。如果确实需要修改供电方案的，必须经过供电方案批复部门同意。设计时倡导采用节能环保的先进技术和产品，禁止使用国家明令淘汰的产品。标准和规程包括：

①《供配电系统设计规范》（GB 50052—2009）。

②《20 kV 及以下变电所设计规范》（GB 50053—2013）。

③《低压配电设计规范》（GB 50054—2011）。

④《电力装置电测量仪表装置设计规范》（GB/T 50063—2017）。

⑤《电能计量装置技术管理规程》（DL/T 448—2016）。

⑥《关于加强重要电力用户供电电源及自备应急电源配置监督管理的意见》（电监安全〔2008〕43 号）。

⑦《国家电网公司业扩供电方案编制导则》（2016 版）。

3）电气设计中的相关内容

（1）重要电力客户的定义和分级

根据对供电可靠性的要求以及中断供电危害程度，重要电力客户可分为特级、一级、二级重要电力客户和临时性重要电力客户。

客户接入电网工程谁投资

①特级重要电力客户，是指在管理国家事务中具有特别重要作用，中断供电将可能危害国家安全的电力客户。

②一级重要电力客户，是指中断供电将可能产生下列后果之一的电力客户：直接引发人身伤亡的；造成严重环境污染的；发生中毒、爆炸或火灾的；造成重大政治影响的；造成重大经济损失的；造成较大范围社会公共秩序严重混乱的。

③二级重要客户，是指中断供电将可能产生下列后果之一的电力客户：造成较大环境污染的；造成较大政治影响的；造成较大经济损失的；造成一定范围社会公共秩序严重混乱的。

④临时性重要电力客户，是指需要临时特殊供电保障的电力客户。

（2）供电电源配置的一般原则

①特级重要电力客户应具备三路及以上电源供电条件，其中的两路电源应来自两个不同的变电站，当任何两路电源发生故障时，第三路电源能保证独立正常供电。

②一级重要电力客户应采用双电源供电，二级重要电力客户应采用双电源或双回路供电。

③临时性重要电力客户按照用电负荷重要性，在条件允许情况下，可以通过临时架线等

方式满足双电源或多电源供电要求。

④对普通电力客户可采用单电源供电。

（3）线路敷设方式

架空线路、电缆线路或架空—电缆线路供电。

（4）客户电气主接线方式的确定

客户变电站电气主接线的主要形式有线路变压器组、单母线、单母线分段、双母线、桥形接线。

具有两回线路供电的一级负荷客户，其电气主接线的确定应符合下列要求：

①35 kV及以上电压等级应采用单母线分段接线或双母线接线。装设两台及以上主变压器。

②10 kV电压等级应采用单母线分段接线。装设两台及以上变压器。0.4 kV侧应采用单母线分段接线。

具有两回线路供电的二级负荷客户，其电气主接线的确定应符合下列要求：

①35 kV及以上电压等级宜采用桥形、单母线分段、线路变压器组接线。装设两台及以上主变压器。中压侧应采用单母线分段接线。

②10 kV电压等级宜采用单母线分段、线路变压器组接线。装设两台及以上变压器。0.4 kV侧应采用单母线分段接线。

单回线路供电的三级负荷客户，其电气主接线，采用单母线或线路变压器组接线。

（5）自备应急电源配置

自备应急电源配置容量标准必须达到保安负荷的120%。自备应急电源与电网电源之间应装设可靠的电气或机械闭锁装置，防止倒送电。

4）电气设计中常见的图形

电气设计中常用一次设备名称及图形文字符号见表1.1。

表1.1　常用一次设备名称及图形文字符号

名　称	图形符号	文字符号	名　称	图形符号	文字符号
交流发电机		G	三绕组自耦变压器		T
双绕组变压器		T	电动机		M
三绕组变压器		T	断路器		QF

续表

名称	图形符号	文字符号	名称	图形符号	文字符号
隔离开关		QS	调相机		G
熔断器		FU	消弧线圈		L
普通电抗器		L	双绕组、三绕组电压互感器		TV
分裂电抗器		L	具有两个铁芯和两个次级绕组、一个铁芯和两个次级绕组的电流互感器		TA
负荷开关		Q			
接触器的主动合、主动断触头		K	避雷器		F
母线、导线和电缆		W	火花间隙		F
电缆终端头		—			
电容器		C	接地		E

5）变（配）电所的设计内容

（1）进线方式

系统电源进入用户变电站一般采用两种方式：一种是由架空线直接引入；另一种是经电缆引入，而电缆的电源端可接自架空线或直接接自系统变电站出线柜（专线电缆），根据实际情况确定。

（2）变（配）电所所址选择

①接近负荷中心。

②安全：防火、防爆、防水、防潮、防震、防污秽。

③方便:进、出线方便,便于施工、维护。

④当多层或高层建筑时,大多设置在地下层,此时应采用无油设备,并注意防潮。

⑤有扩建的余地(或土建一次到位)。

(3)变(配)电所的土建要求

①变(配)电所的类型。变(配)电所一般为独立建筑物,常见类型有户外式、户内式、箱式变配电所、地下式等。

A.户外式:适用于环境条件较好、少粉尘和污染的,且容量较小(500 kV·A 及以下)的单台变压器不重要用户。

B.户内式:高低压配电设备及变压器均安装在户内,建设费用较高,但运行可靠,维护工作量小,运行费用少,被广泛采用。

C.箱式变配电所:高低压配电设备及变压器装于定型的箱体内。其优点是占地面积小,无需土建工程,建设费用低,使用灵活,操作方便,总投资较省。但设备运行环境差,无增容扩展余地。适用于基建或临时用电。

D.地下式:多层或高层建筑大多将变电所设置在地下层内以节约占地面积。需对设备做好防火、防水、通风、降温降湿工作。使用电缆较多,设备造价高,适用于高层建筑供电。

②土建一般要求。

A.布置紧凑合理,便于设备的操作、巡视、搬运、检修和试验,考虑发展的可能性。

B.尽量利用自然采光和自然通风。适当安排各房间相对位置,便于进、出线。低压室应靠近变压器室,电容器室尽量与高压室相邻,控制室、值班室及辅助间的位置应方便运行人员工作和管理。

C.变压器室和电容器室应尽量避免西晒;控制室尽可能朝南。

D.配电间地面比室外地面高出 150~300 mm。

E.变(配)电所楼(地)板计算荷重:高压柜 1 000 kg/m²;低压屏 500 kg/m²;控制屏 400 kg/m²。

(4)变(配)电所的设备布置

①控制室:控制室内设置集中的事故和预告等信号装置,安装的设备主要有控制屏、信号屏、所用电屏、直流电源屏等。屏的布置要求运行、调试方便,控制电缆路径短,排列整齐美观,要考虑发展。屏前 2.5~3 m,屏后 1.0 m,屏侧 1.0 m。

②高压配电室。

A.高压间宜采用不能开启的自然采光窗,窗台距外地坪不宜低于 1.8 m。门向外开,相邻配电室之间的门应能双向开启。配电间长度大于 7 m 时应有两个出口,宜布置在两端;屏后维护通道 0.8~1 m,墙面遇有柱类局部凸出时,凸出部位的通道宽度可减少 200 mm,当电源从柜后进线且需在柜正背后墙上另设隔离开关及手动操作机构时,柜后通道净宽不应小于 1.3~1.5 m。单列屏前 1.5~2.0 m,双列布置为 2.5 m,应考虑固定式或手车式。

B.当安装的高压柜数量较少时,也可和低压配电屏布置在同一室内,但不宜面对面布置,单列布置时与低压屏之间净距应有 2 m。

C.架空出线时,出线套管至室外地面高度为4 m,出线悬挂点对地距离为4.5 m。高压配电室的高度应根据设备安装方式确定,电缆进出方式可适当低些。当电气设备外绝缘体最低部位距地面小于2.3 m时,应装设固定遮栏。

D.室内电缆沟底应有坡度以便临时排水,沟盖宜采用花纹钢板,相邻检修坑之间宜用砖墙隔开。

E.内墙表面应抹灰刷白,地面宜采用高标号水泥抹面压光。门、窗应具有防火、防小动物功能。

③高压电容器室。

A.高压电容器室应有良好的自然通风,通风窗的有效面积可按每100 kvar需要下部进风面积0.3 m²、上部出风面积0.4 m²估算。

B.与高低压室相邻时,注意防火。室内长度超过7 m应开两个门在两端。

④低压配电室。

A.低压屏一般不靠墙安装,屏后离墙1 m,当屏的数量在3台及以下时也可靠墙。

B.低压屏后维护通道1.0 m,屏前1.5~2.0 m,双列布置2.5 m。屏后墙上设隔离开关及手动操作机构时,柜后通道适当加宽。低压间宜采用能开启的自然采光窗。

C.低压配电室兼作值班室时,配电装置的正面距墙不宜小于3 m。

D.低压配电室的高度应和变压器室综合考虑,与不抬高地坪变压器室相邻时高度为3.5~4 m;配电室为电缆进线时,高度为3 m。

⑤变压器室。

A.每台油量为60 kg及以上的变压器应安装在单独的变压器室内。宽面推进的变压器,低压侧宜向外;窄面推进的,油枕宜向外。

B.变压器外壳与后壁和侧壁的净距为0.8 m,至门的净距1.0 m;若安装负荷开关、隔离开关时,其操作机构应装在近门处。

C.变压器室应设置能容纳100%油量的蓄油池。油池面上须填放厚度大于0.25 m的卵石层(卵石直径50~80 mm),使燃烧的油在池内熄灭,不致火灾事故扩大。

D.油变在室内吊芯时,要考虑吊环的高度和承重。要考虑通风窗的有效面积。

⑥露天变压器。柱上安装的变压器,其底座距地面不应小于2.5 m,露天落地安装的变压器四周应设置安全围栏,围栏高度不低于1.8 m,栏条间净距不小于0.1 m,围栏距变压器的外廓净距不应小于0.8 m,变压器底座基础应高出最大洪水位,但不低于0.3 m。

1.1.2　客户电气工程的设计审查

低压业扩"三零"服务的基本内容

1)客户工程设计审查要求

(1)设计资质审查

电力工程设计资质主要分为甲、乙、丙级;取得甲级设计资质的,可从事所有电压等级电

力工程设计;取得乙级设计资质的,可从事 220 kV 及以下电压等级电力工程设计;取得丙级设计资质的,可从事 110 kV 及以下电压等级电力工程设计(部分丙级资质有限定范围,应按照限定范围从事设计,如限 10 kV 及以下等)。

（2）设计标准要求

①应根据确定的供电方案进行受电工程设计。

②受电工程设计应符合国家有关标准和电力行业标准;应符合电力管理部门及供电企业的有关规定和规程。

（3）高压客户受电工程设计送审资料

《供电营业规则》规定,用户受电工程设计文件和有关资料应一式两份送交供电企业审核,高压供电的用户一般应提供:

①受电工程设计及说明书。

②用电负荷分布图。

③负荷组成、性质及保安负荷。

④影响电能质量的用电设备清单。

⑤主要电气设备一览表。

⑥节能及主要生产设备清单。

⑦生产工艺耗电以及允许中断供电时间。

⑧高压受电装置一、二次接线图与平面布置图。

⑨用电功率因数计算及无功补偿方式。

⑩继电保护、过电压保护及电能计量装置的方式。

⑪隐蔽工程设计资料。

⑫配电网络布置图。

⑬自备电源及接线方式。

⑭设计单位资质审查资料。

⑮供电企业认为必须提供的其他资料。

（4）审核图纸的时限及要求

客户受电工程设计文件和有关资料应一式两份送交供电企业审核。供电企业对客户送审的受电工程设计文件和有关资料,应依据国家和电力行业的有关标准、规范进行审核。

审核期限:对高压供电的客户最长不超过 20 个工作日;低压供电的客户最长不超过 8 天。

审核意见以书面形式连同送审的文件资料一并退还客户,以便客户据以施工。客户受电工程的设计文件,未经供电企业审核同意,不得据以施工,否则,供电企业可不予检验和送电。

2）高压客户工程设计审查内容

（1）设计说明书的要求

①分别对一次部分和二次部分进行说明,一次部分主要说明:设计依据;负荷的重要等级及供电方式、保安电源;变压器负载率计算;配电室的位置、进出线方式、设备运输方式;高、低压计量方式及安装位置;高、低压运行方式,设备数量、型号、布置形式、无功补偿容量;

防雷接地;多路电源的高低压合环闭锁说明;自备电源投入、闭锁说明。

②二次部分主要说明:设计依据;运行方式;自投方式;进线保护配置;分段保护配置(根据需要);变压器保护配置;馈线保护配置(根据需要);信号传输通信方式;直流系统配置;配电监测系统说明(根据需要)。

(2)高压一次主接线图

①进线方式是否合理?架空方式或电缆方式、架空进线及进线隔离开关离地面高度以及是否要加护网。

②电气主接线:单电源、多路电源(单母线分段、双母线)。

③运行方式:一主一备(电气切换、机械切换)、二回同时运行母联断开。

④屏柜型号的选择:定型产品、有运行经验。如中置柜、环网柜(带保护、负荷开关加熔断器)。

⑤主要电气设备的选择:开关柜型式(中置柜、环网柜)、五防要求(接地刀闸方式,注意误操作)、隔离开关、断路器、负荷开关、熔断器。

⑥计量方式:高供高计、高供低计、计量倍率(TA、TV倍率)、计量精度等级(0.2级或0.5S级)、负控方式、预购电方式。

(3)电气平面图和断面图

①配电间位置的选择:接近负荷中心;要注意周边环境,注意安全:防火、防爆、防水、防潮、防振、防污秽;方便:进、出线方便,便于施工、维护;当供电客户为多层或高层建筑时,应设置在地下一层,此时应采用无油设备,并注意防潮;有扩建的余地(或土建一次到位)。

②电气平面布置:电气设备按功能分室安装,如高压室、低压室、变压器室、控制室、值班室(或休息室、工具资料室)。带防护外壳的干式变压器可与高低压室共室。当安装的高压柜数量较少时,也可与低压配电屏布置在同一室内,但不宜面对面布置,面对面布置时距离应为2.5~3 m,单列布置时与低压屏之间净距应有2 m。

③设备间安装距离:高压柜屏后维护通道0.8~1 m,低压柜屏后维护通道1 m,墙面遇有柱类局部凸出时,凸出部位的通道宽度可减少200 mm,当电源从柜后进线且需在柜正背后墙上另设隔离开关及手动操作机构时,柜后通道净宽不应小于1.3~1.5 m。单列屏前1.5~2.0 m,双列布置为2.5 m,应考虑固定式或手车式。

④门窗布置:门窗向外开,相邻配电室之间的门应能双向开启。配电间长度大于7 m时应有两个出口,宜布置在两端。门窗采用防火材料。

⑤留有设备检修运输通道:要考虑大设备(变压器)大修或更换时的吊装和运输通道,预留设备安装位置。

⑥断面布置:配电间的高度、屏柜及母线和刀闸对屋面和地面距离、变压器带电裸露部分对地距离,距离不够则应安装护栏或护网。

(4)开孔埋件及防雷接地图

①电缆沟及开孔埋件位置要一一对应。

②室内电力电缆沟底应有坡度以便临时排水,沟盖宜采用花纹钢板,相邻检修坑之间宜

用砖墙隔开。

③高压进线设避雷器防雷电侵入,母线设避雷器防操作过电压,低压架空馈线设避雷器防雷电侵入。雷电区及户外设备多应考虑设避雷针。

④接地系统应按要求设置。10 kV 变压器中性点接地装置的接地电阻不应大于 4 Ω,容量不超过 100 kV·A 时接地电阻不应大于 10 Ω,110 kV 及以上规程都有规定。

⑤接地极和接地网的布置:接地极的数量及接地网的布置与土壤的电阻率有关,接地网应将配电间的所有电气设备设置在网内,所有的电气设备外壳都应与接地网可靠连接,接地连接线应用 -40×4 扁钢。

(5)低压电气一次接线图

①主接线为单列布置或双列布置及单母线分段布置。

②屏柜型号的选择:定型产品、有运行经验。如 GGD 适用于出线容量大的厂矿供电。GCK 适用于出线回路多,供电可靠性要求高,开关检修不需停电的综合大楼供电。

③变压器尽量靠近低压总屏,连接线宜采用母排。

④总开关选择 ME、AH、DW15(万能式、框架式)、DW17。出线开关选择 DW15、DW17、DZX10、DZ20(装置式、塑壳式)。

⑤不同电价计量部分:厂矿用电的低压子表计量为生活照明和办公照明及商业照明用电,总表电量减照明电量为动力用电。综合大楼的低压子表计量为动力用电和办公照明及生活照明用电,总表电量减照明电量为商业照明用电。要严格区分各类用电的电价类别。如空调用电包括集中空调和风机盘管,属照明用电,大楼的电梯、消防水泵属动力用电。

⑥低压电容补偿:应采用自动补偿,补偿容量为配变容量的 20% ~ 30%。

(6)电气二次图

①保护配置是否合理:高压进线总柜配过流和速断保护,变压器柜配过流、速断和过负荷及瓦斯保护。

②保护设备的选择:常规继电器或微机保护(JDXL11),采用集中或分散式。

③操作机构:电动操作机构(少油开关)、手动操作机构(负荷开关)、弹簧蓄能操作机构(SF$_6$ 开关、真空开关、负荷开关)。

④继电保护和操作电源:蓄电池、镉镍电池屏(GZG5-32-65AH/220V)、UPS 屏或采用 TV 变压整流蓄能等,应选择直流屏的容量,一般为 20 ~ 100 A 时。不能采用 TV 变压直接提供操作电源方式。

⑤负荷开关带熔断器的环网柜:适应于配变容量不大的变压器保护,多台变压器的总屏保护一般采用断路器带保护回路的保护方式。

(7)计量部分的审查

①计量点:计量点原则上应设在供电设施的产权分界处。公用线路供电的应设在客户处;专用线路供电的设在系统变电站,也可双方协商安装在客户处,但客户应承担线路的有功和无功电量及需量。高供低计的客户承担变压器的损耗电量。

②计量方式:计量方式一般有高供高计、低供低计、高供低计 3 种。

　　客户的每一个受电点内按不同电价类别,应分别安装电能计量装置,并按客户的用电量大小(属Ⅰ、Ⅱ、Ⅲ、Ⅳ、Ⅴ类)和计量对象选择计量装置的精度等级。

　　③对电能计量装置的要求:电能计量装置配置应符合供电方案要求;电能计量装置准确度等级符合要求;接线方式应符合要求;电能表配置符合要求;互感器配置符合要求;二次回路配置符合要求;计量屏(柜、箱)配置原则符合要求;电能信息采集装置配置符合要求。

　　(8)其他部分

　　谐波源客户的谐波治理应符合要求。重要客户自备应急电源与系统电源的闭锁应符合要求。

1.1.3　客户电气工程的检查

　　1)电气装置的中间检验

　　中间检验是指在施工过程中按照供电部门批准的设计文件,对客户变电所的电气装置,包括开关设备、变压器、继电保护、防雷设施、接地装置、照明等各个方面进行阶段性的检验。这种检查是对整个变电所工程的施工质量进行一次初步而又全面的检验,确定各种电气设备的安装工艺是否符合国家、行业、地方标准及有关的规范和规程。

　　中间检验工作的内容如下:

　　①检查安装工程是否符合设计要求。

　　②检查有关的技术文件是否齐全,如设备的规格及其说明书、产品出厂合格证等。

　　③检查电气装置的安全措施是否符合规程规定,各种电气净距是否充分,若不充分应采取哪些措施,如加强绝缘、加装遮栏等。要为变电所的运行检修人员提供安全工作的条件。

　　④对全部电气装置进行外观检查,确定工程质量符合规程规定。

　　⑤检查隐蔽工程的施工质量,如电缆沟的施工、电缆头的制作、接地装置的埋设等。

　　⑥检查高压开关的连锁装置、双电源的连锁装置。

　　⑦检查通信联络装置是否齐全。对 35 kV 及以上的变电所,要求安装专用电话,10 kV 及以下供电的小电力客户,也应有联络电话及联系人。

　　2)电气装置的竣工检查

　　客户的电气装置经过设计审查、中间检查,已全部安装、调试完毕后,在接电之前,必须对整个工程进行一次全面工程质量检查,称为竣工检查。竣工检查是设备接电前的最后一次检查,对保证设备的安全质量起着决定性的作用,对接电后电气设备的安全运行有着重大的意义。

　　(1)客户递交竣工报告

　　①竣工报告中要求工程承装负责人签名并加盖承装单位公章。

　　②竣工验收时客户应提交的技术文件:

　　a.变更设计说明。

b. 符合实际的施工图。

c. 安装技术记录。

d. 调整试验记录。

e. 绝缘油化验记录。

f. 按电气设备交换试验规程进行的电气试验报告。

（2）竣工验收

客户经理在收到竣工报告后，组织相关单位对工程进行验收。

①对中间检查环节存在的安全隐患进行复查。

②核对新装变压器的型号及受电容量是否与业扩审批单和设计图相符。

③检查变配电工程是否全部竣工，安装质量是否符合验收标准。

④检查各项试验报告是否齐全，试验结果是否符合有关标准。

⑤主开关设备动作是否准确可靠。

⑥各种错误操作的连锁装置，两路电源之间防止串电（反送电）和错误并解列的闭锁装置是否齐全可靠。

⑦设备接地系统是否符合相关技术规程要求，接地网及单独接地系统的电阻值要符合规定。

⑧客户电气设备一次接线图、设备编号等是否规范，图实是否相符。

⑨检查客户受电设备在运行中是否有防小动物措施。

⑩运行、检修工人员的配备情况和资格（进网作业许可证）。

⑪设备的操作、运行检修、管理等各项规章制度是否健全。

⑫安全工器具、消防器材的配备是否合格、齐全。

⑬检查主材、主设备的厂家说明书、出产试验报告、入网证、合格证。

⑭业扩工程验收会签单中填写"检查记录"和"检查结论"。

⑮应收集的资料：

a. 业扩工程设计资料审查意见书；变更设计的证明文件。

b. 业扩工程竣工报告及说明（工程竣工图应加盖施工单位"竣工图专用章"）。

c. 高压交接性试验报告单。

d. 电气试验及保护整定调试报告。

e. 进网作业电工证。

f. 高低压主接线系统图。

g. 计量装置检定报告。

h. 业扩工程竣工验收会签单。

高压业扩报装竣工检验工作要点

3）竣工检查程序

①在客户电气装置安装工程已全部完工并按照规定要求提供各项资料，即可组织检查小组进行竣工检查。检查的重点是与系统直接连接的一次设备，但对其他用电设备，特别是高压用电设备，也应进行检查，不可忽视。

②对客户一次设备检查验收和继电保护调试工作结束后,应由用电检查人员整理与草拟书面意见书一式两份,按以下组织分工的要求进行审核后向客户提出改进意见并与客户协商改进的办法和完成日期,经双方签字认可,客户改装完毕后,检查人员应前往现场进行复查。

③检查验收合格,确认该工程已具备送电条件,则应在验收报告单上明确"验收合格,可以送电"字样,流程走入下一业务部门,签订各种供电协议、办理接电手续。这时,竣工检查告一段落,等待接电试运行。

④在完成电能计量装置的安装和外线工程验收后,可决定接电日期,用电检查人员应到现场参加试运行工作。试运行无故障且各种指示仪表正常,方可离开现场,至此对这一客户的全部竣工检查完成。

⑤在接电试运行后,应将该客户图纸资料分别处理,有关设备出厂资料退回客户,其余资料与现场记录整理成册归档。竣工检验除验收其设备安装质量是否符合安全要求外,还应检查运行人员的配备、技术培训,现场规章制度的制订,安全用具、消防用具配备等。

【任务实施】

客户配电间电气设计图纸审查任务指导书见表1.2。

表1.2 客户配电间电气设计图纸审查任务指导书

任务名称	客户配电间电气设计图纸审查	学　时	2课时
任务描述	某物业管理站申请从低压公用线路接电50 kW用电容量,现场勘察需建低压配电室一座,客户委托××电力设计有限公司对其进行设计。设计后客户向供电企业营销部门申请审查图纸,并填写《客户受电工程图纸审核申请表》(表1.3)。经有关专家审查发现图纸中的低压配电室主接线图(图1.1)存在一定的问题,供电企业营销部门将审图结果填写在《客户受电工程图纸审核通知单》(表1.4)上,以书面形式进行答复		
任务要求	通过给定的供电方案对客户受电工程图纸的完整性及正确性进行检查		
注意事项	1.要求小组讨论进行审查 2.给定条件:某10 kV新装用户的供电方案及受电工程图纸 3.要求书面答复审查10 kV用户受电工程图纸的内容 4.针对给出的条件审查图纸的完整性及正确性		
任务实施步骤: 1.电气设计的相关数据审核 ①根据客户用电设备情况,进行相关参数(变压器容量、无功补偿容量)的审核计算。 ②电能表配置(型号、变比、准确度)。 ③互感器配置(型号、变比、准确度)。 2.审核电气接线图 按要求对电气设计图纸进行审核。 3.提出审图意见 汇总图纸审核意见,表述条理清晰。			

表 1.3　客户受电工程图纸审核申请表

报装号	2009128	户　号	03A0×××
户　名	××物业管理站	用电地址	城区迎宾街30号
客户联系人	×××	联系电话	139×××2688
设计单位	××电力设计有限公司	设计资质	丙级
设计单位联系人	×××	联系电话	138×××1666

设计内容	1. 从公用低压线路T接,新建架空线路150 m。 2. 建低压配电室一座。 3. 在配电室内安装计量装置。		
序号	内　容		份数
1	设计单位资质证书复印件		2
2	物业管理站受电工程送电部分图		2
3	物业管理站受电工程图		2
4	物业管理站受电工程变电部分图		2

事项说明:设计完成,请进行审核。

用电单位签章: ××××年××月××日	供电公司签章: ××××年××月××日
供电公司受理人　　×××	供电公司受理日期　　××××年××月××日

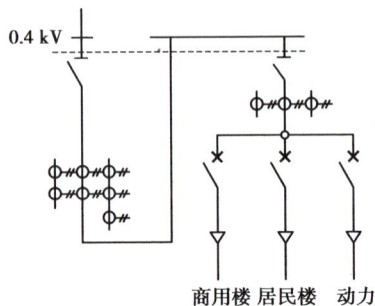

图 1.1　低压配电室主接线图

表 1.4   客户受电工程图纸审核通知单

报装号	2009128	户 号	03A0××××
户 名	××物业管理站	用电地址	城区迎宾街 30 号
客户联系人	×××	联系电话	139××××2688
设计单位	××电力设计有限公司	设计资质	丙级
设计单位联系人	×××	设计单位联系电话	138××××1666
审核开始时间	×××年××月××日	审核完成时间	×××年××月××日
审核部门	××供电支公司	审校人员	×××

图纸审核内容和结果(可另附):

经审核,设计图纸存在下列问题:

1. 0.4 kV 进线未装断路器。

2. 0.4 kV 配电室出线柜内应增加两套计量表计,分别作为商业、动力用电的计量装置。

3. 从 0.4 kV 配电室出线柜母线应直接出三路电源,不需要进总开关再分成三路电源。

供电公司意见:

1. 经审核,设计单位资质符合要求。

2. 设计单位应尽快按供电企业要求对所设计图纸进行更改,客户应将变更后的设计再送供电企业复核。

3. 客户受电工程的设计文件,未经供电企业审核同意,客户不得据以施工,否则,供电企业将不予检验和接电。

客户签收	×××	签收日期	×××年××月××日	联系电话	139××××2688

提示:客户在组织进行隐蔽工程遮蔽时需告知供电公司,以便进行中间检查,否则供电公司有权对竣工的隐蔽工程提出返工暴露检查。

【任务评价】

审查 10 kV 用户受电工程图纸任务评价表见表 1.5。

表1.5 审查 10 kV 用户受电工程图纸任务评价表

姓 名		班 级		小组成员			
开始时间		结束时间		标准分	100 分	得 分	
任务名称			审查 10 kV 用户受电工程图纸				
序 号	步骤名称	质量要求	满分/分	评分标准		扣分原因	得 分
1	配电相关数据审核	根据客户用电设备情况,进行相关参数(变压器容量、无功补偿容量)的审核计算	20	不能列出公式,或公式不正确扣5分;计算不正确扣15分			
2	计量相关数据审核	电能表配置(型号、变比、准确度)	10	未对选择的电气设备进行分析的扣10分;未对计量装置配置进行校验的扣10分			
		互感器配置(型号、变比、准确度)	10	互感器配置(型号、变比、准确度)			
3	按要求对电气设计图纸进行审核	审核一次主接线图(设计图纸中有8处错误点)	50	未能正确指出设计图纸的错误之处,每处错误扣5分			
4	提出审图意见	汇总图纸审核意见,表述条理清晰	10	未完整提出图纸审查意见的,扣10分			
考评员(签名)			总分				

【思考与练习】

1. 对客户电气装置中间检验工作的内容主要有哪些?

2. 对客户电气工程竣工验收的内容主要有哪些?

3. 低压受电工程验收时客户应提供哪些资料?

任务 1.2　用户电气设备安全运行检查

【任务目标】

1. 能编制客户安全用电检查计划并能做好检查前的充分准备(表单、工单、工作流程、工器具准备)。

2. 能对各类客户电气设备(变压器、开关、高压进出线柜、电动机、保护)开展安全运行检查。

3. 能对各类客户用电线路开展安全运行检查。

【任务描述】

对各类客户用电线路和电气设备(变压器、开关、高压进出线柜、电动机、保护)进行安全运行检查,针对出现的问题及安全隐患填写《用电检查结果通知书》或《隐患整改通知书》。

【任务准备】

安全用电检查工作的流程

1. 知识准备

①对各类客户电气设备(变压器、开关、高压进出线柜、电动机、保护)进行安全运行检查工作的内容和方法,现场开展安全检查的各项技术要求和要领。

②各类客户用电线路安全运行相关知识。

③《用电检查结果通知书》或《隐患整改通知书》的填写方法。

2. 资料准备

表单、工单(《用电检查结果通知书》《隐患整改通知书》)、工器具(手电筒、验电笔、红外测温仪、摄像机、照相机、录音笔)。

农村中低压线路运维
及事故处理

【相关知识】

1.2.1　安全运行检查的目的和意义

客户的受(送)电装置是电力系统的重要组成部分,客户内部的电气事故可能会危及整个电力系统的安全稳定运行。因此,对客户的受(送)电装置和用电行为进行有效的检查和监督是维护电力供应和销售过程的正常秩序,防范电力客户发生重、特大用电安全事故,确保电力系统安全、可靠、经济运行的重要措施。

用电检查人员应定期或不定期地对客户的用电设备进行安全检查,及时提出整改意见,给予技术指导督促并帮助客户尽快消除用电不安全因素。客户对其设备的安全负责,用电检查人员不承担因被检查设备不安全引起的任何直接损失或损害的赔偿责任。

1.2.2　用电检查人员在现场的工作规范

用电检查人员根据开具的《用电检查工作单》内容,经批准后到客户处进行电气设备安全运行状况的检查,并做好记录。用电检查人员进行客户电气设备安全运行状况检查的主要范围是用电客户受送电装置,即架空线、电缆、变压器、断路器、互感器、隔离开关、避雷器、操作电源及配电柜等,有必要时检查范围可延伸至相应目标所在处。对运行中的电气设备进行检查时,必须与带电部分保持足够的安全距离,检查中严格遵守《电力生产安全工作规程》相关规定,严禁习惯性违章行为,严禁一人在无监护下擅自打开任何遮栏或开关柜门。

1.2.3　客户产权高压供电线路安全检查

1)客户产权的高压供电架空线路及电缆线路的安全检查项目

用电检查人员在客户的陪同下仔细检查属于客户产权的高压供电架空线路及电缆线路:

①线路设备运行和警示标志是否齐全。

②杆塔是否倾斜。

③铁塔构件有无弯曲。

④混凝土电杆有无裂纹。

⑤拉线有无锈蚀、松弛、断股。

⑥基础有无损坏。

⑦导线有无断股,接头是否良好,导线上有无抛扔物等。

⑧导线的边线延伸距离、最大风偏距离、最大弧垂的安全距离是否满足安全的要求。

⑨导线截面是否满足机械强度的要求。

⑩导线交叉跨越其他线路、河流、道路时的对地安全距离是否符合有关规定。

⑪架空线是否有跨越易燃易爆建筑物屋顶的情况。

⑫导线与建筑物之间的垂直距离是否满足要求。

⑬对敷设在地下的电缆,应查看路面是否正常,标志牌(包括路径标志)应装设齐全、正确、清晰、牢固,电缆线路上不应堆置矿渣、建筑材料、酸碱性排泄物或砌堆石灰坑等。

⑭对户外与架空线连接的电缆终端头应检查终端头是否完整、引出线的接点有无发热现象。

⑮靠近地面的一段电缆是否有被车辆碰撞的可能等。

⑯多根并列电缆要检查电流分配和电缆外皮的温度情况。

⑰铠装电缆或铅包、铝包电缆的金属外皮在两端应可靠接地,接地电阻值应满足《电力电缆运行规程》要求。

⑱电缆沟内应无杂物、无积水,盖板齐全。

⑲电缆隧道内应无杂物,照明、通风、排水等设施良好。

⑳电缆管口封堵应严密。

㉑电缆的试验周期应在有效期内。

在检查中,若发现高压架空线路或电缆有不安全的运行状况,应立即向客户指明,并说明其危害性。例如,电缆沟盖板的缺失会造成人员的跌落,会使得高压电缆失去保护,容易损坏电缆而造成人身和设备事故,应马上使用合格的盖板进行处理。

2)电力电缆检查

(1)电力电缆的特点

电力电缆和网架空线路一样,起着传输和分配电能的作用。在城市及厂区内部,或在一些特殊的场所,考虑安全和厂容美观的问题以及受地面位置的限制,不宜架设架空线路,甚至有些场所规定不允许架设架空线路时,就需要使用电力电缆。

电力电缆与架空线路相比有许多优点,介绍如下。

①供电可靠。不受外界影响,不会像架空线那样因受雷击、风害、挂冰、鸟害等造成断线、短路与接地等故障。机械碰撞的机会也较少。

②不占地面和空间。一般的电力电缆均敷设在地下,不受地面建筑物的影响,适合城市与工厂内部使用。

③地下敷设有利于人身安全。

④不使用电杆,以节约木材、钢材、水泥。同时使城市市容整齐美观、交通方便。

⑤运行维护简单,节省线路维护费用。

（2）电力电缆的种类

电力电缆主要由电缆芯、绝缘层和保护层3部分组成。电力电缆的种类较多，根据电压、用途、绝缘材料、芯线数和结构特点等分为以下几类。

①按电压可分为高压电缆和低压电缆。

②按使用环境可分为直埋、穿管、河底、矿井、船用、空气中、高海拔、潮热区、大高差等。

③按线芯数分为单芯、双芯、7芯和四芯等。

④按结构特征可分为统包型、分相型、钢管型、扁平型、自容型等。

⑤按绝缘材料可分为油浸纸绝缘、塑料绝缘、橡胶绝缘和交联聚乙烯等。此外，还有正在发展的低温油浸电缆和超导电缆。

（3）电力电缆的巡视检查项目

①正常巡查项目。

a. 进入房屋的电缆沟口不应出现渗水现象，电缆沟内不应积水或堆积杂物和易燃物品，不准向沟内排水。

b. 电缆沟内支架必须牢固，无松动或锈蚀现象，接地良好。

c. 检查电缆头是否清洁，有无发热放电现象，如测温超过50 ℃就应及时处理。

d. 引出线是否紧固可靠、无松动断股现象。

e. 电缆外壳是否完整、无破损。

f. 电缆运行时通过的电流是否超过允许值。

g. 电缆终端头应无溢胶、放电、发热等现象。

h. 对变电站的电缆沟、电缆转角及电缆线段等的巡查至少应每三个月检查一次。

i. 电力电缆避雷器接地端及电缆屏蔽层接地良好。

j. 采用红外检测等手段对运行电缆的温度进行检查时，应选择电缆排列最密处或散热情况最差处或有外界热源影响处。

k. 注意防火设施是否完善。

②电缆特殊巡视。

a. 各出线、站用变压器及各电容器组的断路器跳闸后，应到现场检查各电缆终端及电缆线段运行情况有无电缆发热、爆炸等。

b. 各出线、站用变压器及各电容器组的断路器投入运行时，应注意观察其负荷及电缆的安全载流量，如超过其电缆的安全载流量，应加强对电缆的巡视及报告调度减少电缆出线的负荷。

c. 台风、暴雨过后，应加强巡视电缆头有无被风吹变形，并及时对电缆积水进行排水操作。

d. 在夏季或电缆负荷最大时，要适当增加红外测温的次数。

（4）电缆线路的绝缘测试

电力电缆的测试项目一般有绝缘电阻的测量、直流耐压试验和泄漏电流测量。

①绝缘电阻的测量。测量绝缘电阻是检查电缆绝缘最简单的方法。通过测量可以检查

出电缆绝缘受潮、老化等缺陷,还可以判别出电缆在耐压试验时所暴露出的绝缘缺陷。电力电缆的绝缘电阻是指电缆芯线对外皮或电缆某芯线对其他芯线及外皮的绝缘电阻。

②直流耐压试验和泄漏电流测量。

对电力电缆进行直流耐压试验和泄漏电流测量是检查电力电缆绝缘状况的一个主要试验项目。直流耐压和泄漏电流试验是同时进行的。

直流耐压试验和泄漏电流测量的接线如图1.2所示。

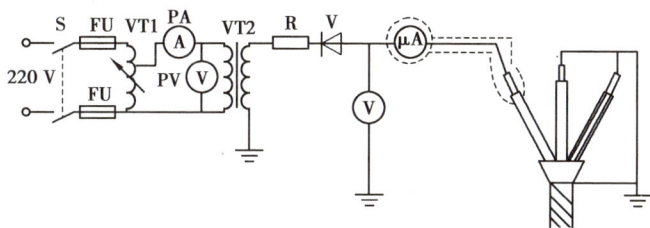

图1.2　直流耐压试验和泄漏电流测量的接线

测量时,应逐相测量,非被测相与电缆外皮短接并接地。

(5)检查电力电缆的相位

新装电缆竣工交接时,运行中电力电缆重装接线盒或终端头后,必须检查电缆的相位。检查电缆相位的方法很多,一般都较简单,使用较多的是用万用表或兆欧表,接线如图1.3所示。检查时,依次在一端将芯线接地,在另一端用万用表或兆欧表测量对地的通断,每芯测3次,共测9次,测量后将两端的相位标记一致即可。

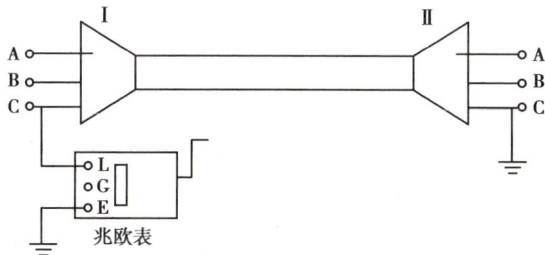

图1.3　电缆相位检查接线示意图

1.2.4　电力变压器的安全运行检查

配电变压器及附件常见缺陷处理

1)客户变压器概况

(1)变压器的作用

变压器是根据电磁感应原理,将某一等级的交流电压变换成同频率另一等级的交流电压的设备。它具有变换电压、电流和阻抗参数的功能。

在供配电系统中,变压器是主要的电气设备,利用变压器可以实现经济地输送电能、方便地分配电能、安全地应用电能。发电机发出的电压一般较低,为了减少线路功率损耗和电

压损失,缩小输电线路导线截面,需要通过升压变压器将电压升高,以便经济合理、远距离大量地输送电能;而高压电能送到用电地区后不能直接使用,还需用降压变压器逐级降压,将高电压变换成客户所需的电压。用于电能的传输、分配等用途的变压器称为电力变压器。

（2）电力变压器的分类

①电力变压器按作用分,有升压变压器、降压变压器、配电变压器、联络变压器等。

②电力变压器按结构分,有双绕组变压器、三绕组变压器、多绕组变压器、自耦变压器等。

③电力变压器按相数分,有单相变压器和三相变压器。

④电力变压器按冷却方式分,有油浸自冷变压器、干式空气自冷变压器、干式浇注绝缘变压器、油浸风冷变压器、油浸水冷变压器、强迫油循环风冷变压器及强迫油循环水冷变压器等。

⑤按绕组使用材料分,有铜线变压器、铝线变压器。

⑥按调压方式分,有无载调压变压器、有载调压变压器。

（3）变压器铭牌

变压器铭牌含义如图1.4所示。

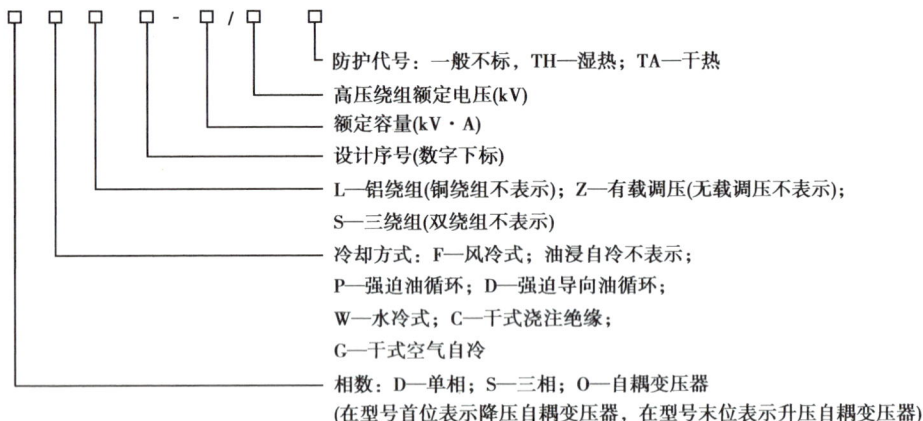

防护代号:一般不标,TH—湿热;TA—干热
高压绕组额定电压(kV)
额定容量(kV·A)
设计序号(数字下标)
L—铝绕组(铜绕组不表示);Z—有载调压(无载调压不表示);
S—三绕组(双绕组不表示)
冷却方式:F—风冷式;油浸自冷不表示;
P—强迫油循环;D—强迫导向油循环;
W—水冷式;C—干式浇注绝缘;
G—干式空气自冷
相数:D—单相;S—三相;O—自耦变压器
(在型号首位表示降压自耦变压器,在型号末位表示升压自耦变压器)

图1.4 变压器铭牌含义示意图

2）变压器的运行检查

变压器是供配电系统中的重要设备,一旦出现故障将出现严重的停电事故,带来巨大的经济损失。值班人员需定期检查运行中的变压器,以便了解和掌握变压器的运行情况,发现问题及时解决,力争把故障消除在萌芽状态。

（1）变压器的外部检查

①对油浸式变压器应检查油枕内和充油套管内油面的高度,封闭处有无漏油现象:如油面过高,一般是由于冷却装置运行不正常或变压器内部故障等所造成的;如油面过低,应检查变压器各密封处是否有严重漏油现象,油阀门是否关紧;油面指示计内的油色是否为透明微带黄色,如呈红棕色,可能是油面指示计脏污所造成的,也可能是变压器油运行时间过长,油温过高使油质变坏所引起的。

②检查油浸式变压器的上层油温。变压器上层油温一般应在85℃以下,对强迫油循环水冷却的变压器应为75℃。如油温突然升高,则可能是冷却装置有故障,也可能是变压器内部故障。

③检查变压器的响声是否正常。变压器正常运行时,一般会发出均匀的"嗡嗡"声,这是由于交变磁通引起铁芯振动而发出的声音。如果运行中有其他声音,则属于声音异常。

④检查绝缘套管是否清洁、有无裂纹及有无放电烧伤痕迹。

⑤检查冷却装置运行情况是否正常,对于强迫油循环水冷或风冷的变压器,应检查油和水的温度、压力等是否符合规定。

⑥检查一、二次母线接头是否接触良好,不过热,示温蜡片有无熔化。

⑦呼吸器应通畅,硅胶吸潮不应达到饱和(用硅胶是否变红来鉴别)。

⑧防爆管上的防爆膜应完整无裂纹、管内无存油。

⑨气体继电器无动作。

⑩外壳接地应良好。

（2）变压器负荷、电压检查

①室外安装的变压器,如没有固定安装的电流表时,应测量最大负荷及代表性负荷。

②室内安装的变压器,应装电流表、电压表,并记录每小时负荷和画出日负荷曲线。

③测量三相电流的平衡情况。Yyn0连接的变压器,中性线上的电流不应超过低压绕组额定电流的25%。

④变压器的运行电压不应超过额定电压的±5%。如果电源电压长期过高或过低,应调整变压器分接头,使电压趋于正常。若变压器运行电压长期过高,变压器磁通增大,铁芯饱和,电流也增大,同时铁芯损失也大大增加,使变压器温度大大升高,从而影响变压器的使用寿命。若加于变压器的电压低于额定值,对变压器本身不会有任何不良后果,但会影响客户的电压质量。因此,电压也不能降得太多。

（3）运行环境检查

变压器室要求通风良好,室内温度不应过高,一般要求排风温度不大于45℃。

变压器室门要向外开,室内设通风窗。进风窗应设在变压器前门的下方,并应有防止小动物进入的措施;出风窗应设在变压器室的上方,也应有防止雨水和小动物进入的措施。变压器室通风窗的面积根据变压器的容量、进风温度及变压器中心标高至出风窗中心标高的距离等确定。

（4）停电清扫

变压器除巡视检查外,应有计划地进行停电清扫,一般清扫内容如下所述。

①清扫瓷套管及有关附属设备。

②检查母线及接线端子等连接点的接触情况。

③摇测绕组的绝缘电阻以及接地电阻。

（5）变压器的巡视检查周期

①变压器容量在560 kV·A及以上而且无人值班的,应每周巡视检查一次;变压器容量

在 560 kV·A 以下的可适当延长巡视检查周期,但变压器在每次合闸前及拉闸后应检查一次。

②有人值班的,每班增加检查变压器的运行情况。

③强迫油循环水冷或风冷的变压器,不论有无值班人员,均应每小时巡视一次。

④负荷急剧变化或变压器受到外界短路故障影响后,应增加特殊巡视。

(6)变压器的正常巡视检查项目内容

①变压器的油温和温度计应正常,储油柜的油位应与温度相对应。

②变压器各部位无渗漏油现象。

③套管油位正常,套管外部无破损裂纹、无严重有误、无放电痕迹及其他异常。

④变压器声响均匀、正常。

⑤各冷却器手感温度应相近,风扇、油泵、水泵运转正常,油流继电器工作正常。

⑥水冷却器的油压应大于水压(制造厂另有规定者除外)。

⑦吸湿器完好,吸附剂干燥,油封油位正常。

⑧引线接头、电缆、母线应无发热现象。

⑨压力释放器、安全气道及防爆膜应完好无损。

⑩有载分接开关的分接位置及电源指示应正常。

⑪有载分接开关的在线滤油装置工作位置及电源指示应正常。

⑫气体继电器内应无气体。

⑬各控制箱和二次端子箱、机构箱应关严,无受潮,温控装置工作正常。

⑭各类指示、灯光、信号应正常。

⑮变压器室的门、窗、照明应完好,房屋不漏水,温度正常。

⑯变压器各部件的接地应完好。

⑰现场规程中根据变压器的结构特点补充检查的其他项目。

(7)油浸式站用变压器巡视检查项目

①运行时上层油温应不超过 80 ℃。

②有关过负荷运行的规定,应根据制造厂规定和导则要求,在现场运行规程中明确。

③变压器的油色、油位应正常,本体音响正常,无渗油、漏油,吸湿器应完好、硅胶应干燥。

④套管外部应清洁、无破损裂纹、无放电痕迹及其他异常现象。

⑤变压器外壳及箱沿应无异常发热,引线接头、电缆应无过热现象。

⑥变压器室的门、窗应完整,房屋应无漏水、渗水,通风设备应完好。

⑦各部位的接地应完好,必要时应测量铁芯和夹件的接地电流。

⑧各种标志应齐全、明显、完好,各种温度计均在检验周期内,超温信号应正确可靠。

⑨消防设施应齐全完好。

(8)干式变压器的运行规定及巡视检查项目

①干式变压器的温度限值应按制造厂的规定执行。

②干式变压器的正常周期性负载、长期急救周期性负载和短期急救负载,应根据制造厂规定和导则要求,在现场运行规程中明确。

③变压器的温度和温度计应正常。

④变压器的音响正常。

⑤引线接头完好,电缆、母线应无发热迹象。

⑥外部表面无积污。

3)变压器常见故障及分析

变压器是电力系统中的重要设备,而且用量很大(升压、降压及配电等都要用到变压器)。随着变压器运行时间的增加,变压器受热、电和机械力的作用,各部件逐渐失去原有的质量。运行经验表明,最容易发生故障的是变压器的绕组,占故障发生率的60%~70%,而故障的主要形式是匝间短路和对地击穿,这类故障在中小型变压器中发生较多。

(1)变压器绝缘故障

变压器绝缘故障一般为绕组故障,而绕组故障一般分为匝间短路和对地击穿两种。

①匝间短路。匝间短路引起绕组中的电流增加,温度升高,将损伤导线的绝缘,甚至使绝缘燃烧。此外,短路还会使熔化的铜(铝)飞散伤及邻近的线匝,甚至其他相的绕组。匝间短路的特征是:异常发热,有时油可发出"嘟嘟"声(无气体继电器的变压器),电源侧电流增高,变压器的各相电阻不同。

②对地击穿。造成对地击穿的原因是主绝缘老化而产生破裂(或折断)、变压器油受潮、绕组内落有杂物、油面下降或操作过电压和大气过电压等。

变压器绕组受大气过电压和操作过电压(主要是大气过电压)的作用,多损坏绕组主绝缘,或击穿匝间、层间和相间绝缘。

此外,由于引线连接不良或短路应力而使引线断裂;绕组内部导线连接不良、匝间短路而使线匝烧断等故障,在运行中也有发生。

变压器套管的破损常常是因油箱击穿或相间闪络造成的。套管对油箱的击穿,大部分是由于套管本身具有隐蔽的裂纹,或检修安装时由于操作不当产生,以及套管内表面存在污物等。

(2)铁芯

变压器在运行时,铁芯的涡流和磁滞损耗使铁芯发热,逐渐损伤其叠片间的绝缘。硅钢片绝缘不良的特征是:漆膜脱落,部分硅钢片裸露、变脆、起泡和因绝缘碳化而变色(常为黑色)。

沿铁芯柱和铁轭长度方向的每层硅钢片接缝的气隙处,因受磁通交变力的作用,使接缝两边的硅钢片也发生时吸时放的振动而发出响声。

还有一种电磁力也可使铁芯尤其是铁芯柱最外一级的铁芯中的硅钢片产生振动。这种振动的大小与电源有关。

(3)分接开关

①无载分接开关。当发现变压器油箱内有"吱吱"的放电声,电流表随着响声发生摆动时,气体保护可能发出信号,油的闪点急剧下降时,可初步判断为分接开关故障。无载分接

开关的一般故障原因为：

a. 分接开关触头弹簧压力不足或滚轮压力不均，使有效接触面积减少，以及镀银层因机械强度不够而严重磨损等引起分接开关在运行中被烧坏。

b. 分接开关接触不良，引线连接和焊接不良，经受不起短路电流冲击而造成分接开关故障。

c. 倒换分接开关时，由于分接头位置切换错误，引起分接开关烧坏。

d. 由于三相引线相间距离不够，或者绝缘材料的电气绝缘强度低，在过电压的情况下绝缘击穿，造成分接开关相间短路。

②有载分接开关。有载分接开关的一般故障原因为：

a. 辅助触头中的过渡电阻在切换过程中被击穿烧断，在烧断处发生闪络，引起触头间的电弧越拉越长，并发出异常声音。

b. 分接开关由于密封不严，进水后造成相间闪络。

c. 由于触头中的滚轮被卡住，使分接开关停在过渡位置上，造成相间短路而被烧坏。

d. 调压分接开关的油箱不严密，使分接开关的油箱与主变压器的油箱互相连通，并使两个泊位计的油位指示相同。造成分接开关的泊位指示器出现假油位，分接开关油箱缺油，危及分接开关安全运行。

（4）油箱和散热器

油箱和散热器漏油的原因是焊接质量不高或衬垫封闭有问题。发现油箱和散热器漏油时，一般应将油箱内的变压器油放出，吊出器身进行补焊。如仅为衬垫封闭不良所引起，则应从衬垫封闭方面想办法，如紧螺帽或调换橡皮衬垫等。

1.2.5　配电装置（高压开关柜、低压配电屏）的安全运行检查

1）配电装置的基本知识

（1）对配电装置的要求

配电装置由用来接受和分配电能的电气设备组合而成，主要设备有控制电器、保护电器、测量电器、母线及载流导体等。对配电装置的一般技术要求如下所述。

①配电装置的布置和导体、电器、架构的选择，不仅应满足在当地环境条件下正常安全运行的要求，其布置与安装还应满足短路及过电压时的安全要求。

②配电装置应动作灵活、工作可靠。

③配电装置各回路的相序应一致，并应有相色标志。

④屋内配电装置间隔内的硬导体及接地线上，应留有接触面和连接端子。

⑤成套配电装置应具有"互防"功能。

⑥两路及以上电源供电时，各电源进线与联络断路器之间应设置连锁装置。

⑦充油电气设备的布置应满足在带电时观察油位、油温安全和方便的要求，并便于抽取

油样。

（2）户内、外配电装置最小安全距离

配电装置的安装应按规程规定保证最小电气距离，以确保人身及设备安全。

（3）成套配电装置

成套配电装置可满足各种主接线要求，并具有占地少、安装、使用方便、适用于大量生产等特点。成套配电装置的组合是根据系统供电状况及使用场合与控制对象的要求，并结合主要电气元件的特点，确定一次单元接线方案。单元接线方案应适用于电缆进出线和架空线进出线。成套配电装置的组合必须满足运行安全可靠、检修维护方便、经济合理、实用美观等要求。

成套配电装置按接电压等级可分为高压成套配电装置和低压成套配电装置，按使用地点可分为户外式和户内式。按开关电器是否可以移动，可分为固定式和手车式等。

2）高压成套配电装置的检查

高压成套配电装置也称高压开关柜，是以开关断路器为主的成套电器。目前，成套配电装置广泛应用于高低压供配电系统中，作接受与分配电能之用。这类装置的各组成元件，按主接线的要求，以一定的顺序布置在一个或几个金属柜内，具有占地面积少，安装、使用方便，适用于大量生产等特点，应用广泛。

（1）高压开关柜型号

高压开关柜型号的含义如图 1.5 所示。

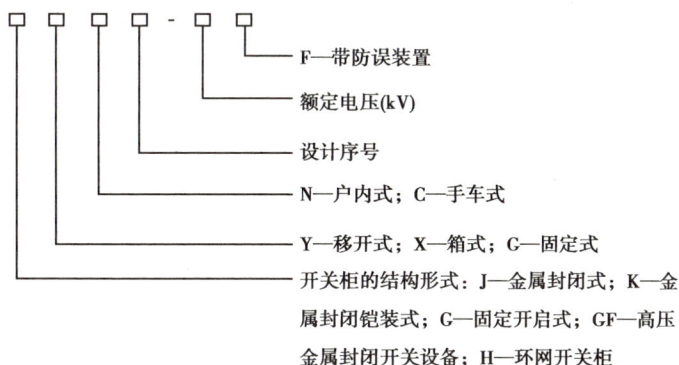

图 1.5　高压开关柜型号含义示意图

（2）固定式开关柜运行巡视和投运前检查

①固定式开关柜运行巡视和投运前检查。固定式开关柜投运前应检查下列内容：

a. 检查漆膜有无剥落，柜内是否清洁。

b. 操动机构是否灵活，不应有卡住或操作力过大的现象。

c. 断路器、隔离开关等设备通断是否可靠准确。

d. 仪表与互感器的接线、极性是否正确，计量是否准确。

e. 母线连接是否良好，支持绝缘子等是否安装牢固可靠。

f. 继电保护整定值是否符合要求，自动装置动作是否正确可靠，表计及继电器动作是否正确无误。

g. 辅助触点的使用是否符合电气原理图的要求。

h. 带电部分的相间距离、对地距离是否符合要求。

i. "五防"装置是否齐全、可靠。

j. 保护接地系统是否符合要求。

k. 二次回路选用的熔断器熔丝规格是否正确。

l. 注油设备有无渗漏现象。

m. 机械闭锁应准确,柜内照明装置应齐全、完好,以便于巡视检查设备的运行状态。

②固定式开关柜运行巡视项目。

a. 每天定时巡视检查。

b. 遇有恶劣天气或配电装置异常时,需进行特殊巡视。

c. 断路器跳闸后应立即检查柜内设备有无异常。

d. 观察母线和金具颜色变化或观察示温蜡片有无受热融化,来判断母线和各种触点有无过热现象。

e. 检查注油设备有无渗油,油位、油色是否正常。

f. 仪表、信号、指示灯等指示是否正确。

g. 接地装置的连接线有无松脱和断线。

h. 继电器及直流设备运行是否正常。

i. 开关室内有无异常气味和声响。

j. 通风、照明及安全防火装置是否正常。

k. 断路器操作次数或跳闸次数是否达到应检修次数。

l. 防误装置、机械闭锁装置有无异常。

(3)手车式开关柜运行巡视和投运前检查

手车式开关柜投运前的检查内容如下所述。

①柜体部分的检查。

a. 柜上装置的元件、零部件均应完好无损。

b. 接地开关操作灵活,合、分位正确无误。

c. 各连接部分应紧固,螺纹连接部分应无脱节及松动。

d. 柜体可靠接地,门的开启与关闭应灵活。

e. 二次插头完好无损,插接可靠。

f. 柜顶主、支母线装配完好,母线之间的连接紧密可靠,接触良好。

g. 控制开关、按钮及信号继电器等型号规格与有关图纸相符,接线无松动脱落现象。

②手车部分的检查。

a. 手车在柜外推动应灵活,无卡住现象。

b. 手车处于工作位置时,主回路触头及二次插头能可靠接触。

c. 手车在柜内能轻便地推入及推出,能可靠地定位于"工作位置"与"试验位置"。

d. 机械连锁装置可靠灵活,无卡滞现象。

③手车式开关柜运行中的巡视检查要求。

a. 每天定期检查,听有无异常响声,看室内的温度、湿度变化情况。如果过高、过大,要进行降温、降湿处理。

b. 每隔一年要对柜内的绝缘隔板、活门、手车绝缘件、母线进行清洁处理,特种环境客户应根据具体情况而定。

c. 下雨天或梅雨季节,要加强对开关室的观察,及时排净电缆沟的积水,严防柜内受潮引起事故。

d. 一般情况下开关柜不会出现故障,如发现绝缘材料受潮,可用 100 度的无水酒精进行擦洗,并进行干燥处理。

3)低压成套配电装置(低压配电屏)检查

低压成套配电装置又称低压配电屏、开关屏或配电盘、配电柜,它是将低压电路所需的开关设备、测量仪表、保护装置和辅助设备等,按一定的接线方案安装在金属柜内构成的一种组合式电气设备,用以进行控制、保护、计量、分配和监视等。适用于发电厂、变电所、厂矿企业中作为额定工作电压不超过 380 V 低压配电系统中的动力、配电、照明配电之用。

(1)低压配电屏安装及投运前检查

安装时,配电屏相互间及其与建筑物间的距离应符合设计和制造厂的要求,且应牢固、整齐美观。若有振动影响,应采取防振措施,并应接地良好。两侧和顶部隔板完整,门应开闭灵活,回路名称及部件标号齐全,内外清洁无杂物。低压配电屏在安装或检修后,投入运行前应进行下列各项检查试验:

①检查柜体与基础型钢固定是否牢固,安装是否平直。屏面油漆应完好,屏内应清洁,无积垢。

②各开关操作灵活,无卡涩,各触点接触良好。

③用塞尺检查母线连接处接触是否良好。

④二次回路接线应整齐牢固,线端编号符合设计要求。

⑤检查接地应良好。

⑥抽屉式配电屏应检查推抽是否灵活轻便,动、静触头应接触良好,并有足够的接触压力。

⑦试验各表计是否准确,继电器动作是否正常。

⑧用 1 000 V 兆欧表测量绝缘电阻,应不小于 0.5 MΩ,并按标准进行交流耐压试验。

(2)低压配电屏巡视检查

为了保证对用电场所的正常供电,对配电屏上的仪表和电器应经常进行检查和维护,并做好记录,以便随时分析运行及用电情况,及时发现问题和消除隐患。对运行中的低压配电屏,通常检查以下内容:

①配电屏及屏上的电气元件的名称、标志、编号等是否清楚、正确,盘上所有的操作把手按钮和按键等的位置与现场实际情况是否相符,固定是否牢靠,操作是否灵活。

②配电屏上表示"合""分"等信号灯和其他信号指示是否正确。

③隔离开关、断路器、熔断器和互感器等的触点是否牢靠,有无过热变色现象。

④M 次回路导线的绝缘是否破损、老化,并摇测其绝缘电阻。

⑤配电屏上标有操作模拟板时,模拟板与现场电气设备的运行状态是否对应。

⑥仪表或表盘玻璃是否松动,仪表指示是否正确,并清扫仪表和其他电器上的灰尘。

⑦配电室内的照明灯具是否完好,照度是否明亮均匀,观察仪表时有无眩光。

⑧巡视检查中发现的问题应及时处理,并作记录。

(3)低压配电装置运行维护

①对低压配电装置的有关设备应定期清扫和摇测绝缘电阻(对工作环境较差的应适当增加次数),如用 500 V 兆欧表测量母线、断路器、接触器和互感器的绝缘电阻,以及二次回路的对地绝缘电阻等均应符合规程要求。

②低压断路器故障跳闸后,应检修或更换触头和灭弧罩,只有查明并消除跳闸原因后,才可再次合闸运行。

③对频繁操作的交流接触器,每两个月进行检查,项目有:清扫一次触头和灭栅,检查三相触头是否同时闭合或分断,摇测相间绝缘电阻。

④定期校验交流接触器的吸引线圈,在线路电压为额定值的85% ~105% 时吸引线圈应可靠吸合,而电压低于额定值的40% 时则应可靠地释放。

⑤经常检查熔断器的熔体与实际负荷是否匹配,各连接点接触是否良好,有无烧损现象,并在检查时清除各部位的积灰。

⑥注意铁壳开关的机械闭锁是否正常,速动弹簧是否锈蚀、变形。

⑦检查三相瓷底胶盖刀间是否符合要求,用作总开关的瓷底胶盖刀闸内的熔体是否已更换为铜或铝导线,在开关的出线侧是否加装熔断器与之配合使用。

1.2.6 开关设备的安全运行检查

1)断路器的安全运行检查

(1)断路器的正常巡视检查

①一般检查项目。

a.检查断路器分、合闸位置指示是否与当时的运行情况一致。

b.检查接头接触是否良好,有无过热现象,瓷质外有无裂纹、放电痕迹,断路器本体有无脏污和杂物,引线是否过松或过紧。

c.带电外露部分相序色是否完好,紧急脱扣的红色标记是否齐全。

d.断路器本体及底座接地是否完好,接地引下线有无断裂和锈蚀。

e.端子箱、机构箱是否完好,各接线端子有无松动或飞弧,是否清洁、完整,端子箱、机构箱门是否关闭紧密,有无水分、灰尘和杂物进入,烘潮灯是否完好,封堵是否完好。

f.断路器内部有无放电或其他异常声响。

　　g. 断路器的各种仪表、油位计指示是否在正常范围以内。

　　②特殊检查项目。

　　A. SF$_6$ 断路器。

　　a. SF$_6$ 气体压力值是否正常,是否符合压力温度关系曲线。

　　b. 断路器各部分及管道有无异声(漏气声、振动声)及异味,管道接头是否正常,阀门状态是否正确。

　　B. 真空断路器。

　　a. 真空灭弧室有无异常,内部有无异常声响。

　　b. 真空泡外壳是否清洁。

　　(2)断路器的异常运行

　　①断路器的声音异常。

　　a. 运行中或刚合闸后的断路器内部有较规律的"噼啪"声。这可能是断路器内部绝缘损坏,带电部分对外壳放电。

　　b. 如是不规则的放电声,则可能是断路器内与带电部分等电位的绝缘部分连接松脱,形成悬浮电位放电。

　　c. 如有开水似的"咕噜"声,则可能是断路器动静触头接触不良,形成主电流回路跳火,使油在电弧作用下受热翻滚。

　　上述3种异常,对运行中的断路器威胁很大,应尽快处理。一般先用上一级断路器将所在电路断开,再将该断路器拉开,然后拉其两侧隔离开关,转为冷备用后认真进行内部检查和油的分析化验,以确定故障性质。

　　②断路器的油位异常。运行中的油断路器油位指示异常,如油面过低或过高,都应作相应调整。

　　油面过高会使断路器内部缓冲空间减少,当遮断较大的故障电流时,所产生的电弧会将油气化并形成很高的压力,此时如果缓冲空间太小,就会使断路器喷油。

　　运行中的断路器是否缺油,要认真判断,以防将因气候变化使油标看不见油位的现象作为缺油来处理。只有断路器因大量漏油而看不到油位时,才能确定是断路器缺油。缺油断路器不能安全地切断电路并灭弧,为此必须立即取下该断路器控制熔断器,并挂"不准分闸"的标示牌,设法用旁路断路器将该断路器负荷转移,然后停下该断路器进行检修加油。如无转移负荷的可能,则应立即退出该断路器所有保护,同时申请用上一级断路器断开该回路,但这样会扩大停电范围。

　　③断路器油色变黑及跳闸后严重喷油冒烟。断路器内绝缘油正常情况下呈浅黄色。当断路器切断负荷电流,特别是多次切断故障电流时,电弧会使油迅速分解,大量金属粉末和游离碳的存在使绝缘油绝缘能力下降。在配有自动重合闸装置的电路中,可能出现短时间内二次断弧,情况更为严重。因此,运行规程中均规定了各断路器的极限跳闸次数。当断路器切断故障的次数达到规定值或油已变黑时,应申请停运该断路器,并安排换油或临时检修。

当断路器切合故障发生喷油现象时,运行人员不应对该断路器盲目强送,应报告调度,待检修排除故障后,方可继续投运。

④监视断路器在运行中的其他异常现象。

A.断路器本体故障。

a.断路器中间机构连板弯曲,可能是缓冲机构的缓冲效果不好或失灵所致,影响断路器正常分闸,应停电处理。

b.断路器本体内漏油,如 SW4 型少油断路器,因动触杆密封圈损坏,或制造工艺不良,引起断路器断口与中间机构窜油,此时需停电处理。

B.运行中的断路器,发现下列故障之一时,禁止将断路器断开,以免发生爆炸事故:

a.油断路器严重缺油和油质严重劣化。

b.断路器灭弧室破裂或触头熔化。

c.SF$_6$ 断路器和空气断路器气压过低且不能维持。

C.值班人员正常巡视检查时,若发现下列异常现象,应立即退出断路器自动重合闸装置,并迅速拉开断路器,将其停电:

a.断路器套管炸裂或严重流胶,断路器灭弧室以外部分起火。

b.断路器套管穿心螺丝熔断或熔化。

c.发生需要立即断开断路器的人身事故。

⑤切断电源情况。当巡视检查发现下列情况之一时,应立即用上一级断路器先切断该断路器的电源,再将该断路器停电:

a.断路器套管爆炸断裂。

b.断路器着火。

c.内部有严重的放电声。

d.油断路器严重缺油,SF$_6$ 断路器 SF$_6$ 气体严重外泄。

e.套管穿心螺栓与导线(铝线)连接处发热熔化等。

(3)真空断路器的异常运行

真空电弧的熄灭是基于高真空度介质(一种压力低于 13.33×10^{-2}Pa 的稀薄气体)的高绝缘强度和在这种稀薄气体中电弧生成物(带电粒子和金属蒸气)具有很高的扩散速度,使电弧电流过零后触头间隙的介质强度很快恢复的原理来实现的。真空断路器利用在燃弧过程中电弧电流过零、电弧暂时熄灭时,弧隙中金属蒸气和带电粒子强烈地扩散并附着于屏蔽罩上为其所冷凝,使弧隙真空的绝缘强度得以恢复,从而达到熄灭电弧的目的。

①真空断路器的真空室损坏。在巡视中若发现真空断路器的真空室损坏,但没有造成接地或短路时,应立即向调度申请将该路负荷倒出,同时打开其重合闸连接片。

②真空断路器在使用中真空度异常。真空断路器是利用高真空的高介电强度作绝缘和灭弧的。真空断路器的灭弧性能良好,几乎不需要检修,寿命较长,具有频繁操作能力,工作可靠,适宜操作高压电动机电容器组等户内式 6 ~ 35 kV 高压电器,触头用铜铬材料,额定电流达 1 000 ~ 3 150 A,额定开断电流可达 25 ~ 40 kA,全容量开断可达 30 ~ 50 次。多配用电

磁或弹簧操动机构,在变电所中的使用日益增多。真空断路器灭弧室的真空值压力必须保持在 13.33×10^{-2} Pa 以下,才能可靠地运行,如低于此真空度,则不能灭弧。由于现场测量真空度以及判别是否合格有一定的困难,目前尚无完善的检测手段,因此一般均以工频耐压试验合格为标准。正常巡视检查时应注意屏蔽罩的颜色应无异常变化。特别要注意断路器分闸时的弧光颜色,正常情况下弧光呈微蓝色,若真空度降低则变为橙红色。真空度降低应及时申请停用检查,更换真空灭弧室。造成真空断路器真空度降低的主要原因有:使用材料的气密性能不良;金属波纹管密封质量不良;在调试过程中,行程超过波纹管的范围,或超行程过大、冲击力太大造成损伤。

此外,检查超行程减少(即检查触头的磨损量),当磨损量累计超过规定值(4 mm)时,应更换真空灭弧室。

③真空断路器可能出现的故障和处理方法。

a.电动合不上闸,可能是铁芯拉杆松脱,需调整铁芯位置,卸下静铁芯即可调整,使之手力可以合闸,合闸终了时,使掣子与滚轮间应有 1～2 mm 间隙。

b.合闸空合,可能是掣子扣合距离太小,未过死点,将调整螺钉向外调,使掣子过死点,完毕后应将螺钉紧固,并用红漆点封。

c.电动不能脱扣,可能是掣子扣得太多;分闸线圈的连接线松脱;操作电压低等原因。需将螺钉向上调,并将螺母紧固;重新接线;调整电压。

d.合闸线圈、分闸线圈烧坏,可能是辅助开关接点接触不良。需用砂纸研磨接点或更换辅助开关。

(4)断路器的故障与检修

断路器在运行中常出现的问题有拒合、拒分、误合、误分、非全相合分、机械卡滞,以及由于渗漏油引起的缺油故障等。

①断路器拒合故障的诊断与维修。断路器发生拒合的情况,一是电气方面故障,二是机械方面故障。

A.电气方面故障。电气方面故障主要是电气回路的故障,有操作电压不正常、熔断器熔断、防跳继电器故障、辅助触头有问题,或是无气压、液压闭锁等。

当操作合闸后红灯不亮,绿灯闪光且事故扬声器响时,说明操作手柄位置和断路器的位置不对应,断路器未合上。当操作断路器合闸后,绿灯熄灭,红灯亮,但瞬间红灯又灭绿灯闪光,事故扬声器响,说明断路器合上后又自动跳闸,其原因可能是断路器合在故障线路上,造成保护动作跳闸或断路器机械故障,不能使断路器保持在合闸状态。若操作合闸后绿灯熄灭、红灯不亮、但电流表已有指示,说明断路器能合上,这时还拒合,可能的原因是断路器辅助触头或控制开关触头接触不良,或跳闸线圈断线使回路不通,或控制回路熔丝熔断,或指示灯泡损坏使红灯不亮。

断路器发生拒合的原因,还可能是操作手把返回过早,分闸回路直流电源两点接地,SF_6 断路器气体压力过低,密度继电器闭锁了操作回路,或是液压机构压力低于规定值,合闸回路被闭锁。

断路器发生拒合故障时,首先应检查控制电源是否正常,若电源正常,则再检查控制回路和合闸熔断器是否正常,检查合闸接触器的触点是否真正闭合(如电磁操动机构),或是将控制开关扳至"合闸"位置,观察合闸铁芯是否动作。若以上检查均正常,说明电气回路正常,如断路器仍不能合闸,则说明有可能是机械方面故障。

B.机械方面故障。断路器传动机构连杆松动脱落,合闸铁芯卡阻,断路器分闸后机构未复归到预合位置,跳闸机构脱扣,合闸电磁铁动作电压太高使一级合闸阀打不开,弹簧操动机构合闸弹簧未储能,分闸连杆未复归,分闸锁钩未钩住,分闸四连杆机构调整未越过死点;机构卡死,连接部分轴销脱落,机构处于空合状态等。

发生机械故障时,应停用断路器,安排检修人员检修,排除故障。

②断路器拒分故障的诊断与维修。断路器的拒分故障很容易造成"越级跳闸",扩大事故停电范围,严重时甚至会导致系统解列,造成大面积停电事故。

断路器拒分时,往往回路光字牌亮,信号掉牌显示保护动作,但该回路红灯仍亮,上一级的后备保护如主变压器复合电压过电流、断路器失灵保护等动作。在个别情况下后备保护不能及时动作,电流表指示值剧增,电压表指示值下降,功率表指针晃动,主变压器发出沉重的"嗡嗡"声。

拒分故障的电气原因有:控制回路的控制开关触点、断路器操动机构辅助触头、防跳继电器和继电保护跳闸回路等接触不良;液压(气动)机构压力降低导致跳闸回路被闭锁、或分闸控制阀不动作;断路器气体压力低、密度继电器闭锁操作回路、跳闸线圈断线等。当然出现拒分故障时,首先应检查跳闸电源是否正常,如操作电源正常,而操作后铁芯不动,或动作无力,则引起断路器不能跳闸,如果跳闸回路完好,跳闸铁芯动作正常,断路器仍然"拒跳",则可能是机械故障所致。

断路器拒分铁芯卡涩或脱落,引起跳闸铁芯动作时冲击力不足,分闸弹簧失灵,分闸阀卡死,触头发生粘接或机械卡死,传动部分销子脱落等。

在发生故障,断路器又拒分时,应立即手动拉闸!断路器拒分时,主变压器电流剧增,声响异常,立即拉闸,以防烧坏主变压器。当拒分断路器拉闸后,恢复上一级电源断路器,同时检查停电范围内设备故障,故障排除后,应逐一试送各分路断路器,若设备故障未能迅速排除,则应将拒分断路器进行隔离,当其他回路恢复供电后,若拒分断路器一时难以检修时,应停用转检修处理。

③断路器误分、误合故障的诊断与维修。

A.断路器误分。电力系统无短路或直接接地现象,各种仪表指示正常,继电保护也未动作,断路器却自动跳闸则称断路器"误分""误跳"。跳闸后,绿灯连续闪光,红灯熄灭,该断路器回路的电流表及有功、无功表指示为零。若是因人员误碰、误操作、保护盘受外力振动引起自动脱扣的"误跳",应排除断路器故障因素,立即送电。

断路器"误跳"故障原因也有电气和机械两个方面。常见的电气故障原因有:保护误动,整定不当,电流、电压互感器回路有故障,或是二次回路绝缘不良,直流跳闸回路发生两点接地等。机械故障原因有合闸维持支架和分闸锁扣维持不住,液压机械分闸一级阀和逆止阀密封不良,有渗漏现象,致使工作缸合闸腔内高压油泄掉,引起断路器误跳。

断路器误分后,若无法立即恢复送电时,则应联系调度将"误跳"断路器停用,转为检修处理。针对故障的原因有针对性地修理排除。

B.断路器误合。若断路器未经操作自行合闸,则属"误合"。"误合"属于故障,如手柄处于"分"的位置,而红灯连续闪光,则表明断路器发生误合故障。

断路器误合故障的原因如下:

a.直流两点接地,使合闸控制回路接通。

b.自动重合闸继电器动合触头误闭合,或因某些元件故障接通控制回路。

c.合闸接触器线圈电阻过小,动作电压偏低,直流系统发生瞬间脉冲所致。

d.弹簧操动机构的储能弹簧锁扣不可靠,如振动时,锁扣自动解除,造成断路器自行合闸。

如发生误合,应立即拉开误合的断路器,如果拉开后断路器又再次"误合",应联系调度,停用该断路器,取下误合断路器,转入检修处理。

④断路器过热和分、合闸线圈冒烟的故障。造成断路器过热的原因有过负荷,触头接触不良,接触电阻大,导电杆与接线卡连接松动,导电回路内各种电流过渡部件、紧固件松动或氧化。

过热时,油断路器油箱外部颜色会发生异常,可闻到臭味气体。对多油断路器油箱可用手摸,对少油断路器,可观察油位、油色和引线接头示温片有无熔化,必要时可用红外线测温仪测试。

过热时,会引起绝缘材料老化、绝缘油劣化,严重时弹簧会退火,容易引发其他多种故障,发现过热时,应根据发热原因采取相应措施。

分、合闸线圈冒烟甚至烧毁,其原因是线圈内部有匝间短路,接触器机械卡涩,引起电流上升,或是分、合闸线圈长时间带电,发生此现象时,应马上断开直流电源进行检修。

⑤各种断路器的故障分析要点。

A.油断路器。油断路器常见故障是缺油,即油位异常。运行电压过高、绝缘油炭化、严重缺油等情况严重时会发生爆炸等严重事故。断路器在出厂时应进行异相接地试验,变电所应装设电容器组自动投切装置。

B.SF_6断路器。断路器常见的故障有触头接触电阻过大、含水量超标、机构失灵以及漏气等。

SF_6断路器解体中发现容器内有白色粉末状的分解物时,应用吸尘抽吸或柔软卫生纸拭净,并收集在密封的容器中深埋,以防扩散。密封件不能用汽油清洗,一般应全部换用新品。更换吸附剂时,换下的吸附剂应妥善处理,防止污染扩散;新的吸附剂必须一直在烘箱内干燥保存。SF_6断路器在意外爆炸时,人员应防气体中毒。

C.真空断路器。真空断路器的机械故障率比电气故障率少。真空断路器本体的缺陷是真空灭弧室漏气,绝缘件击穿、过压保护器不合格、真空灭弧室直流电阻不合格。新投入的开关常出现拒合拒分现象。

真空断路器维护时,不能用水,应用蘸有酒精的毛巾擦拭绝缘子、绝缘杆及真空灭弧室绝缘外壳。

2)隔离开关的安全运行检查

(1)隔离开关的正常巡视检查

①瓷绝缘应完好无裂纹和放电痕迹。

②隔离开关及操动机构各部件无开焊、变形、锈蚀、松动、脱落现象,连接轴销、螺母应紧固完好。

③闭锁装置应完好,锁销应锁牢。

④隔离开关及操动机构接地引下线、螺栓应可靠,接地良好,辅助触点位置应正确良好。

⑤带有接地刀闸的隔离开关在接地时,三相接地刀闸接地均应良好。

⑥隔离开关合闸后触头之间接触应良好。

⑦隔离开关通过短路电流及耐受过电压后,应检查隔离开关的绝缘子有无破损、裂纹、放电痕迹,动静触头及接地引线接头有无熔化、发热变色现象。

⑧高温及过负荷时应对隔离开关加强巡视,并对接头和接触部分用红外测温仪进行测试(温度不应超过 70 ℃)。

⑨中性点直接接地系统发生单相接地短路后,应检查主变压器中性点连接线、中性点接地刀闸和接地引下线无烧伤和异常。

(2)隔离开关的异常运行

值班人员日常进行的主要工作是利用隔离开关进行切换操作并对其进行监视。在正常运行时,应监视隔离开关的电流不得超过额定值,温度不超过允许温度。隔离开关的触头在运行中不应有过热现象,否则应尽快停用。若因电网负荷需要不允许停电时,则应采取降温措施,待高峰负荷过去后,再停用修理。

①监视隔离开关在运行中接触部分的过热。正常情况下,隔离开关不应出现过热现象,其温度不应超过 70 ℃,若接触部分温度达到 80 ℃时,则应减少负荷或将其停用。

值班人员在巡视配电装置时,对隔离开关触头发热的情况,可根据隔离开关接触部位的变色漆或示温片颜色的变化来判断,也可根据刀片的颜色发暗程度来确定。

产生上述现象的原因是:在刀片和刀嘴接触的地方,电流通路的截面大大缩小,因而出现很大的斥力,减小了弹簧的压力,使压紧弹簧或螺丝松弛;刀口合得不严,造成表面氧化,接触电阻增大,使触头发热;其次,隔离开关在拉合过程中,会引起电弧,烧伤触头,或者由于用力不当而使接触位置不正,引起触头压力降低,隔离开关接触不良而导致发热;此外,隔离开关过负荷,也会发热。

在处理上述故障时,应根据不同的接线方式分别采取相应的处理方法。

a.双母线接线时,必须将发热隔离开关上的负荷转移。即利用母联断路器进行负荷的转移工作,先把发热隔离开关的负荷转换到备用母线侧的隔离开关上去,然后将发热隔离开关退出运行。

b.单母线接线时,必须降低其负荷,并加强监视。如果条件许可,应尽可能停止使用;只有在停用该隔离开关造成停电时,才允许暂时继续使用。但此时应加装临时风扇对隔离开关进行吹风冷却,以降低其温度,并加强监视。

c.在有可能的条件下应尽量采用带电作业,将螺丝等零件拧紧;若发热仍未消除,则可采用接短线的方法,临时将发热的隔离开关短接,以避免停电。

d.线路隔离开关发热时,其处理方法与单母线接线时基本相同。但由于线路上有串联的断路器,可防止发展为事故,故发热隔离开关可继续运行,但需加强监视,直到可以停电检修时为止。

e.若因开关容量不够或长期过负荷引起触头过热,则应更换大容量隔离开关或降低其负荷。

进行隔离开关操作时,用力应适当,操作后应检查触头的接触情况。

②隔离开关的绝缘子裂纹或破损。母线或隔离开关绝缘子有裂纹或轻微破损,只要没有放电或闪络现象,一般不影响正常供电,但应加强监视并尽快安排检修,一旦发现放电或闪络现象,应立即停电检修。

③监视隔离开关刀片的弯曲。造成隔离开关刀片弯曲的常见原因是刀片之间电动力方向的交替变化或调整部位发生松动,使刀片偏离原来的位置,造成不能顺利合闸。在强行合闸或用力不当时刀片也会变形。

刀片弯曲时应进行调整,调整后应使刀片的接触面平整,其中心线应在同一直线上。同时还要调整好刀片和瓷柱的位置,并加以紧固。

④隔离开关拒绝分合闸的处理。

A.拒绝分、合闸的原因。

a.操动机构失修、发生严重锈蚀卡涩和梗塞。

b.操动机构接触不良。因长期通过大电流或短路电流,使触头烧坏,甚至熔焊在一起,导致动静触头分不开。

c.连杆、拐臂、齿轮等部位开焊、断裂、脱销、脱扣等,使操动机构失灵。

d.隔离开关架构和基础发生重力不均匀下沉,会造成连动机构错位、变形、卡涩,从而使机构卡死。

e.严寒地区结冰后,冰块将机构或触头杆冻结在一起,使机构拒绝动作。

B.拒绝分、合闸的处理。若隔离开关拒绝合闸,则应用绝缘棒进行操作,或在保证人身安全的情况下,用扳手转动每相隔离开关的转轴。隔离开关合不上主要是操动机构故障,可检查垂直拉杆的销子与拉杆的销孔是否存在配合不好、有间隙、连接销子切断或脱落等,导致转动部件不灵活。此时应修复销孔,更换合适的销子,或对轴销、楔栓或其他转动部位进行检查修整,更换损坏零部件也可检查动静触头的接触面是否在一直线上。动触头没有进入静触头内可能是静触头或支持瓷瓶柱没有安正,此时应调整静触头和支持瓷瓶柱,调整好后加以紧固。

隔离开关拉不开,主要是因传动机构不灵活,刀闸的转动轴生锈或接触处发生熔焊,如在冬季也有可能是操动机构被冰冻所致,可将手柄轻轻摇动后找出卡住的部位并作相应处理,然后再试拉一次。若卡住部位在触刀的接触装置上,应考虑变更设备运行方式或停电检修,不可强行硬拉,以免支持瓷瓶受损而引起重大事故。

平时对隔离开关应注意维护,操动机构应定期检查,转动部件应定期加油,以保证其灵活可靠。

⑤隔离开关自动掉落合闸的处理。隔离开关在断开位置时,如果操动机构的机械闭锁装置失灵,会造成自动掉落合闸事故。如弹簧的锁住弹力减弱、销子行程太短等,遇振动大时,使机械闭锁销子滑出来,便会造成隔离开关自动掉落合闸事故。

因此,运行中要定期检查隔离开关操动机构的闭锁装置,发现异常情况时,及时做好缺陷记录,以便检修维护工作人员及时处理,消除隐患。

(3)隔离开关的故障与检修

隔离开关的触头和接触部分是运行维护中的关键部分。隔离开关常见的故障及处理方法如下:

①触头紧固部件松动,引起接触不良,刀片或刀嘴的弹簧片锈蚀或过热,会使弹簧压力降低。

②隔离开关断开后,触头暴露在空气之中,发生氧化和脏污。

③隔离开关在操作中可能会有电弧,从而引起动、静触头的接触面烧伤。

④各个联动部件发生变形或磨损,影响接触面的接触。

⑤在操作过程中用力不当时,会使触头位置不正,触头压力不足,导致接触不良,使触头过热。

在隔离开关触头过热时,应观察色漆和示温片颜色的变化,观察刀片颜色是否变色、发红,有无火花,或用红外线测温仪测量触头的实际温度,若超过规定值(70 ℃)时,首先用相应电压等级的绝缘杆将触头向上推动,以改善接触情况,注意防止滑脱,检查是否过负荷,若过负荷时应汇报调度进行减负荷处理。如瓷件有较大的破损或有放电现象,应采用上一级开关断开电源。

⑥发生拒绝拉闸故障。

隔离开关发生拒绝拉闸故障的原因如下:

a. 操动机构冰冻、机构锈蚀、卡死。

b. 隔离开关动、静触头熔焊、变形,或瓷件破裂、或断裂。

c. 操作电源有问题。

d. 电动操动机构、电动机失电,或机构损坏、闭锁失灵等。

当发生隔离开关拒绝拉闸、开关拉不开时,不能用力硬拉,特别是母线侧的隔离开关。应查明原因,或改变运行方式,及时停电检修。

⑦发生拒绝合闸故障。

发生拒绝合闸故障时应进行下列检查:

a. 首先检查闭锁回路及操作顺序是否符合规定。

b. 检查轴销是否脱落,是否有楔栓退出、铸铁断等机械故障。

c.电动机构的电动机是否没电。

d.操作电源是否正常,电气回路有无故障。

发生拒绝合闸故障时,可先用相同电压等级的绝缘杆配合操作,但用力不应太大,当不能见效时,应停电检修。

⑧再次强调:操作人员误操作,带负荷拉、合隔离开关时的处理方法。

误拉、合隔离开关是因运行人员对实际情况未掌握,或没有认真执行规程而发生的,误操作发生时,应作如下处理:

a.一旦发生带负荷,误拉隔离开关时,如刀片刚离刀口时,已起弧,应立即将隔离开关合上,但如已误拉开,且已切断电弧时,则不允许再合隔离开关。

b.运行人员误带负荷、误合隔离开关时,则不论何种情况,都不允许再拉开,如确需拉开,则应用该回路断路器将负荷切断后,再拉开误合的隔离开关。

3)负荷开关的安全运行检查

负荷开关的常见故障、原因及处理方法如下:

(1)触头部分过热的原因及处理

①闸刀与插口接触面积太小。应调整连杆长度,使闸刀合闸到位。

②压紧弹簧或螺栓松动。应更换失去弹力的压紧弹簧及拧紧螺栓。

③接触面有氧化层,使接触电阻增大。应清除氧化层,涂以导电膏或中性凡士林,拧紧松弛的螺栓或更换压紧弹簧。

④长期运行后,在镀银触头表面会产生一层黑色硫化银,使接触电阻增大。对于镀银触头,不宜用打磨法,而应将触头先用汽油清洗,再放入氨水中浸泡 15 min,用尼龙刷将硫化层刷去,然后用清水清洗、擦干,涂以导电膏或中性凡士林。

⑤长期过负荷运行。应更换容量更大的负荷开关或减轻负荷运行。

⑥拉合开关时产生电弧。应修正烧伤部位,必要时更换刀片和插口,不带负荷拉合开关。

(2)闸刀不能拉合的原因及处理

①操动机构有问题或锈蚀。应轻轻摇动操动机构,找出阻碍操作的死点,切不可硬拉硬合。

②闸刀被冰冻住。先轻轻摇动操动机构,如仍不行,则应停电除冰。

③连杆的连接轴等因使用过久,磨损严重或脱落,需更换轴销。

(3)支持绝缘子损伤的原因及处理

①绝缘子自然老化或胶合不好,引起瓷件松动,弹簧掉落或绝缘子瓷釉剥落。应更换绝缘子,平时宜加强巡视,避免发生闪络和短路事故。

②传动机构配合不良,使绝缘子受过大的应力。应重新调整传动机构。

③外力机械损伤。应加强巡视,防止外力损伤。

④操作时用力过猛。应掌握正确的操作方法,拉、合闸动作要迅速,但不能用力过猛。

4) 熔断器的安全运行检查

一般熔断器和跌落式熔断器的常见故障、原因及处理方法如下：

（1）熔断器过热的原因及处理

①熔断器规格过小，负荷过重。应更换容量规格较大的熔断器，其熔体额定电流应符合规定。

跌落熔断器熔丝熔断
故障处理

②环境温度过高。应改善环境条件，或将熔断器安装在环境较好的位置。

③接线头松动，导线连接处接触不良，或接线螺钉锈蚀。应清洁螺钉、垫圈，或更换螺钉、垫圈，紧固时将螺钉拧紧，使导线压接牢靠。

④负荷过重，导线规格小。应减轻负荷，否则应更换成相应的较粗、截面较大的导线。

⑤铜铝接线，接触不良。尽量将铝导线交换成铜导线，否则在连接时应作可靠处理。

⑥触刀与刀座接触不紧密或生锈。应除去氧化层、使之接触紧密，若失去弹性，应予以更换。

⑦熔体与触刀接触不良。应进行调整，使两者接触良好。

（2）熔断器熔体熔断的原因及处理

①线路发生短路故障。应查明原因，排除短路故障点后，再更换新的熔体投入使用。

②熔体选得过细。确认是熔体额定电流选择得太小时，应经过计算，选择规格符合要求的熔体。

③负荷过大。应调整负荷，使运行负荷符合规定，不得超负荷。

④熔体安装不当，如将熔体损伤、压伤、或拉得过紧，螺钉未压紧或锈蚀。应正确安装熔体，防止划伤，碰伤熔体，安装时用力适当，既牢靠又不拧伤熔体，必要时更换螺钉和垫圈。

（3）瓷铁等器件破损的原因和处理

①外力损坏。安装应有一定的高度，避免机械损坏，插件有轻微裂损时，可暂用绝缘胶带包扎后使用。平时应加强巡视，防止意外损坏。

②操作时不慎，用力过猛。操作应注意力集中，用力应适当。

（4）跌落式熔断器误跌落的原因及处理

①熔断器质量差、装配不良、遇大风被吹落。应选用质量好的熔断器，并应重新装配调整。

②操作时未将熔管合紧。合上熔管后，应用绝缘杆端钩头轻拉操作环几次，以确保合闸到位。

③熔断器上部触头的弹簧压力过小，在鸭嘴内的直角突起处被烧伤或磨损。此时一般应更换弹簧及鸭嘴，或者更换整个熔断器。

（5）跌落式熔断器熔管操作不灵活

发生这种情况的原因一般是装配不良、机械卡阻锈蚀，接口有熔疤等。应该重新装配，除锈，涂润滑油；产生熔疤后应用细锉锉平熔疤，必要时更换部件。

熔断器熔断可起到短路保护的作用，熔体该熔断时不熔断，则起不到保护作用，而不该

熔断时误熔断也是不正常的,应该正确选择熔体的额定电流,使用质量较好熔体和熔断器,正确操作、严格装配,使熔断器在系统中发挥应有的保护作用。

5)防误闭锁装置的安全运行检查

(1)防误装置的技术原则和使用原则。

①防误装置的功能。防误装置应实现以下功能(简称"五防"):

a. 防止误分、误合断路器。

b. 防止带负荷拉、合隔离开关。

c. 防止带电挂(合)接地线(接地开关)。

d. 防止带接地线(接地开关)合断路器(隔离开关)。

e. 防止误入带电间隔。

凡有可能引起以上事故的一次电气设备,均应装设防误装置。

②选用防误装置的原则。

a. 防误装置的结构应简单、可靠,操作维护方便,尽可能不增加正常操作和事故处理的复杂性。

b. 电磁锁应采用间隙式原理,锁栓能自动复位。

c. 成套高压开关设备应具有机械连锁或电气闭锁。

d. 防误装置应有专用的解锁工具(钥匙)。

e. 防误装置应满足所配设备的操作要求,并与所配用设备的操作位置相对应。

f. 防误装置应不影响断路器、隔离开关等设备的主要技术性能(如合闸时间、分闸时间、速度、操作传动方向角度等)。

g. 防误装置所用的直流电源应与继电保护、控制回路的电源分开,使用的交流电源应是不间断供电系统。

h. 防误装置应做到防尘、防蚀、不卡涩、防干扰、防异物开启。户外的防误装置还应防水、耐低温。

i. 变、配电装置改造加装防误装置时,应优先采用电气闭锁方式或微机"五防"。

j. "五防"功能中除防止误分、误合断路器可采用提示性方式,其余"四防"必须采用强制性方式。

k. 对使用常规闭锁技术无法满足防误要求的设备(或场合),宜加装带电显示装置以达到防误要求。

l. 采用计算机监控系统时,远方、就地操作均应具备电气"五防"闭锁功能。若具有前置机操作功能的,也应具备上述闭锁功能。

m. 断路器和隔离开关电气闭锁回路严禁用重动继电器,应直接用断路器和隔离开关的辅助触点。

n. 防误装置应选用符合产品标准,并经国家级电网公司或区域、省(区、市)电网公司鉴定的产品。已通过鉴定的防误装置,必须经运行考核,取得运行经验后方可推广使用。

（2）变配电所防误闭锁装置

①机械闭锁。机械闭锁是靠机械结构制约而达到闭锁目的的一种闭锁装置，即当一元件操作后另一元件不能操作。机械闭锁只能在隔离开关与安装处的接地隔离开关或是断路器与安装处的接地隔离开关间实现闭锁。

②电磁闭锁。电磁闭锁是利用断路器、隔离开关、设备网门等设备的辅助触点，接通或断开隔离开关、设备网门的电磁锁电源，从而达到闭锁目的一种闭锁装置。

③电气闭锁。电气闭锁是利用断路器、隔离开关的辅助触点，接通或断开电气操作电源，从而达到闭锁目的的一种闭锁装置。一般应用于断路器与隔离开关、电动隔离开关与电动接地开关闭锁上。

④程序锁。电气防误程序锁具有"五防"功能，程序锁的锁位与电气设备的实际位置一致，控制开关、断路器、隔离开关在"分"或"合"位置时，相应的锁具也必须在"分"或"合"位置，以此来达到闭锁目的。

⑤微机闭锁。微机防误闭锁综合操作系统具有返回屏、模拟屏、控制屏3种运行功能，并由控制开关控制（此开关具有密码解锁功能，由专人负责），可以检验和打印操作票，能对一次设备的操作强制闭锁。

（3）防误闭锁装置运行管理规定

①防误装置正常情况下严禁解锁或退出运行。防误装置的解锁工具（钥匙）或备用解锁工具（钥匙）必须有专门的保管和使用制度。

②电气操作时防误装置发生异常，应立即停止操作，及时报告运行值班负责人，在确认操作无误、经变电所负责人或发电厂当班值长同意后，方可进行解锁操作，并做好记录。

③当防误装置因故障处理和检修工作需要，必须使用解锁工具（钥匙）时，须经变电所负责人或发电厂当班值长同意，做好相应的安全措施，在专人监护下使用，并做好记录。

④在危及人身、电网、设备安全且确需解锁的紧急情况下，经变电所负责人或发电厂当班值长同意后，可对断路器进行解锁操作。

⑤防误装置整体停用应经本单位总工程师批准才能推出，并报有关主管部门备案。同时，要采取相应的防止电气误操作的有效措施，并加强操作监护。

⑥运行值班人员（或操作人员）和检修维护人员应熟悉防误装置的管理规定和实施细则，做到"三懂二会"（懂防误装置的原理、性能、结构；会操作、维护）。新上岗的运行人员应进行使用防误装置的培训。

⑦防误装置的管理应纳入厂所的现场规程，明确技术要求、运行巡视内容等，并定期维护。

⑧防误装置的检修工作应与主设备的检修项目协调配合，定期检查防误装置的运行情况，并做好检查记录。

⑨防误装置的缺陷定性应与主设备的缺陷管理相同。

（4）防误闭锁装置的运行巡视项目

①锁是否锁好，锁、销插入是否正确。

②防误装置与断路器、隔离开关、网门等的连接是否牢固、正常,起到防误作用,装置有无损坏。

③室外防误闭锁装置防雨罩是否完好,起到防雨效果,雨天应检查罩内有无积水。

④模拟屏断路器、隔离开关指示是否正确,与实际设备一致,指示灯指示是否正确。

⑤钥匙存放是否正确。

防误闭锁装置是防止误操作的重要技术措施。任何使用者都不得随意强行解锁操作;同时也不能认为有了防误闭锁装置就可以粗心大意,掉以轻心,必须要有清醒的头脑和高度的责任心。

1.2.7　电力电容器的安全运行检查

1)概述

电力电容器有串联和并联两种使用方式,使用最广泛的是并联电容器,并联电容器用来补偿感性无功功率以提高功率因数。

在交流电网中利用电磁感应原理工作的电气设备,在建立交变磁场时,虽然一个周期内由电网吸收和向电网放回的功率相等,但需要无功电源来供给,这样便降低了发、供电设备的利用率,同时无功功率的传送,将增加线路损失和恶化电压质量。而电容性设备的交变电场,也周期地由电网吸收和向电网放回电能,但感性负荷吸收电能时,容性负荷放出电能;感性负荷放出时,容性负荷吸收电能,相互交换,所以可用电容性设备的无功功率来补偿电感性无功功率。这种补偿作用体现在时间相位上,即电容电流超前电压90°,电感电流落后电压90°,两者正好相互补偿。

(1)电力电容器的结构

电容器由箱壳和芯子组成,箱壳用薄钢板密封焊接制成。箱壳盖上焊有出线瓷套,箱壁两侧焊有供安装用的吊攀,一侧吊攀上装有接地螺栓。电容器芯子由若干个元件和绝缘件叠压组成。元件用电容器纸或膜纸复合作为介质和铝箔作极板卷制而成。为适应各种等级电压,将芯子中元件并联或串联。在 1.05 kV 及以下的电容器内部每一元件上装有熔丝,3.15 kV 及以上的电容器每台须配备单独的熔断器。

(2)电力电容器型号

并联电容器的型号由文字和数字符号组成,排列方式如图 1.6 所示。

(3)对电力电容器装置的要求

①低压电容器的装置要求。

a. 控制开关。电容器控制开关应能可靠切合电容器回路,其额定电流按电容器额定电流的1.3~1.5倍选取。

b. 连接导线。连接导线应用软线。由于电容器有合闸涌流以及谐波电流,为避免导线发热,其截面的选择按单台电容器1.5倍电容器额定电流和集中补偿的1.3倍电容器电流

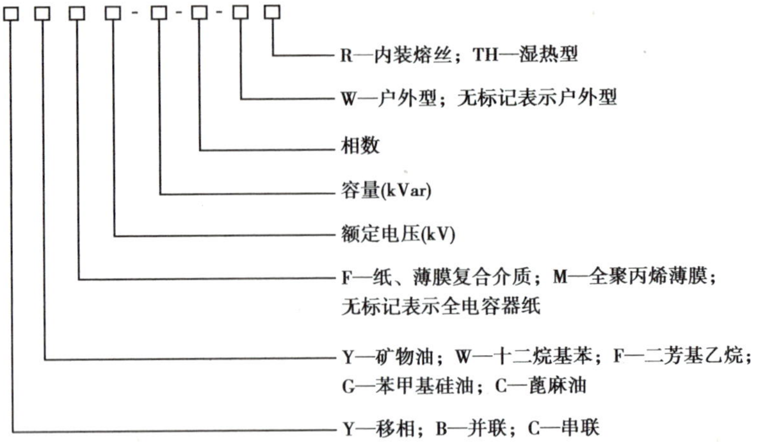

R—内装熔丝；TH—湿热型

W—户外型；无标记表示户外型

相数

容量(kVar)

额定电压(kV)

F—纸、薄膜复合介质；M—全聚丙烯薄膜；无标记表示全电容器纸

Y—矿物油；W—十二烷基苯；F—二芳基乙烷；G—苯甲基硅油；C—蓖麻油

Y—移相；B—并联；C—串联

图1.6　电力电容器型号示意图

选择。

c.熔断器。低压电容器常采用熔断器保护,熔断器的额定电流一般按电容器额定电流的1.43～1.55倍选取。

d.放电电阻。电容器由电源断开后,仍储有电荷,有残留电压,不安全。同时,在再次合闸时,残余电压和合闸时电源电压叠加,会产生过电压和很大的合间涌流,所以必须加装放电器,使电容器断电后能在5 s内将剩余电压降至50 V及以下。对非自动切换低压电容器至少在断电后1 min将剩余电压降至75 V及以下。

e.串联电抗器。电容器合闸瞬间其回路近似短路,所以会产生合间涌流,为限制涌流可加装并联电抗器。

f.接线。低压电容器可采用三角形接线或中性不接地的星形接线方式。

g.电容器室。电容器室的耐火等级不低于二级,通风应良好。低压电容器组可装于配电柜内。电容器组的框架和框体均应采用非燃材料或难燃材料。

h.布置。电容器分层布置时,下层电容器底部对地面距离应不小于300 mm;上层电容器连线到柜顶距离不应小于200 mm;电容器外壳之间的净距不宜小于100 mm。

i.接地。电容器的金属外壳和支架应良好接地。

②高压电容器的装设要求。高压并联电容器组一般以装设在高压用电设备旁为宜,就地补偿,也可装设在10 kV受电变配电所专用电容器室内。装置以户内式为主,极少采用户外装置,因此仅对户内式装置的装置要求分述如下。

a.并联电容器组的分组及容量应根据分级补偿、就地平衡、便于调整电压、不发生谐振及各次谐波含量不超过《电能质量 公用电网谐波》(GB/T 14549—1993)的有关规定而确定。

b.不应造成向电网倒送无功功率以及使受电端过电压。

c.电容器组应采用单星形接线或双星形接线,在中性点非直接接地电网中其中性点不应接地。如电容器组的每相由多台电容器串联组成时,应采用先并联后串联的接线方式。

d.电容器组的汇流母线应满足机械强度的要求,防止引起熔断器至母线的连接线松弛。电容器套管相互之间和电容器套管至母线或熔断器的连接线应有一定的松弛度,严禁直接利用电容器套管连接或支承硬母线。单套管电容器组的接壳导线应采用软导线,由接壳端子上引接。

　　e.熔断器应装设在通道一侧,严禁垂直装设,装设角度和弹簧拉紧位置应符合制造厂的产品技术要求。熔丝熔断后,尾线不应搭在电容器外壳上。

　　f.电容器装置的电器和导体的选择,应满足在当地环境下正常运行、过电压状态和短路故障的要求。

　　2)并联电力电容器检查

　　(1)新装并联电容器组投运前的验收

　　①并联电容器组所用的各个电气部件,其型号、规格均应符合设计要求,安装也应符合施工验收规范,并按规程要求进行交接试验和校验且均合格。

　　②应按设计要求装设继电保护装置,其安装应符合规范且经校验均应合格,定值正确且均已在投运位置。

　　③电容器组的接线应正确,各连接点接触良好,与接地网的连接应牢固可靠。

　　④放电的型号、规格符合设计要求并经试验合格。

　　⑤电容器及其他注油设备外壳应良好,无渗漏油现象。

　　⑥电容器组的固定遮栏或成套柜的挡板等均应完好,对带电体距离符合设计及安全要求。

　　⑦电容器室的各类通道符合设计和安全要求,建筑物符合规范要求,有良好的通风和必要的消防设施及防小动物进入、防雨雪、防风沙飘进等措施。

　　⑧电容器组三相的任何两个线路端子之间的最大与最小电容之比和电容器组每组各串联段之间的最大与最小电容之比,均不宜超过 1.02。

　　(2)并联电容器运行中的巡视检查

　　并联电容器组运行中的巡视一般有日常巡视检查、定期停电检查及特殊巡视检查。

　　①日常巡视检查。并联电容器组运行中日常巡视检查由变配电所运行值班人员进行,每班巡视检查一次;如为无人值守,每周至少巡查一次。夏季应在电容器室环境温度最高时进行巡查,其他季节可在系统电压最高时进行巡查。当不停电巡查有困难时,可以将电容器组短时间停电,以便更仔细地检查(但应将电容器组充分放电,注意安全)。运行中巡查的项目主要有电容器组的电流、端电压、本体温度及环境温度是否正常,有无超过允许范围;电容器外壳有无膨胀、渗漏油痕迹,有无异常的声响或火花或放电痕迹;放电指示灯是否有熄灭等异常现象;单只熔丝是否正常、有无熔断现象;装置是否有其他缺陷存在或原有缺陷的发展情况如何。检查情况都应记录在运行记录簿中。

　　②定期停电检查。定期停电检查应结合设备清扫、维护一起进行,应根据设备情况和环境条件决定,一般每季度检查一次。检查内容主要有:

　　a.电容器外壳有无膨胀或渗漏油现象。

　　b.绝缘件表面等处有无放电痕迹。

　　c.各螺栓连接点的松紧及接触是否良好,连接线是否完好。

d. 放电回路是否完整良好。

e. 电容器外壳及柜体(构架)的保护接地线是否完好。

f. 电容器组继电保护装置情况及有无动作。

g. 单只熔断器是否完好,熔丝有无熔断。

h. 电容器组的控制、指示等设备是否完好。

i. 电容器室的房屋、电缆线、通风设施等是否完好,有无渗漏水、积水、积尘等。

j. 清除电容器、绝缘子、构架等处的积尘等。

③特殊巡视检查。当电容器组发生熔丝熔断、短路、保护动作跳闸等情况时,应立即进行巡视检查,此类检查称为特殊巡视检查。检查项目除上述各项外,必要时应对电容器组进行试验,如查不出故障原因,则不能将电容器组投入运行。

3)电容器绝缘预防性试验

电容器在长期运行中,受高温、电压、谐波等影响,有可能使其中个别元件击穿,严重时可致整台电容器的损坏。对电力电容器按规定进行预防性试验的目的在于检查其内部电容元件是否存在缺陷、电容元件对外壳的绝缘是否良好等,发现问题及时处理,以减少事故的发生。

4)电力电容器故障分析

(1)电力电容器故障

电容器损坏类型主要有渗漏油、外壳膨胀等,严重时则发生爆炸起火事故。

①渗漏油。渗漏油的原因主要是产品制造上有缺陷受到外因的作用而显现出来。这种缺陷容易在焊接处产生。

②外壳膨胀。外壳膨胀(鼓肚)是指电容器外的两处大面积的侧壁呈异常胀起的现象。其原因是壳内产生了较多的气体。产生气体的原因主要是电介质中发生局部放电,使电介质分解。内部部分元件击穿也可能产生气体,形成外壳膨胀。

③爆炸。电容器爆炸(炸裂)多由内部端头之间、端头与外壳间发生击穿,造成相间短路而导致。有时虽然未造成相间短路,但并联台数较多,又无适当保护,电容器组中任一电容器击穿时,其他电容器都要向击穿电容器放电,导致电介质急剧分解,产生大量气体,致使外壳爆破开裂或瓷套管炸裂。

④温升过高。电容器运行中出现温升过高现象,原因可能有:

a. 电介质劣化,损耗因数增大。

b. 内部部分串联组击穿,容量增大。

c. 频繁切合、反复受过电压和涌流的作用。

d. 高次谐波电流的影响。

e. 长期工频过电压运行。

f. 冷却空气温度过高。

g. 布置太拥挤。

⑤瓷绝缘表面闪络。瓷绝缘在运行中由于缺乏清扫和维护,其瓷绝缘表面污秽可能引

起放电。在污秽严重地区,尤其是在天气条件恶劣(如雨夹雪),或遇有各种内、外过电压的情况下,均可造成瓷绝缘表面污秽闪络事故,造成电容器损坏和断路器跳闸。因此,对运行中的电容器组,应进行定期的清扫和检查,在污秽严重地区,还应采取其他反污秽措施。

⑥异常响声。电容器在运行过程中不应发出特殊响声。若有"吱吱"声或"咕咕"声,则说明外部或内部有局部放电的现象。"咕咕"声是电容器内部绝缘崩溃的先兆,此时应停止运行,查找故障电容器。

⑦电容器的断路器自动跳闸。电容器的断路器如发生自动跳闸,跳闸后不得强行合闸(具有自动重合闸装置者除外)。值班人员必须先检查,分析继电保护的动作情况,然后对电容器的断路器、电压互感器、电力电缆进行检查。检查电容器有无爆炸、严重发热,有无鼓肚或喷油,接头是否过热或熔化,套管有无放电痕迹。如无上述情况,而是因外部故障造成母线电压波动而使断路器自动跳闸时,可进行试合闸。如无外部故障表现,则应进一步对保护做全面通电试验,以及对电流互感器做特性试验。如果仍检查不出原因,则需拆开电容器组,逐台进行试验,在未查明原因之前,不得试合闸。

(2)电容器损坏的原因和防止措施

①电容器损坏的原因。

a.先天性局部缺陷。电容器内部元件的电极引出片和元件串并联接片是用薄铜片制成的。

b.箱壳及瓷装焊接不良,引起渗油。渗漏油的缺陷使电容器内部油面下降,引线或元件L端露出油面,导致极对箱壳放电或元件的击穿。同时由于密封不良,潮气进入内部,使绝缘电阻降低而损坏。

c.在总装配中油箱封盖焊接不当,烧伤内部元件对壳的绝缘纸,这样不仅影响绝缘强度,而且会使油污染产生的气体残存在电容器内,使绝缘击穿电压大大下降。

d.运输保管及安装不当造成损坏。

e.电容器的环境温度。运行中电容器环境温度不能过高,否则将使电容器散热与发热失去平衡,导致热击穿。

f.电容器的运行电压和电流。电容器运行电压过高或操作过电压,都会引起电容器损坏。电网运行电压波形畸变产生高次谐波,使电容器运行电流和输出元功功率的有效值大幅度超过额定值,造成运行中损坏。

g.带电荷合闸引起电容器的群爆事故。

②防止措施。

a.要求制造厂家加强质量管理,提高制造工艺水平和完善出厂检测手段,使有隐患的电容器在出厂检测中即被淘汰。

b.加强运行管理和监测工作,采取有效的措施限制过电压、过电流的超温升运行。

c.选用适合于快速切合及不重燃的高压开关,把操作过电压限制在额定范围内。

d.完善各种保护装置,采用合理正确的接线方式。

1.2.8　母线的安全运行检查

1）母线的正常巡视检查

（1）母线的正常巡视检查项目

①母线绝缘子是否清洁、无裂纹、无放电痕迹。

②导线接头是否牢固并接触良好，有无局部过热、发红现象；当采用远红测温装置进行设备带电测温时，接头温度一般不得超过 70 ℃。

③导线有无断股、散股，线卡有无弯曲、裂纹，构架有无倾斜现象。

④天气晴朗时，母线附近不应发生可见电晕。

（2）气候异常时，母线的特殊检查项目

①细雨、大雾时，应检查绝缘子表面有无严重放电现象。

②雷雨、冰雹后，应检查绝缘子有无破碎、裂纹，表面有无闪络放电痕迹。

③大风时应检查母线上有无附着杂物，导线有无摆动、接近、扭伤及断股等。

（3）安装验收

新安装的母线应验收合格后使用，验收时还应着重注意以下项目的检查：

①软母线不应有接头，不应有断股、散股现象。

②管母线应有防微震措施。

③硬母线较长时应在适当位置装设伸缩补偿装置。

④从母线引向设备的连线不应过紧或过松；引线及母线（指软母线，包括组合母线）本身应有适当的弧垂，弧垂与跨度之比一般为 $1/30 \sim 1/15$。

⑤母线绝缘子的型号应与母线的电压等级、实际承受的机械负荷、母线的实际位置（户内或户外）以及环境条件（污秽等级）等相适应。母线绝缘子应按试验规程的要求试验合格。

2）母线异常检查

（1）软母线、管母线中存在的异常

软母线、管母线出现的异常随时间的推移都会引起母线故障，因此在日常巡视中应及时发现其中的问题，及时汇报调度，安排母线停电检修工作，保证设备的安全稳定运行。

①软母线引线有断股、散股、烧伤痕迹。

②母线上有异物挂落。

③母线接头处有发热现象。

④母线及其引线风偏摆动比较大。

⑤母线支柱绝缘子可能存在裂纹、裙边有外伤或破损现象，底座锈蚀情况。

⑥母线异常声响，可能是与母线连接的金具松动或铜铝搭接处氧化引起。

（2）GIS、充气柜设备母线、铠装式开关柜母线中存在的异常

因为 GIS 及充气柜设备母线都是密闭在充有 SF_6 气体的母线筒中，而开关柜设备母线是封闭在铠装式母线室中，运行人员都是无法直接看到的，因此通过听声音、闻气味、看仪表等方式观察母线是否存在异常；发现问题应及时汇报调度，安排母线停电检修工作，保证设备的安全稳定运行。

①GIS、充气柜设备母线 SF_6 绝缘气体有泄漏，引起绝缘能力降低。泄漏地点可能在气室间的封口或设备 SF_6 气体压力表连接管螺母及表计连接口。

②铠装式开关柜有放电声音，可能是潮气严重，开关套管支柱表面放电电压降低，导致三相表面爬电甚至发生闪络。

③定期对 SF_6 进行微水测试，若数据超标，可能气室有电弧燃烧现象。

（3）35 kV 系统单相接地

①单相接地时，接地相电压为零或降低，另外两相电压升高，发出接地信号，永久性接地时不能复归。

②空充母线时可能造成接地假象，不需处理，待送出线路后自行消失。

1.2.9　防雷保护继电保护装置、接地装置、通信设备、直流设备的安全运行检查

1）防雷设备的检查

（1）避雷器的正常巡视检查

①瓷套表面有无严重污秽，有无裂纹、破损及放电现象。

②避雷器内部有无放电响声，是否发出异味（若发生上述现象，须立即退出运行）。

③避雷器引线有无烧伤痕迹或断股。

④避雷器是否动作、计数器读数是否有变化、连接是否牢固、连接片有无锈蚀、连接线是否造成放电计数器短路。

⑤落地布置时，围栏内应无杂草，以防避雷器电压分配不均。

（2）避雷针的巡视项目

①避雷针及避雷线以及引下线有无锈蚀。

②导电部分连接处如焊接点、螺栓接点等是否紧密牢固，检查过程可用手锤轻轻敲打。

③发现有接触不良或脱焊应立即处理修复。

④检查避雷针本体是否有歪斜现象。

2）继电保护装置的检查

用电检查人员应检查客户继电保护及自动装置的运行情况，督促客户严格按周期对继电保护及自动装置进行检验，其试验标准应符合《继电保护和安全自动装置技术规程》（GB 14285—2006）规定，用电检查人员必须认真审核检验报告，110 kV 及以上客户和重要客户每

年进行一次继电保护及自动装置校验;35 kV 客户每两年至少进行一次校验;10 kV 及以下客户每三年至少进行一次校验。

（1）对馈线保护的检查

①检查线路保护配置情况。根据《电力装置的继电保护和自动装置设计规范》（GB/T 50062—2008），检查客户的线路保护装置配置是否满足规范的要求。

②检查线路保护运行规程是否齐全。线路保护的运行规程一般包括保护的配置、保护的连接片投切、整定值的操作、保护运行的事故及处理规程等。

③检查保护定值整定是否正确。特别要检查客户保护定值与进线保护的定值要相互配合，防止保护定值配合不当造成越级跳闸的事故发生。

④检查保护装置是否按期校验。一般 10 kV 客户的继电保护装置每 2 年进行一次校验，对供电可靠性要求较高的客户以及 35 kV 及以上的客户继电保护装置每年进行一次校验。

（2）对变压器差动保护的检查

①运行中的差动保护应注意检查差动继电器的不平衡电流。

②运行时应注意检查电流互感器运行状况、保护连接片是否正常、出口继电器触点是否接触良好、直流回路是否正常。

③注意运行过程中的差动保护信号指示。

④注意检查审核差动保护的定值是否与定值单一致，防止误整定。

⑤注意检查差动保护的校验周期。要求每两年进行一次部分校验，6 年进行一次全部校验。主要校验项目有装置的外观检查、差动保护定值校验、制动特性试验（谐波制动或比率制动）、电流互感器断线检验等。

⑥差动保护动作后作好各现象记录，分析可能产生的动作原因。

（3）对变压器瓦斯保护的检查

①变压器在带电状态下进行滤油、注油、大量放油、放气时，应当将重瓦斯保护从跳闸位置改接为信号位置。

②初次投入运行的变压器，要在空气排尽、带负荷运行 24 h 无信号示警之后，才可以将重瓦斯投入跳闸的位置。在空载运行或冲击性合闸时，应将重瓦斯投入跳闸的位置。

③在运行过程中，须留心本来缺油的变压器的油面，防止在气温突然下降时，气体继电器的油下降造成保护误操作。

④气体继电器的流速整定值应当记入继电保护记录簿。

⑤瓦斯气体继电器每 4 年进行一次全部定期检验，原则上配合变压器大修时同步进行。主要检查气密性、整定流速、气体动作容积、继电器触点、引出端对地绝缘等。

（4）继电保护和自动装置的正常巡视检查

变电站、配电室所有的电气设备和线路，都按规定装设保护装置、自动装置、测控装置及事件记录装置等二次设备。设备巡视检查的内容和要求如下所述。

①应清洁各种控制、信号、保护、装置、直流和站用屏等，屏上所有装置和元件的标示应

齐全。各种屏上的装置、显示、面板、信号、开关、压板等应清洁、完整,不破损,无锈蚀、安装牢固。

②继电保护及自动装置屏上的保护压板、切换开关、组合开关的投入位置应与一次设备的运行相对应,信号灯显示应正常,无异常信号,装入的打印纸应足够。

③控制屏、信号屏、直流屏和站用屏上的保险,开关、小刀闸等的投入位置应正确,信号灯显示应正常,无异常信号。

④断路器和隔离开关等的位置信号应正确,分、合显示应与实际位置相符。

⑤各种装置的电源指示、信号指示灯应正确,液晶显示应与实际相符。

⑥控制柜、端子箱、操作箱、端子盒的门应关好,无损坏。保护屏、端子箱、接线盒、电缆沟的孔洞应密封。

⑦继电保护室、开关室、直流室等的室内温度、湿度应符合规定。

对于无人值班站的巡视检查,应使用调度自动化监控系统,认真监视设备运行情况,作好各种有关记录。在监控机上检查各站有无各种信号发出以及检查各站的有、无功及电流、电压情况是否正常。班中检查:集控站(监控中心)应能对所辖各无人值班站实行监控,实现防火、防盗自动报警和远程图像监控。

(5)互感器的正常巡视检查

①瓷套是否清洁、完整,有无损坏及裂纹,有无放电现象。

②油位、油色是否正常,有无漏油现象,矽胶潮解变色部分是否超过 1/2。若油位看不清楚,应查明原因。

③内部有无异常声响。

④各侧引线的接头连接是否良好,有无过热发红。

⑤电压互感器的高压熔断器限流电阻及断线保护用电容器是否完好,一、二次保险是否完好。

⑥互感器的外壳和二次侧接地是否良好。

⑦检查带金属膨胀器的互感器,其油位指示一般应在中间值(20 ℃)附近。

⑧检查端子箱是否清洁、受潮,箱门是否关好。

⑨检查二次回路的电缆及导线有无腐蚀和损伤现象,二次回路有无短路、开路现象。

⑩加强 TA 二次回路管理。对于母线保护备用间隔,二次回路已安装接线的,应从保护屏将 TA 二次回路断开;对于新建工程 TA、TV 及相关二次回路接入运行保护装置时,必须有保障运行设备运行的安全措施和技术措施,经调度许可后方能接入;在 TA 停电进行高压试验时,若该 TA 二次回路接入运行的保护装置,必须采取措施将 TA 二次回路与运行的保护装置进行隔离,防止误碰造成 TA 二次回路两点接地导致保护误动。

3)保护接地与保护接零的检查

当电气设备的绝缘受到损坏时,金属外壳会处于带电状态,人体若触摸设备外壳往往容易发生接触电压触电事故。为防止此类事故的发生,可采用一些技术防范措施。在低压供电网络中,保护接地和保护接零是经常采用的防止接触电压触电的两种有效防范措施。

（1）保护接地

①保护接地的工作原理。为防止人身因电气设备绝缘损坏而遭受触电,将电气设备的金属外壳与接地体连接,称为保护接地。保护接地是利用接地装置足够小的接地电阻值,降低故障设备外壳可导电部分对地电压,减小人体触及时流过人体的电流,达到防止触电的目的。人体的电阻通常为1 000 Ω,接地电阻仅为4 Ω,当接地电流同时沿着人体和接地体两条通路流向地面时,因为人体的电阻远远大于接地电阻,因此流经人体的电流几乎等于零,这样就可以有效避免触电的危险。

②保护接地的适用范围。保护接地适用于中性点不接地的低压供电网络或高压系统。在一些特殊的环境中,为进一步提高保护接地的可靠性,经常利用各种供电用电缆的金属外皮或接地芯线,把各个电气设备的金属外壳都连接起来,构成一个庞大的保护接地系统,从而可以大大提高保护接地的有效性。

（2）保护接零

为防止人身因电气设备绝缘损坏而遭受触电,将电气设备的金属外壳与电网的零线相连接,称为保护接零。

①保护接零的适用范围。保护接零适用于三相四线制中性线直接接地的低压供电网络中。当采用保护接零时,除电源变压器的中性点必须采取工作接地外,零线要在规定的地点采取重复接地。

保护接零较保护接地具有更多的优点,如发生接地短路时,保护接零的动作要比保护接地速度快,更及时地切断电源。

②保护接零的作用。在电源中性点已接地的三相四线制中,若未采用保护接零措施,电气设备的外壳与地、零线之间没有金属部分连接。当设备出现绝缘击穿使外壳带电时,工作人员触及带电设备外壳就会有触电危险。

若采用保护接零措施,接地短路电流将通过零线构成回路。由于零线阻抗很小,使得单相短路电流很大。此电流大大超过低压断路器和继电保护装置的整定值,或超过熔断器额定电流的几倍甚至几十倍,从而使线路上的保护装置迅速动作,切断电源,使设备外壳不再带电,起到保护人身安全的作用。

③保护接零的基本要求。在保护接零的应用过程中,要注意以下问题:

a. 三相四线制 380/220 V 电源的中性点必须有良好的接地,其接地电阻应当在 4 Ω以下。

b. 零线的截面积要符合最小截面的要求。

c. 在同一低压电网中,不允许一部分电气设备采用保护接零,另一部分电气设备采用保护接地。

d. 接单相三极插座时,不允许将插座上接电源中性线的孔和接地线的孔串接,而是将电源中性线的孔和接地的孔用两根导线分别接地和接零。

e. 零线上不能装有熔丝和开关,防止零线回路断开后造成危险。

f. 必须将零线重复接地。

（3）保护接地和保护接零应用范围

保护接地和保护接零的设备主要是根据电压等级、运行方式及周围环境而定。下列设备和部件需要采取接地或接零保护：

①电机、变压器、断路器和其他电气设备的金属外壳或基础。

②电气设备的传动装置。

③互感器的二次绕组。

④屋内、外配电装置的金属或钢筋混凝土构架。

⑤配电盘、保护盘和控制盘的金属框架。

⑥交、直流电力和控制电缆的金属外皮、电力电缆接头的金属外壳和穿线钢管等。

⑦居民区中性点非直接接地架空电力线路的金属杆塔和钢筋混凝土杆塔或构架。

⑧带电设备的金属护网。

⑨配电线路杆塔上的配电装置、开关和电容器等金属外壳。

（4）接地装置

接地装置是指接地设备中的接地线和接地体。其中，接地线是电气装置中应该接地部分与接地体连接的金属导线；接地体也被称为接地极，直接与土壤相接触。接地体可以分为自然接地体和人工接地体两类。

自然接地体就是指在接地时不采用专用的接地体而是利用自然接地体来接地，如金属外壳等。利用这种接地体接地的优点是操作简单，投资经济，可以广泛使用。

人工接地体是指通过人为施工、运用专门的接地体来接地的方式。一般来说，人工接地有下面两种具体的方法：

①向地下垂直打入或埋入几根钢管、圆钢、扁钢或角钢等。

②向有腐蚀性的土壤中打入镀锌的材料。

（5）接地装置的检查内容

接地装置要进行定期检查，一般来说每年1次，应符合《交流电气装置的接地设计规范》（GB 50065—2011），其主要检查内容如下：

①测试接地电阻值。

②检查接地线连线是否完好。

③接地线和干线的连接情况。

④接地导线的截面大小。

4）通信设备的检查

电力通信是电网调度和自动化的基础，变电站的通信设备应纳入变电运行管理。电网通信系统主要包括微波通信系统、光纤通信系统、电力载波通信、通信电缆系统、调度程控交换系统等。

为了提高通信设备的运行质量，确保系统内通信设备的安全运行，在有人值班变电站的值班人员必须按规定对通信机房进行必要的巡视。

①做好设备的巡视、检查、做好设备运行日记录等工作。

②做好机房的环境卫生、保持室内温度在规定范围内。

③通信设备的电源要稳定可靠,运行正常。

④在日常巡视中发现故障应及时向通信主管部门汇报。

5) 直流设备的检查

①蓄电池外壳应完整清洁,无电解液外流现象,无爬碱现象(指镉镍蓄电池),支架应清洁、干燥。

②电解液液面应在两标示线之间。若低于下线应加蒸馏水,蒸馏水应无色透明,无沉积物(指防酸蓄电池和镉镍蓄电池)。

③检查蓄电池沉积物的厚度,检查极板有无弯曲短路,蓄电池极板无龟裂、变形,极板颜色正常,无欠充、过充电,电解液温度不超过 35 ℃(指防酸蓄电池和镉镍蓄电池)。

④检查标示电池电压、比重(比重测量仅对防酸蓄电池)。

⑤蓄电池抽头连接线的夹头螺丝及蓄电池连接螺丝应紧固,端子无生盐,并有凡士林护层。

⑥蓄电池抽头母线及连接所用支持绝缘子应完好、清洁,无破损裂纹,无放电痕迹。

⑦蓄电池室门窗应完好,关闭应严密,天花板、墙壁和蓄电池支架应无腐蚀,房屋无漏雨。

⑧蓄电池室交流、直流照明灯应充足,通风装置运转应正常,消防设备完好。

⑨储酸室应有足够数量的蒸馏水及苏打水,防酸用具、试药应齐备。

⑩空气中是否有酸味,若酸味过重应将通风机开启半小时:

⑪蓄电池室应无易燃、易爆物品。

⑫检查负荷电流应无突增,如有应查明原因。

⑬充电装置三相交流输入电压平衡,无缺相,运行噪声、温度无异常,保护的声光信号正常,正对地、负对地的绝缘状态良好,直流负荷各回路的运行监视灯无熄灭,熔断器无熔断。

⑭直流控制母线、动力母线在规定范围内,浮充电电流适当,各表计指示正确。

⑮蓄电池呼吸器无堵塞,密封良好。

⑯检查蓄电池运行记录簿及充放电记录簿,了解充电是否正常,有无落后电池;测量负荷电流,测量每个电池的电压、比重,并记录在充放电记录簿上。测量负荷电流后应换算为额定电压时的电流值,对比看有无变化,若有变化则应查明原因。

⑰检查变电站存在的直流设备缺陷是否已消除。

⑱检查情况应记录在蓄电池运行记录簿上,内容包括直流母线电压、直流负荷、浮充电电流、绝缘状况以及运行方式等。

1.2.10　安全防护工具、电力消防用具的配备情况检查

1) 安全防护工具的安全检查

(1) 安全防护工具的日常维护与检查

①临时接地线。使用前应检查临时接地线是否完好,接线端和导体端的螺栓是否齐全、有无断股现象、接地线截面、有效期标签等项目是否合格。在验电导体无电后装设装地线时应先装接地线,再装导体端;拆除临时接地线时应先拆导体端、再拆接地线。使用完毕应按照电压等级及编号固定的位置存放。

②绝缘操作杆。使用前应检查操作杆是否清洁,有无受潮现象,有效期标签等是否相符。不得将低电压等级的绝缘操作杆用于高一级电压的设备;使用完毕应保持绝缘操作杆的清洁完好,放入防潮袋,按照编号固定的位置存放。

③验电笔。验电笔使用前应检查外观是否合格,自验声光是否正常,有效期标签、电压等级等项目是否相符等。检查合格后,先在设备的有电部分验证验电器完好,再在停电设备上待装设临时接地线的地方三相分别验电,作为判别设备是否停电的根据。使用完毕后应保持清洁及完好,放入验电笔盒内,并按照电压等级及编号固定的位置存放。

④绝缘手套。使用前应充气检查是否漏气,外观是否完好,有效期标签是否有效,使用过程中不接触尖硬及过热物体,使用后应放回原处,高温季节应涂抹一定的滑石粉以防粘连。

⑤绝缘靴。使用前应检查外观、有效期标签等项目是否合格,并使用适当大小的靴子。使用完后应保持清洁,放回原处。

⑥其他要求。每月一次对安全工具进行检查,并作好记录;定期检查安全工器具是否存放在指定位置;应保持安全工具房的整齐、清洁、干燥不受日光照射。

(2) 电源与保安设备监视

①电源与保安设备必须确保能连续长时间可靠地运行,应减少巡视和维护工作量,宜使用少维护的设备,并应提高此类设备的自动化程度和智能化水平(指监测、控制、调节、自适应等功能)。

②电源、保安设备与自动化系统之间通过 RS-485 的通信接口和无源空接点方式进行信息交互,具体信息宜包括:

a. 交直流电源系统运行参数。

b. 交直流电源(含 UPS 不停电电源)故障监视。

c. 直流系统接地报警。

d. 必要的自动灭火设备及消防设备报警。

e. 必要的防盗设备报警。

2）电力消防用具的安全检查

（1）供电系统

①应急发电机能否手动、自动开启。

②发电机有无定期试运行。

③蓄电池能否保持恒充电，备用油量是否充足。

④配电房供电指示灯是否完好。

⑤配电房有无工作记录，是否齐全，符合要求。

（2）供水系统

①消防泵、喷淋泵能否手动、自动开启。

②消防泵、喷淋泵有无定期试运行。

③消防泵、喷淋泵运行状况是否良好，有无损坏。

④水泵房工作记录是否齐全和符合要求。

⑤消防水箱有无定期检查，水位是否符合要求。

⑥消防阀门、管道是否完好。

（3）疏散系统

①疏散标志是否齐全完好。

②疏散楼梯、通道是否畅通，有无占用现象。

③消防电梯是否运行正常，有无定期保养。

④应急照明系统有无定期测试和保养。

⑤各防烟、防火门有无封锁现象。

⑥住宅区内各楼层照明是否完好。

（4）送、排烟及加压系统

①送、排烟及加压系统有无定期试运行。

②送、排烟及加压系统压力是否正常充足。

③送、排烟及加压系统管道是否畅通。

④送、排烟及加压系统是否打到自动状态。

⑤送、排烟及加压系统装修时有无损坏、改动。

（5）灭火系统

①消火栓有无定期检查测试（是否完好、配件是否齐全，待用状态是否良好）。

②气体自动控制灭火系统有无按规定进行保养，待用状态是否良好。

③防火卷帘门系统是否定期测试和保养，待用状态是否良好。

④灭火器有无定期检查测试、补充更换。待用状态是否良好。

a. 灭火器配置类型正确，如有固体可燃物的场所应配备能扑灭 A 类火灾的灭火器。

b. 储压式灭火器压力符合要求，压力表指针在绿区。

c. 灭火器设置在明显和便于取用的地点，不影响安全疏散。

d. 灭火器有定期维护检查的记录。

⑤消防设施配置是否合理。

（6）报警系统

①消防按钮有无定期检查测试,是否灵敏。

②火灾探测器(烟感、温感)有无定期检查测试,是否灵敏。

③各楼层分线箱定期检查巡视,是否完好。

④报警器、联动控制柜是否定期保养。

（7）通信系统

①消防中心报警电话有无被占用的现象。

②各楼层插孔电话系统是否正常。

③通信系统有无定期测试和保养。

④各楼层消防广播是否定期测试和保养。

1.2.11　电动机的安全运行检查

1)异步电动机的运行与维护

（1）三相异步电动机的运行检查

①电动机绝缘电阻的测定。对于新安装或停运 3 个月以上的异步电动机,投运前要用兆欧表测定三相相间绝缘电阻和三相绕组对地绝缘电阻。冷态下,测得绝缘电阻应大于 1 $M\Omega$,最低限度不能低于0.5 $M\Omega$。

②检查电源是否符合要求。异步电动机是对电源电压波动敏感的设备,无论电源电压是过高或过低,都会给电动机运行带来不利影响,过高会使电动机迅速发热,甚至烧毁;过低会使电动机输出力矩减小、转速下降,甚至停转,因此当电压波动超出额定值 +10% 以及 -5% 时,应改善电源条件后投运。

③检查电动机的启动、保护设备是否符合要求。检查内容有启动设备的接线是否正确(直接启动除外);所配熔丝的型号是否合用;外壳接地是否良好。

④检查电动机安装是否符合规定。检查内容包括电动机装配是否灵活、螺栓是否拧紧、轴承是否缺油;联轴器中心是否校正、安装是否正确、机组转动是否灵活,有无卡住和异响。

（2）运行中的监视和维护

对正常运行的电动机,应监视它运行中的电压、电流、温度及可能出现故障的现象,并针对具体情况进行处理。

①电压监视。异步电动机长期运行电压应不高于额定电压的 10%;不低于额定电压的 5%;三相电压不对称的差值应不超过额定值的 5%,否则应减载或调整电源。

②电流监视。在电压一定时,电动机正常运行的电流反映了其负载情况。负载过大会导致发热加剧,温度升高,影响电动机的使用寿命。一般异步电动机是以环境 40 ℃ 下能散发掉额定负载的全部发热量来设计其冷却系统的,在环境温度低于 40 ℃ 时,冷却系统散热

加强,电动机温度下降,可适当加载,反之则必须减载。检查负载电流时,还应对照三相电流的大小,当三相电流不平衡的差值超过 10% 时,应停机处理。

③电动机温升监视。温升是指电动机运行温度与环境温度(或冷却介质温度)的差值,它反映了电动机运行中的发热状态,是电动机的主要运行参数。电动机温度升高是负载发热、因电压变动引起铁芯及绕组发热、因三相不平衡电流引起发热等各方面综合作用的结果,对电动机温升的监视能及时发现电动机运行中的异常情况,避免事故的发生。

④电动机运行中故障现象的监视。对运行中的异步电动机,应经常观察它的外壳有无裂纹、螺钉是否有脱落或松动、电动机有无异响或振动。监视时,要特别注意电动机有无冒烟和异味出现,若嗅到焦煳味或看到冒烟,必须立即停机检查处理。对轴承部位,要注意它的温度和响声,如温度升高或有异常响声则可能是轴承缺油或磨损。在发生以下严重情况时,应立即停机处理:

a. 人身触电事故。

b. 电动机冒烟。

c. 电动机剧烈振动。

d. 电动机轴承剧烈发热。

e. 转速突然下降,温度迅速升高。

2)异步电机常见故障现象及原因

(1)缺相运行

①故障现象。电机不能启动,即使空载也能启动,转速慢慢上升,有"嗡嗡"声;电机冒烟发热,并伴有烧焦味。

②故障原因。

a. 电动机供电回路熔丝回路接触不良或受机械损伤,致使某相熔丝熔断。

b. 电动机供电回路三相熔丝规格不同,容量小的熔丝烧断。应根据电动机功率大小,更换为规格相同的熔丝。

c. 电动机供电回路中的开关(隔离开关、胶盖开关等)及接触器的触头接触不良(烧伤或松脱)。修复并调整动、静触头,使之接触良好。

d. 线路某相缺相。查出断线处,并连接牢固。

e. 电动机绕组连线间虚焊,导致接触不良。认真检查电动机绕组连接线并焊牢。

(2)过载运行

①故障现象。电动机电流超过额定值;电动机温升超过额定温升。

②故障原因。

a. 负载过重时,要考虑适当减载或更换容量合适的电动机。

b. 电源电压过高或过低,需加装三相电源稳压补偿柜。

c. 电机长期严重受潮或有腐蚀性气体侵蚀,绝缘电阻下降。应根据具体情况,进行大修或更换同容量、同规格的封闭电动机。

d. 机构传动部分发生故障,致使电动机过载而烧坏电机绕组。

（3）绕组接地

①故障现象。电机空载无法启动；电动机供电回路熔丝熔断或开关跳闸。

②故障原因。

a. 槽口绕组绝缘破坏，绝缘不良。

b. 工作环境恶劣，如潮湿、灰尘等。应更换为封闭型电动机。

c. 转子平衡块松动或脱落，刮破电动机绕组绝缘。应将平衡块重新调整好方位并固定住，并处理好绕组破损处。

（4）绕组短路

①绕组短路现象。

a. 故障现象：电机输出转矩下降，电机发出"嗡嗡"声，并且明显发热，电机冒烟直至烧毁。此时短路电流特别大，且三相电流均增大。潮湿的环境或振动及污秽进入电机内而引起。用电阻法和短路侦察器可测得相应数据及短路点。

b. 故障原因：潮湿的环境或振动及污秽进入电机内而引起。用电阻法和短路侦察器可测得相应数据及短路点。

②定子绕组单相短路现象。

a. 故障现象：电动机转速明显下降，二相电流急剧上升，电机发出强烈的"嗡嗡"声，绕组很快发热；时间一长，电机的一部分绕组就会烧毁，一般星形接法会有 2/3 绕组烧毁，三角形接法会有 1/3 绕组烧毁。

b. 故障原因：绕组绝缘损坏，三相异步电动机带负荷工作时一相熔断器熔断和接触器某一对触头断开致使单向运行而引起。

（5）绕组匝间短路

①故障现象：电机在运转中冒烟，局部温升过高，并有烧焦味。

②故障原因：烧坏几匝或一个线圈时。若槽满率不高，可进行穿绕修理。

（6）转子大量断条现象

①故障现象：电动机负载电流时高时低，出现周期性振荡，并且发出时高时低的"嗡嗡"声，机身发生振动。

②故障原因：电机长期超负荷运行及振动和异物进入电动机。约有 1/7 鼠笼条断裂，可用短路侦察器测得。

1.2.12　客户电气安全制度执行情况检查

电气安全制度是保障客户电气设备安全运行的根本措施，客户必须针对自己的配电设备和电气运行人员配备状况建立完善的电气安全制度并严格执行。在开展用电检查工作中，用电检查人员应检查客户电力运行的规章制度是否建立健全。《高低压配电室安全保卫制度》《高低压配电室的定期检查及维护制度》《高低压配电室消防安全管理制度》《高低压配电室日常巡视检查制度》《电气事故处理制度》《高低压配电室安全操作规章制度》《变配电工交接制度》等是否按章落实到位。客户必须定期进行电气设备的预防性试验和周期校验,其试验标准应符合《电力设备预防性试验规程》(DL/T 596—2021),用电检查人员应检查客户主要电气设备的运行情况,督促客户严格按周期对电气设备进行试验和检验,用电检查人员必须认真审核试验报告。

1.2.13　客户电气设备运行环境安全检查

检查中,用电检查人员还应对电气设备的运行环境安全状况进行认真检查。包括:

①检查室内通风百叶窗是否加装防鼠隔网。

②房门是否加装了高度为 500 mm 的防鼠挡板。

③检查机构箱、端子箱、开关室及保护室等一切设施是否采取了防范小动物的措施,以免小动物进入运行间隔造成运行设备发生事故。

④检查配电室内的所有门窗是否开闭完好,嘱咐客户将各配电室、保护室及其他生产辅助设施的门窗关闭好。

⑤客户配电房房门应向外开,防止配电房内发生电气故障危及人身安全时,人员能方便迅速地疏散。

⑥用电检查人员应检查保护屏、端子箱、机构箱及其他有电缆穿越的孔洞是否采取了封堵措施。

⑦高低压设备前后是否铺设绝缘垫,高低压设备四周是否有杂物等。

1.2.14　发现安全隐患和缺陷后的处理方法

发现电气设备安全运行缺陷后,用电检查人员应开具《用电安全检查结果通知书》并送达客户,用电检查人员还应向电力行业主管部门和客户安全主管部门报告,督促客户整改。如发现危急缺陷和重大缺陷,应督促将其设备尽快退出运行和检修,客户应将处理结果及时报用电检查部门,重大缺陷还应报政府备案,对一般缺陷应要求客户限期消除缺陷。对于重要客户,用电检查人员还应向电力行业主管部门和客户安全主管部门报告,以此督促客户整改。

【任务实施】

1. 填写客户用电安全检查结果通知书

重要客户安全用电检查任务指导书见表 1.6。

表 1.6   重要客户安全用电检查任务指导书

任务名称	重要客户安全用电检查		学　时	2 课时
任务描述	对某重要客户用电线路和电气设备进行安全运行检查,针对出现的问题及安全隐患填写《用电检查结果通知书》或《隐患整改通知书》。			
任务要求	着装遵守安全规定,对重要客户进行安全用电检查,规范填写用电安全检查结果通知书。			
注意事项	1. 要求独立进行操作; 2. 正确选用安全用电整改通知规范用语; 3. 操作过程中应注意安全。			

任务实施步骤:

1. 叙述"六率"管理

正确叙述重要客户的"六率"管理要求。

2. 安全隐患排查

(1)工器具及着装准备;

(2)按要求进行安全隐患排查。

3. 下发整改通知单

能按标准用语正确填写安全隐患整改通知单。

客户名称	
	检查单位:(签章)

序　　号	具体内容
1	
2	
3	
4	
5	
6	
7	

续表

序　号	具体内容	
8		
9		
10		
检查人员 签字		客户代表 签字
日　期		日　期

2. 正确选用安全用电整改通知规范用语

安全用电整改通知规范用语(参考文本)如下。

(1)用户供电电源与自备电源

①未配置双电源(重大隐患)。

②未配置自备应急电源(重大隐患)。

③自备应急电源容量配置不满足安全要求(重大隐患)。

④自备应急电源无法正常投运(重大隐患)。

⑤自备应急电源未装设闭锁装置(重大隐患)。

⑥自备应急电源切换方式不满足安全要求(重大隐患)。

⑦自备应急电源切换时间不满足最长允许停电时间要求(重大隐患)。

⑧自备应急电源未定期检查(重大隐患)。

⑨自备应急电源未定期试验(重大隐患)。

⑩闭锁装置无法正常投运(重大隐患)。

⑪单电源运行(重大隐患)。

⑫单台变压器运行(重大隐患)。

(2)线路与电缆(以下条款前面应加上用户线路名称或编号)

①线路(对地、建筑物、树等)安全距离不够(重大隐患)。

②线路#杆塔倾斜（重大隐患）

③线路绝缘子破损。

④电缆未定期预试。

⑤线路绝缘子污秽。

⑥电缆沟积水。

⑦##杆电杆漏筋、裂纹。

⑧##杆拉线损坏。

（3）变压器和高压电机（以下条款前面应加上设备名称和编号）

①未定期试验或（电气设备未定期预试）。

②存在渗（漏）油现象。

③运行声响异常。

④冷却装置故障或失效。

⑤瓷质出现损坏。

⑥油位偏低。

⑦呼吸器硅胶变色。

⑧油色异常。

⑨油温超标。

⑩主变存在超载现象。

（4）避雷器

①未定期试验。

②接地线锈蚀。

③未可靠接地。

④瓷面损伤。

（5）室内（外）TA、TV（以下条款前面应加上设备名称）

①室内（外）有污秽。

②瓷面有破损。

③油位偏低、油色异常。

④运行声响异常。

⑤未定期试验或（电气设备未定期预试）。

（6）断路器、隔离开关、接地刀闸、跌落保险（以下条款前面应加上设备名称、编号）

①隔离开关合闸不到位。

②断路器渗油。

③操动机构故障。

④操动机构锈蚀。

⑤防误装置失效（重大隐患）。

⑥瓷面有破损。

⑦绝缘子污秽。

⑧跌落保险损坏。

⑨跌落保险熔丝配置不满足要求。

（7）高压开关屏（柜）（以下条款前面应加上设备名称、编号）

①开关屏无"五防"闭锁装置（重大隐患）。

②带电显示装置故障或异常。

③开关屏开关分合位置灯故障。

（8）继电保护和自动装置（低周减载、低压减载装置、消谐设备等）

①继电保护装置未投运（重大隐患）。

②自动装置未投运（重大隐患）。

③继电保护装置未定期试验（重大隐患）。

④自动装置未定期试验（重大隐患）。

（9）接地装置（网）

①接地电阻未定期试验。

②接地电阻不符合规程要求。

（10）管理制度与运行记录

①安全运行制度不健全，缺少相关制度（交接班制度、设备巡视检查制度、设备定期试验制度、电工管理制度、自备电源维护管理制度等）。

②值班记录不全。

③变电所（配电间）无运行记录。

④配电间杂物堆积。

⑤无设备缺陷记录。

⑥设备缺陷管理不规范。

⑦操作票填写不规范。

（11）防小动物措施

①配电间防小动物措施存在安全隐患。

②配电间进门无挡板。

③电缆沟（槽、孔洞）封堵不严/未封堵。

（12）用户安全用电防护措施和反事故措施

①无停电应急预案。

②无反事故措施（重大隐患）。

③无非电保安措施（重大隐患）。

④配电间无事故照明。

（13）用户进网作业电工资格状况

①未配置合格电工（重大隐患）。

②电工无进网作业证（重大隐患）。

③进网作业电工证超期。

④无值班电工（重大隐患）。

⑤电工配置不齐。

（14）安全工器具与消防设施

①安全工器具配备不齐。

②安全工器具未定期试验。

③消防设施配置不齐。

④消防设施失效或未定期更换。

⑤安全工器具无试验合格标志。

（15）其他

①电气设备未定期预试。

②（户外、一次、二次）设备陈旧老化。

③户外设备污秽。

④二次端子箱锈蚀。

⑤变电站内通信设备不满足规程要求。

⑥通信设施无法正常运行。

⑦蓄电池损坏。

⑧直流系统绝缘能力降低。

⑨本次检查未发现明显安全隐患（尽可能少用或不用）。

3."六率"管理

重要客户的"六率"管理要求如下：

①安全协议签订率100%。所有重要客户必须签订《供用电安全补充协议》，或在《供用电合同》中明确安全责任相关内容。

②应急抢险保电预案编制率100%。应根据每个重要客户的具体实际情况，按户编制《重要客户应急抢险保电服务现场处置方案》，做到"一户一案"。

③安全用电档案建档率100%。各供电企业应按照公司相关规定的内容，逐户建立重要客户安全用电档案，做到"一户一档"。

④安全用电检查率100%。按照规定次数、规定内容，对重要客户逐户进行安全用电检查。

⑤安全用电隐患通知率100%。检查发现的所有安全用电隐患（包括新增和未整改隐患），逐户下达《用电检查结果通知书》。

⑥重大安全用电隐患报告率100%。检查发现的所有重大安全用电隐患，各电业局及所属县级供电企业应分别以文件形式向所在地人民政府及相关管理部门报告，做到所有重大安全用电隐患无遗漏、百分之百地报告当地人民政府。

依据：湘电公司营销〔2011〕801号关于印发《湖南省电力公司关于加强重要客户安全用电管理工作补充规定》的通知。

【任务评价】

用电检查结果通知书任务评价表见表1.7。

表 1.7　用电检查结果通知书任务评价表

姓　名		班　级		小组成员		
开始时间		结束时间		标准分	100 分	得　分
任务名称		重要客户安全用电检查				
序　号	步骤名称	质量要求	满分/分	评分标准	扣分原因	得分
1.“六率”管理	1.1 叙述“六率”管理	正确叙述重要客户的“六率”管理要求	15	不能正确表述重要客户“六率”管理的扣15分		
2. 安全隐患排查	2.1 工器具及着装准备	按要求正确着装和工器具准备	5	不能正确着装和工器具准备扣5分		
	2.2 按要求进行安全隐患排查	能根据国家有关技术规范和要求对重要客户进行安全隐患排查	60	安全隐患排查不全面,每缺一项扣10分		
3.下发整改通知单	3.1 按规定下发安全隐患整改通知单	能按标准用语正确填写安全隐患整改通知单	20	未按标准用语填写整改通知单的扣5分;整改通知单填写不正确、不全面扣10分;整改通知单未经客户签字扣5分		
考评员(签名)				总分/分		

【思考与练习】

1. 客户用电设备中变压器的安全检查项目主要有哪些?
2. 客户用电设备中高压开关柜的安全检查项目主要有哪些?
3. 客户用电设备中保护的安全检查项目主要有哪些?
4. 客户用电线路的安全检查项目主要有哪些?
5. 客户电气设备运行环境安全检查项目主要有哪些?
6. 发现安全隐患和缺陷后的处理方法有哪些?

任务1.3　电能计量装置安全运行检查

【任务目标】

1. 能对居民电能表(外观检查、计量抄表、参数比对与分析)开展安全运行检查。
2. 能对小动力用户的直通电能表(外观检查、计量抄表、参数比对与分析)开展安全运行检查。
3. 能对高供低计用户三相四线电能计量装置(外观检查、瓦秒法、相位伏安表法)开展安全运行检查。
4. 能对高供高计用户三相三线电能计量装置(外观检查、瓦秒法、相位伏安表法)开展安全运行检查。

【任务描述】

对各类电能计量装置进行安全运行检查,进行相关参数测量,针对检查和测量的数据绘制相量图,计算误差及更正系数,判别出异常。

【任务准备】

1. 知识准备
①电能计量装置(单相表、三相四线直通表、三相四线经电流互感器接入的电能表、三相三线电能表)接线原理认知。
②瓦秒法检查电能表。
③相位伏安表检查电能表。
2. 资料准备
瓦秒法检查电能表记录单、相位伏安表检查电能表记录单。

【相关知识】

台区线损管理之
现场检查方法

优化供电方案计
量方式设置规避
用户违约用电

1.3.1 概 述

用电检查人员在现场应检查客户电能计量装置计量柜、计量互感器、计量表计、封印、计量回路、远传装置、失压记录仪等是否完好并正常运行,核查客户电能计量表计瞬时功率与同一时刻用电负荷是否相符;核查客户计量用电流互感器比值、表计倍率是否与客户档案记录相符,配置是否与客户当前用电负荷相适宜,了解客户上年同期用电量、上月用电量及客户用电变化规律,核实客户近期累计用电量,核查电能表计指示数。用电检查人员在检查计量装置时,按《电能计量装置技术管理规程》(DL/T 448—2016)有关条文执行。用电检查人员在现场应检查安装在客户现场的用电信息采集终端的完好性;核对用电信息采集终端指示负荷与客户实际情况是否相符;了解用电信息采集终端对客户负荷的管理情况。

1)电能计量装置基础知识

(1)电能表

电能表用来计量电能量。有功电量单位千瓦·时(kW·h),无功计量单位:千乏·时(kVar·h)。

(2)智能电能表

①智能电能表可实现以下重要参数显示功能:负荷、电压、功率方向、需量等。

②电力低压载波电能表具有在电力线上双向数据通信功能,可实现自动、远程抄表。

(3)电能表测量原理

①三相四线电路的总电能等于 U、V、W 三相电路电能之和,采用三相四线电能表,有 3 组驱动元件。

②三相三线电路采用三相三线有功电能表,通常采用"两表法"测量电路的功率,该方法同样适用于测量其电能。

(4)电能表故障类型

电能表故障主要分为五大类,如下所述。

①显示类故障。上电无显示、液晶显示缺陷、背光点亮故障、指示灯故障、低功耗显示故障、显示内容错误。

②外观损伤类故障。按钮缺陷、表面损伤、上盒损伤、底盒损伤、端子排损伤、液晶损伤、其他外观缺陷。

③通信类故障。插 IC 卡故障、插电钥匙故障、485 口通信故障、232(校表)口故障、光通信口故障、远红外通信故障、通信模块故障。

④功能类故障。失压报警故障、全失压故障、电池原因故障、时钟故障、负控功能故障、掉电存数故障。

⑤计量性能故障。校表故障、验表误差故障、功率脉冲故障、功率示值故障(含电压、电流、功率示值故障)、电量计量误差、起动潜动误差、负荷曲线记录故障。

2)电能计量装置配置

《电能计量装置技术管理规程》(DL/T 448—2016)已对相应类别的电能计量装置中的电能表、互感器的准确度等级及二次回路压降做了规定。

(1)电能计量装置分类

运行中的电能计量装置按计量对象重要程度和管理需要分为 5 类(Ⅰ、Ⅱ、Ⅲ、Ⅳ、Ⅴ)。分类细则及要求如下所述。

①Ⅰ类电能计量装置。220 kV 及以上贸易结算用电能计量装置,500 kV 及以上考核用电能计量装置。计量单机容量 300 MW 及以上发电机发电量的电能计量装置。

②Ⅱ类电能计量装置。110(66)~220 kV 贸易结算用电能计量装置,220~500 kV 考核用电能计量装置。计量单机容量 100~300MW 发电机发电量的电能计量装置。

③Ⅲ类电能计量装置。10~110(66)kV 贸易结算用电能计量装置,10~220 kV 考核用电能计量装置。计量 100 MW 以下发电机发电量、发电企业厂(站)用电量的电能计量装置。

④Ⅳ类电能计量装置。380~10 kV 电能计量装置。

⑤Ⅴ类电能计量装置。220 V 单相电能计量装置。

(2)准确度等级

各类电能计量装置配置准确度等级要求如下。

①各类电能计量装置配置的电能表、互感器准确度等级应不低于表1.8 所示值。

②电能计量装置中电压互感器二次回路电压降应不大于其额定二次电压的 0.2%。

表1.8　准确度等级

电能计量装置类别	准确度等级			
	电能表		电力互感器	
	有　功	无　功	电压互感器	电流互感器*
Ⅰ	0.2S	2	0.2	0.2S
Ⅱ	0.5S	2	0.2	0.2S
Ⅲ	0.5S	2	0.5	0.5S
Ⅳ	1	2	0.5	0.5S
Ⅴ	2	—	—	0.5S

注:＊发电机出口可选用非 S 级电流互感器。

3)电能计量装置正确接线

(1)单相电能表的正确接线

单相电能表"一进一出"式接线如图1.7 所示。

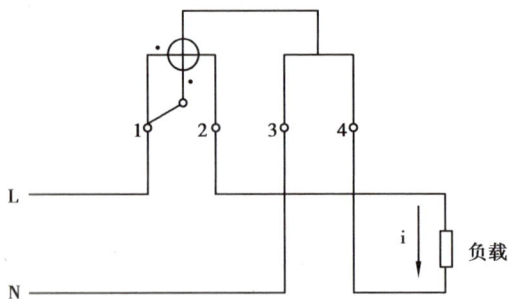

图 1.7　单相电能表"一进一出"式接线

（2）三相四线有功电能表的正确接线

低压三相四线有功电能表直接接入式（简称"直通表"）标准接线如图 1.8 所示。

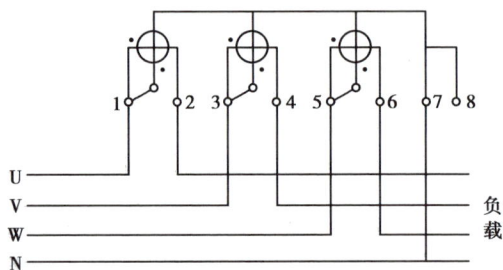

图 1.8　低压三相四线有功电能表直接接入式（直通表）标准接线

（3）经电流互感器的三相四线有功电能表的正确接线

低压三相四线有功电能表经电流互感器正确接线如图 1.9 所示。

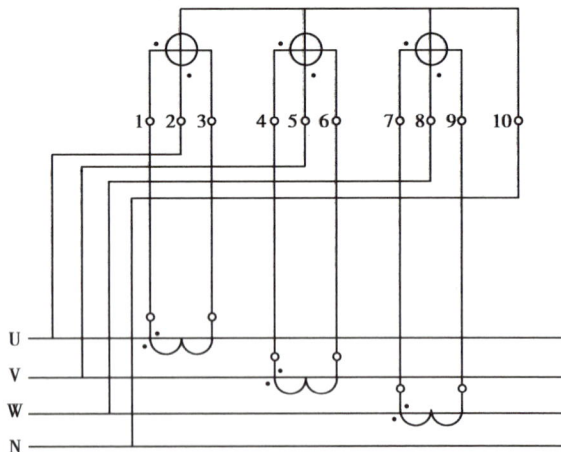

图 1.9　低压三相四线有功电能表经电流互感器正确接线

（4）三相三线有功电能表的正确接线

图 1.10 所示为高压三相三线电能表经电压、电流互感器接线图。

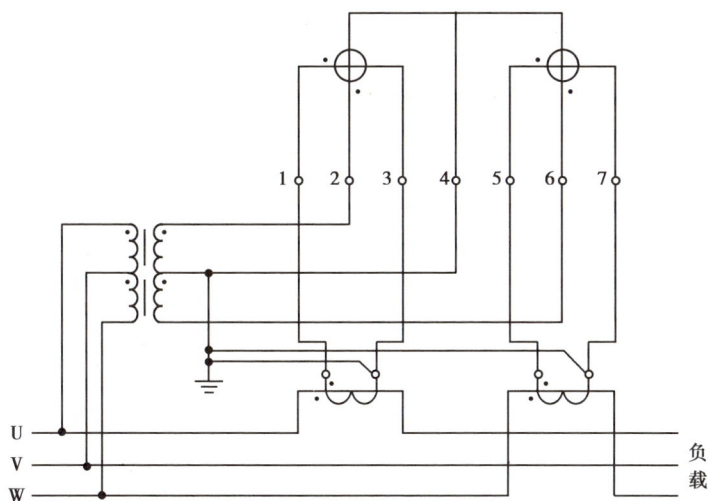

图 1.10　高压三相三线电能表经电压、电流互感器接线图

1.3.2　电能计量装置检查方法

在用电检查实践中,可使用用仪表进行的仪表检查法和电量检查法,也可使用根据经验技术总结的直观检查法和比较分析法等。

1)仪表检查法

仪表检查法是通过采用普通的电流表、电压表、相位表进行现场检测,从而对计量设备的正常与否做出判断,还可用标准电能表校验用户电能表。必要时,采用专用仪器检查。

(1)用电流表检查

①用钳形电流表检查电流。这种方法主要用于检查电能表不经 TA 接入电路的单相用户和小容量三相用户。检查时将相线、中性线同时穿过钳口,测出相线、中性线电流之和。根据基尔霍夫电流定律"流入等于流出"的原理,单相电能表的相线、中性线电流应相等,和为零;三相的各相电流可能不相等,中性线电流不一定为零,但相线、中性线相量和则应为零,否则必有窃电或漏电。对零电度用户及异常用户进行检查,用钳形电流表将用户引下线、相线、中性线一齐钳入钳口中,最好选用有 5 A 电流挡的数字电流表,这样容易见到电流读数。如果电流为零,用户有用电,这时电能表转动是正常的;如果发现有电流,就要进户检查线路是否有泄漏,如果是非线路泄漏,电能表又不转动,那么该用户是已经进行了上述的窃电行为。如果是线路泄漏,漏电保护器会跳闸。

②用钳形电流表或普通电流表检查有关回路的电流。其目的是:

a.检查 TA 变比是否正确。对于低压 TA,检测时应分别测量一、二次侧电流值,计算电流变比并与 TA 铭牌对照;对于高压 TA 无法测量一次侧电流的,可以通过测量二次侧电流借助变比换算出一次电流或者通过测量其他有关二次回路电流进行推算到欲测的一次侧电流。

b. 检查 TA 有无开路、短路或极性接错。若 TA 二次电流为零或明显小于理论值,则通常是 TA 断线或短路,Vv 接线时,若某线电流为其他两相电流$\sqrt{3}$倍,则有一只 TA 极性反接。

c. 通过测量电流值粗略校对电能表。测量期间负荷应相对稳定,并根据用电设备的负荷性质估算出电能表的 $\cos \varphi$ 值,然后计算出电能表的实测功率(也可用盘面有功功率表读数换算),读取某一时段内电能表的转数,再与当时负荷下理论转数对照检查。

(2)用电压表检查

可用普通电压表或万能表的电压挡检测计量电压回路的电压是否正常。

①检查失压和电压偏低。检查有无开路或接触不良造成的失压和电压偏低。通常先检测电能表进出线端子,然后才根据需要检查 TV。

a. 单相用户电能表的检测。正常时电压端子的电压应等于外部电压,无压则为电压小钩开路或电能表的进、出中性线开路,电压偏低则可能是电压小钩接触不良或电能表接中性线串联大电阻。

b. 不经 TV 接入的三相四线三元件电能表(或 3 只单相电能表)的检测。无电压为小钩开路,电压偏低可能是电压小钩接触不良或者某相电压小钩开路,同时中性线断开(这时一个元件的电压为零,另二元件的电压为 1/2 线电压)。

c. TV 采用 VvO 接线的。正常时 3 个线电压约为 100 V,若 3 个线电压相差较大,且有某线电压为 0 或明显小于 100 V,则有断线或接触不良。如 U 相断线,则 U_{UV} 为 0,W 相断线 U_{WV} 为 0,V 相断线 U_{UV} 和 U_{WV} 均为 1/2 线电压。

d. YyO 接法的 TV,分析方法参照 TV 采用 VvO 接线分析。

②检查 TV 有无电压极性接错造成电压异常。

a. VvO 接线的 TV 一相极性反接,检测时出现某个线电压升高至$\sqrt{3}$倍的正常线电压。

b. YyO 接法的 TV 一相或两相的极性接反,检测时会出现某个线电压为正常线电压的 $1/\sqrt{3}$。

③检查电压线端至电能表的回路压降。正常情况下三相电压应平衡且压降不大于 2%。

a. 三相平衡但压降较大,可能是线路太长,线径太小或二次负荷太重。

b. TV 出线端电压正常但至电能表的某相压降过大,可能是某相接触不良或负载不平衡,也可能是在某回路中串联有阻抗。

(3)瓦秒法

通过将已知标准负载接入电能表后,记录电能表运行一定的脉冲数 N 之内所用的实际时间 t,再根据电能表铭牌功率常数 C[转盘转数(kW·h)或电子型电能表的脉冲(kW·h)]计算应该耗用的标准时间 T,然后计算被测电能表的相对误差 $\gamma\%$,根据电能表的准确等级对应的基本误差与计算所得的相对误差进行比对分析,从而判断该计量装置是否存在异常。

瓦秒法的测量原理源自电能表的测量公式:$N = CW$,即电能表表盘所转圈数 N(或电子式电能表脉冲灯所闪动次数 N)与电能表所计量的电能量 W 成正比,C 为比例常数。C 标示于电能表的铭牌上,如 $C = 600$ r/(kW·h),表示电能表计量 1 kW·h 电能量,应转 600 圈;$C = 25\,000$ imp/(kW·h),表示电能表计量 1 kW·h 电能量,其脉冲灯应闪动 25 000 次。当电能表所带负载功率 P 一定时,$N = CW = CPt$。

瓦秒法测量有定转测时法和定时测转法。

定转测时法:P 一定并已知时,通过用秒表测量电能表表盘所转圈数 N(或电子式电能表脉冲灯所闪动次数 N)所用的时间 t 后,可以用以下几种方法计算出该电能表当时的误差。

计算方法一:比较时间测算误差。

①计算出表盘转 N 圈的理论时间 T,

$$T = \frac{3\,600 \times 1\,000N}{CP}(\text{s}) \tag{1.1}$$

注意:P 一定是被测电能表所带的功率,若电能表经互感器接线,则 P 为二次侧功率;P 的单位要用"W"。

②计算出被测电能表误差 $\gamma\%$,

$$\gamma\% = \frac{T - t}{t} \times 100\% \tag{1.2}$$

计算方法二:比较功率测算误差。

①计算出表盘转 N 圈用时 t 时所对应的功率 P'(理论值),

$$P' = \frac{3\,600 \times 1\,000N}{Ct}(\text{W}) \tag{1.3}$$

②计算出被测电能表误差 $\gamma\%$,

$$\gamma\% = \frac{P' - P}{P} \times 100\% \tag{1.4}$$

【例1.1】一居民用户电能表常数为 $C = 3000$ r/(kW·h),测试负载有功功率为 $P = 100$ W,电能表转盘转 $n = 10$ r 时应该是_____ s。如果测量转 $n_1 = 10$ r 的时间为 $t_1 = 110$ s,该表计误差_____% 。(有小数的保留两位小数)

解:n 转时需时 $t = \dfrac{n \times 3\,600 \times 1\,000}{P \times C} = \dfrac{10 \times 3\,600 \times 1\,000}{100 \times 3\,000} = 120(\text{s})$

表计误差 $\gamma\% = \dfrac{\dfrac{n_1 \times 3\,600 \times 1\,000}{C \times t_1} - P}{P} \times 100\% = \dfrac{\dfrac{10 \times 3\,600 \times 1\,000}{3\,000 \times 110} - 100}{100} \times 100\% = $

9.09%

答:电能表转盘转 $n = 10$ r 时应该是 120 s。如果测量转 $n_1 = 10$ r 的时间为 $t_1 = 110$ s,该表计误差9.09% 。

(4)用相位表检查

可用普通相位表或伏安相位仪,通过测量电能表回路和电流回路之间的相位关系来判断电能表接线的正确性。不经互感器接入的电能表接线简单,通常采用直观检查或必要时测量相序(三相表)就可以判断相位是否正确。因此,用相位表检查主要适用于经互感器接入电路的电能表。测量前应确认电压正常,相序无误,并注意负荷潮流方向和电能表转向,以免造成误判。

①三相两元件接线的相位检测,采用如下两种方法:

a. 测电能表进线 U_{UV} 与 I_U、I_V、I_W 的相位差。

b. 测电能表进线 U_{UV} 和 I_U,U_{WV} 与 I_W 的相位差。

②三相三元件电能表接线的相位检测方法。

a. 检测电能表进线 U_{UV} 与 I_U、I_V、I_W 的相位差。

b. 分别检测 U_U 和 I_U,U_V 和 I_U,U_W 和 I_W 的相位差。

根据以上测量数据画出相量图,写出功率表达式,与正确接线相比较做出判断。

2)电量检查法

(1)对照容量查电量

对照容量查电量就是根据用户的用电设备容量及其构成,结合考虑实际使用情况对照检查实际计量的电度数。通常用户的用电设备容量与其用电量呈一定比例关系,检查时应注意电量的把握。

①用户的用电设备容量是指其实际使用容量,而不是用户的报装容量。

a. 少报多用。

b. 负荷增长导致满载或超载。

c. 客户预期负荷增长速度落后于实际速度,存在"大马拉小车"的现象。

d. 市场销售制约生产,导致减容等。

②用电设备构成情况主要是指连续性负载和间断性负载各占百分之多少,而不是动力负载和照明负载各占多少。

a. 对于家庭用电,照明、风扇、电视、洗衣机等属于间断性负载,而电冰箱就属于长期性负载,空调机在天气炎热时也属于间断性负载。

b. 对于工厂用电,照明和动力往往是同时使用的,如果是"三班制"生产的,则基本是连续性负载,否则就是间断性负载。

c. 对于宾馆、酒店、办公楼一类用电,空调的容量往往占了很大比例,因而其季节性变化很大。

③检查实际使用情况应注意现场核实,并考虑如下几个因素。

a. 气候的变化。

b. 生产、经营形势变化。

c. 经济支付能力的变化。

上述这些情况的变化将影响到设备的实际投用率,最终影响用电量的变化。

(2)比对负荷查电量

所谓比对负荷查电量,就是根据实测用户负荷情况,估算出用电量,然后以电能表的计算对照检查,具体做法如下所述。

①连续性负荷电量测算法。适用于"三班制"生产的工厂和天气炎热时的宾馆这一类用户。

　　a. 选择几个代表日,例如选一个白天、一个晚上,或者选两个白天、两个晚上,取其平均值为代表负荷。

　　b. 用钳形电流表到现场实测出一次电流,或测出二次电流再换算成一次电流值。

　　c. 根据用户负荷构成估算出 $\cos \varphi$。

　　d. 根据用户实测电流和 $\cos \varphi$ 估算值,计算出平均每天用电量,并将电能表的记录电量换算成日平均电量加以对照,正常情况下两者应较接近,否则就有可能是电能表少计或者测算有误,应通过进一步检测以查明原因。

　　②间断性负荷测算法。间断性负荷是指一天 24 h 出现间断性用电,例如"单班制"或"两班制"的工厂,一般居民用电、办公楼用电等。测算这类负荷的用电量除了要遵循连续性负荷电量测算法的基本步骤外,还应把 24 h 分成若干个代表时段,分别测出代表时段的负荷电流值,并分别计算出各个代表时段的电量值,然后累计一天的用电量。为了简化手续,通常可选两个代表日,每个代表日选 2 ~ 3 个代表时段即可。例如测算一般居民(无空调)的用电量,可选晚上 6 ~ 10 时高峰用电期为第一时段,测出代表负荷,并估算出该时段的电量;其低谷期间为第二时段,测出该时段的代表负荷并估算出相应电量,峰期电量和谷期电量相加即为代表日的用电量。

　　(3)前后对照查电量

　　前后对照查电量就是把用户当月的用电量与上个月用电量或前几个月的用电量对照检查。如发现电量突然增加、突然减少都应查明原因。电量突然比上月增加,则重点查上月;电量突然减少,则重点查本月。可根据计算机收费系统的提示检录查处。

　　①查用电量增加的原因。

　　a. 抄表日期是否推后了。

　　b. 抄表进程是否有误,如抄错读数、乘错倍率等。

　　c. 季节变化、生产经营形势变化等原因引起实际用电量增加。

　　d. 上月及前几个月窃电较严重而本月窃电较少,或无窃电了。

　　②查用电量减少的原因。

　　a. 抄表日期是否提前了。

　　b. 抄表过程有误,造成本月少抄了。

　　c. 实际用电量减少了。

　　d. 原来无窃电而本月有窃电,或本月窃电更严重了。

　　③电量无明显变化也不能轻易认为无窃电。例如:

　　a. 有的用户一开始就有窃电。

　　b. 用电量多时窃电,而用电量少时不窃电,或多用多窃、少用少窃。

　　c. 窃电后倒拨走字,始终保持一个无明显变化的电量。

　　3)直观检查法

　　直观检查法,就是通过人的感官,采用口问、眼看、鼻闻、手摸等手段,检查电能表、连接线和检查互感器,从中发现异常或窃电的蛛丝马迹。

台区同期线损管理之电能表时钟错误分析

（1）外围检查

直观检查用户有无绕越电能表接线和私拉乱接的现象。

①绕越电能表接线检查。

a. 检查普通低压用户进表前的导线在靠墙、交叉等隐蔽处有无旁路接线和与邻户之间的非正常接线。

b. 对于高供低计客户，重点检查配变出线端至计量装置前有无旁路接线或者该段导线有无被剥过的痕迹。

②私拉乱接的检查。未经报装私自接线的情形有明显性和隐蔽性两种。前者的抢电行为容易发现，后者往往埋藏得很深、很隐蔽。

（2）计量箱外部检查

仔细观察计量箱的外观及其封印和锁是否完好来判断客户是否有窃电行为。

①检查计量箱。

a. 仔细观察计量箱外表是否有被撬、被划擦、被开洞和其他被开启过的痕迹。

b. 检查表箱的固定螺丝是否牢固如初。

c. 表箱是否锈蚀严重。

d. 表箱周围是否有磁场、热源和振动源的干扰。

根据以上方面检查判断表箱是否是上次封闭的原样。

②检查封箱。

a. 凭借细察和触摸检查封箱的原样性。

b. 自带各类封样与现场的封印进行比对，如果事先记下客户原封编号更好，可以提高判断的准确性。

c. 检查封印的分类是否对应。

③检查锁。计量箱上配的锁分为普通锁和密码锁。从以下几个方面进行检查：

a. 观察其外观是否有被撬和磨损的痕迹，开锁是否会正常顺利打开，若不能，则锁可能被换。

b. 对于配置了开箱次数记录功能的防窃电计量箱，打开后可查看开箱记录次数及时间，若在上次检查与本次检查期间内有开箱记录，则有重大开箱窃电嫌疑。

（3）检查电能表

电能表的检查主要是从直观上检查电能表安装是否正确牢固，铅封是否原样，表壳有无机械性损坏，电能表选择是否正确（指与负荷匹配），运转是否正常等。

①检查表壳是否完好。检查表壳是否完好主要看有无机械性损坏，表盖及接线盒的螺丝是否齐全和坚固。

②检查电能表安装是否正确。

a. 是否倾斜，正常情况下应垂直安装，倾斜度应不大于2°。

b. 进、出线预留是否太长。

c. 安装处是否有机械振动、热源、磁场干扰。

d. 表箱是否加锁锁好。

③检查电能表安装是否牢固

a. 电能表固定螺丝是否完好牢固。

b. 电能表进、出线是否固定好。

④电能表选择是否正确

a. 电能表型号选择是否正确,例如三相三线动力用户是选用三元件电能表还是选用两元件电能表。

b. 电流容量选择是否正确,正确情况下的负荷电流应在电能表额定电流的30% ~100% 额定电流范围内,对于负荷变化较大的还应选用宽负荷电能表,如果是互感器接入的还应选用1.5 ~6 A 宽负荷的电能表。

⑤检查电能表运转情况。电子型电能表的检查包括如下几个方面:

a. 看脉冲,在正常连续负荷下,脉冲闪动连续平稳。

b. 看屏幕,电子表的屏幕显示字迹清晰、稳定,再看备用电池是否需要更换。

c. 看内容,利用电能表上的按钮可以快速查阅电能表内储存的内容,如时段设置是否正常、有无失压、失流等故障记录。

⑥检查铅封。检查铅封是检查电能表时需要最细致也是最重要的一步。就目前采用的新型防撬铅封来说,检查铅封主要应注意如下 3 个步骤。

A. 检查铅封是否被启封过。可通过眼睛仔细察看必要时也可用放大镜进一步细看,正常的铅封表面应光滑平整、完好无损,一旦启封就会破坏原貌,是不可能复原的;此外,也可采用手指轻摸铅封表面,通过手感加以判断。

B. 检查铅封的种类是否正确。即根据供电公司对铅封的分类及使用范围的规定,检查铅封的标识字样。防撬铅封通常分为 3 类,即校表、装表、用电检查字样,各自均有其对应的权限范围,若不对应即是窃电行为。

C. 判断铅封是否被伪造。可自带各类铅封,与现场铅封进行对照检查。

a. 检查字迹、符号是否相同。

b. 检查是否有防伪识别,以及识别标记是否相符。

通常仿制铅封字迹是相当困难的,用放大镜仔细辨认不难区分;如果适当增加某些不易觉察的防伪标记,而且这些标记保密程度较高的话,则防伪效果更好,判断真伪也更容易。

(4)检查接线

检查接线主要从直观上检查计量电流回路和电压回路的接线是否正确完好,例如有无开路或短路,有无更改和错接;导线的接头及 TV 熔断器接触是否良好;还应检查有无绕越电能表的接线或私拉乱接,检查 TA、TV 二次回路导线是否符合要求。

①检查接线有无开路或接触不良。

a. 检查 TV 二次侧熔断器和一次侧熔断器是否开路,尤其要注意二次侧熔断器是否拧紧、接触面是否氧化。

b. 检查所有接线端子,包括电能表、端子排、二次电压、电流接线端子等,接头的机械性固定应良好,而且其金属导体应可靠接触,要防止氧化层或绝缘材料。

c. 检查绝缘导线的线芯,要注意线芯被故意弄断而造成开路或似接非接故障。

②检查接线有无短路。

a. 检查不经 TA 接入的低压用户电能表的进线端,主要看电能表进线孔有无短路线,接线盒内有无被短接。

b. 检查经 TA 接入的电能表,除了要检查电能表进线端,还应检查 TA 的一、二次侧有无被短路,以及 TA 二次端子至电能表间二次线有无短路,尤其要注意检查中间端子排接线和二次线短接。

③检查接线有无改接和错接。改接是指原计量回路接线更改过,而错接是指计量回路的接线不符合正常计量要求。检查时对于没有经过互感器的低压用户,电能表的简单接线可凭经验做出直观判断,而对于经互感器接入的计量回路可对照接线图进行检查。详细检查通常还要利用仪表测量确定。

④检查有无越表接线和私拉乱接。

a. 对于高供低计用户,应注意在配电变压器低压出线端至计量装置前有无旁路接线,还应注意该段导线有无被剥接过的痕迹;对于普通低压用户,既要注意检查进入电能表前的导线靠墙、交叉等较隐蔽处有无旁路接线,还要注意检查邻户之间有无非正常接线。

b. 检查私拉乱接,是指针对那些未经报装入户就私自在供电企业的线路上接线用电。

⑤检查 TA、TV 接线是否符合要求。

a. TA、TV 二次回路的导线截面是否分别满足大于 24 mm^2 和大于 2.5 mm^2 的要求。

b. 计量 TA 二次回路是否相对独立,如有其他串联负载是否造成二次总阻抗过大。

c. 计量 TV 二次线是否太长,如有其他并联负载是否造成二次负载过重。

(5)检查互感器

检查互感器主要检查计量互感器的铭牌参数是否和用户手册相符,检查互感器的变比和组别选择是否正确,检查互感器的实际接线和变比,检查互感器的运行工作情况是否正常。

①检查高供高计用户 TV 和 TA 的铭牌参数是否和用户手册相符。

②检查互感器的变比选择是否正确。

a. TV 变比选择应与电能表的额定电压相符,TV 二次电压通常采用标准 100 V,电能表的额定电压也应是 100 V。

b. TA 变比选择应满足准确计量的要求,实际负荷电流应在 TA 额定电流的 30% ~ 100% 范围内,最大不超过 120% 的额定电流,最小不少于 30% 的额定电流。

c. 电压联接组应和电流联接组相对应,以保证电流电压间的正常相位关系。

③检查互感器的实际接线和变比。

a. 检查 TV 接线和变比。对于三相五柱式 TV,其连接在厂家已经完成,且封闭在铁壳内,除了初装时需检查试验外,运行中一般不必检查其接线和变比;而对于单相式 TV 相间接线是在现场完成。安装、检修和运行中都可能发生改变接线或者错接线,所以有必要进行检查,以防错接而造成相位和二次电压异常。

b.检查 TA 接线和变比。由于 TA 通常做成多变比,可通过改变一次侧匝数而得到不同的变比,还可以同时改变一次侧匝数和二次侧匝数得到多种变比。110 kV 及以上高压 TA 一次侧通常由几组绕组串联或并联多种组合,串联使变比减小,并联使变比增大;低压 TA 一次侧通常采用穿心式,穿过匝数越多变比越小,反之越大。改变 TA 二次侧匝数的办法是采用抽头式,利用改变二次侧抽头而获得不同的变比。另外检查 TA 时,还应注意接线极性是否正确,不但要注意检查 TA 二次侧的同名端接法,还应注意 TA 一次侧电流方向是否与 L1、L2 接线端对应。

④检查互感器的运行工作情况。

a.观察外表有无断线或过热、烧焦现象。

b.倾听声音是否正常,TA 开路时会有明显的"嗡嗡"声,TV 过载时也可能有"嗡嗡"声。

c.停电后马上检查 TA 和 TV,TV 过载或 TA 开路时用手触摸会有灼热感;TV 开路时手感温度会明显低于正常值,TA 局部闪络短路会有局部过热。

d.TA 和 TV 内部故障引起过热的同时,还会有绝缘材料遇热挥发的异味等。

⑤以上检查仍然不能消除疑问,就应检查互感器内部是否安装了窃电装置。

4)比较分析法

(1)用相量图法判断三相四线电能计量装置错误接线方式的方法及原理

经互感器接线的三相四线有功电能表有 10 个接线端。正确接线时,2、5、8 和 10 端(或 11 端)分别接电压线 U、V、W 及 N;1、3 端分别接 U 相电流进出线,4、6 端分别接 V 相电流进出线,7、9 端分别接 W 相电流进出线,如图 1.11 所示。

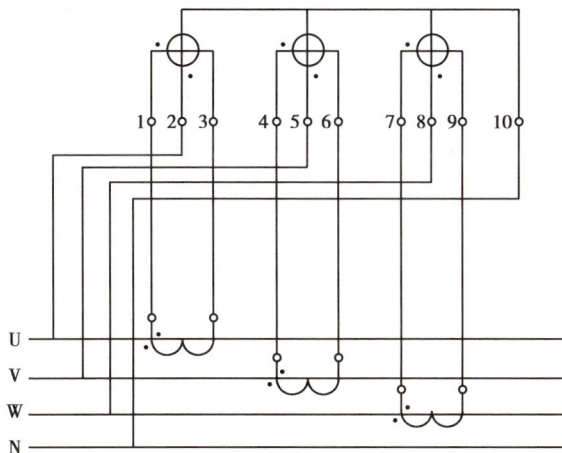

图 1.11　低压三相四线有功电能表经电流互感器正确接线

判断方法和步骤如下所述。

①测量各线电压、相电压。用钳形相位伏安表(交流电压挡)测量电能表电压接线端(2、5、8 端)各两端之间的线电压 U_{25}、U_{58}、U_{28},各数值若基本相等(约 380 V)则说明 TV 接线正确,若为零或相差较大说明电压回路中存在有断路或接错相故障。再分别测 2、5、8 端与 10 端(或 11 端)之间的相电压,正确接线时,各数值基本相等,约为 220 V。

②测定电压相序。将相序表上的 U、V、W(黄、绿、红)3 只接线夹分别夹住电能表 2、5、8 三个电压接线端,测量 2、5、8 端相序。若相序表正转,表示为正相序 UVW 或 VWU 或 WUV;若相序表反转,表示为负相序 UWV 或 WVU 或 VUW。正确接线时应为正相序。

③测量各二次电流。用钳形相位伏安表(交流电流挡)分别测量流入电能表元件 1、元件 2、元件 3 的电流 I_1、I_4、I_7,正常接线时,三者数值基本相等。三者中若有为零的,说明该相 TA 二次断线或短路。

④测相位角。用钳形相位数字伏安表(测相位挡)分别测出 $\dot{U}_{2 \cdot 10}$ 与 $\dot{I}_1$、$\dot{U}_{5 \cdot 10}$ 与 $\dot{I}_4$、$\dot{U}_{8 \cdot 10}$ 与 $\dot{I}_7$ 之间的相位差角。

⑤画相量图,判断错误接线方式。根据上述测量结果,画出相量图分析判断计量装置的错误接线方式。

【例 1.2】对某现场的三相四线电能计量装置中的有功电能表测试结果见表 1.9,试判断该计量装置的接线方式是否正确。

表 1.9 对某现场的三相四线电能计量装置中有功电能表测试结果

$U_{25}=380$ V、$U_{58}=379$ V、$U_{28}=381$ V					
$U_{210}=219$ V、$U_{510}=220$ V、$U_{810}=218$ V					
2、5、8 端相序为正序					
I_1	I_4	I_7	φ_1	φ_2	φ_3
4.98 A	5.03 A	5 A	26°	145°	266°
φ_1 为 $\dot{U}_{2 \cdot 10}$ 超前 $\dot{I}_1$ 的相位差角,φ_2 为 $\dot{U}_{5 \cdot 10}$ 超前 $\dot{I}_4$ 的相位差角,φ_3 为 $\dot{U}_{8 \cdot 10}$ 超前 $\dot{I}_7$ 的相位差角。					

分析:

①所测各线电压均为 380 V 左右,各相电压均为 220 V 左右,说明电压回路中不存在断路或接错相的故障。

②所测电能表电流均不为零,说明不存在电流回路(或 TA 二次)断线或短路的故障。

③2、5、8 端相序为正序,设为正序 UVW 则 $\dot{U}_{2 \cdot 10}=\dot{U}_U$、$\dot{U}_{5 \cdot 10}=\dot{U}_V$、$\dot{U}_{8 \cdot 10}=\dot{U}_W$,即电能表 3 个元件的电压接线正确。

④画出 $\dot{U}_U$、$\dot{U}_V$、$\dot{U}_W$ 3 个电压相量后,根据测得的 φ_1、φ_2 和 φ_3 分别画出 $\dot{I}_1$、$\dot{I}_4$ 和 $\dot{I}_7$,可以看出 $\dot{I}_1$ 就是 $\dot{I}_U$,$\dot{I}_4$ 就是 $\dot{I}_W$,$\dot{I}_7$ 就是 $\dot{I}_V$,可看出元件二和元件三的电流接错了,如图 1.12 所示。

所以该三相四线有功电能表错误接线方式如图 1.13 所示。

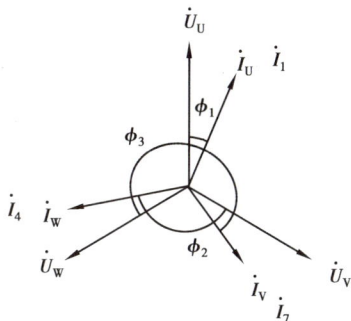

图 1.12　例 1.2 相量图

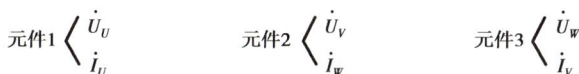

图 1.13　三相四线有功电能表错误接线方式

当然,实际在三相电能计量装置的错误接线中,也有误将电压线接入电能表的电流接线端,或将电流线接入电能表的电压接线端。如果将电压线接入电能表的电流接线端,再将电流互感器接线端 K_2 并联并接地,通电时就烧坏了。将电流线接入电能表的电压接线端则表不走。这些在装表后送电时就会发生。

(2)电能计量装置错误接线的退补电量计算方法

①退补电量和更正系数的概念。当电能计量装置由于各种原因出现了失准,特别是错误接线,应进行电量的更正。根据退补电量,即抄见电量与实际用电量的差别,多退少补。

$$退补电量 = 正确电量 - 错误电量$$

正确电量就是实际用电量,用 W 表示;错误电量就是失准计量装置的抄见电量,用 W' 表示;退补电量用 ΔW 表示。所以

$$\Delta W = W - W' \tag{1.5}$$

计算退补电量经常要用到更正系数。更正系数 K 定义为

$$K = \frac{W}{W'} \tag{1.6}$$

设计量装置错误接线时所测负荷功率为 P';正确接线时所测负荷功率为 P,则又有

$$K = \frac{P}{P'} \tag{1.7}$$

有了更正系数,可按式(1.8)计算退补电量:

$$\Delta W = (K - 1)W' \tag{1.8}$$

$$\Delta W = W - W' = (K - 1)W'$$

若 $\Delta W > 0$ 则用户应补交 ΔW 的电费;$\Delta W < 0$ 则供电局应退给用户 ΔW 的电费。

$K > 1$ 或 $K < 0$,则用户应补交 ΔW 的电费;$K < 1$ 则供电局应退给用户 ΔW 的电费。

注意:若电能表在错误接线期间反转,则 W' 应取负值。

下面介绍电能计量装置错误接线时的退补电量计算方法。

②功率测量法。具体方法是:在负荷运行稳定的条件下,使用功率表或现场校验仪测出

错误接线时输入电能表的负荷功率值 P' 及错误接线更正后输入电能表的负荷功率值 P,按式(1.7)算出更正系数 K,最后按式(1.8)算出退补电量 ΔW。

③更正系数法。具体方法是:先判断出计量装置错误的接线方式,求出该错误接线时的功率表达式 P' 及选择正确接线时的功率表达式 P,按式(1.7)算出更正系数 K,最后按式(1.8)算出退补电量 ΔW。其中单相有功电能表正确接线时的功率表达式为 $P = U_{相} I_{相} \cos \varphi$;三相四线有功电能表正确接线时的功率表达式为 $P = 3U_{相} I_{相} \cos \varphi$;三相三线有功电能表正确接线时的功率表达式为 $P = \sqrt{3} U_{线} I_{线} \cos \varphi$。

上述两种方法的共同之处是:均通过求出更正系数 K 后,再算出退补电量 ΔW。更正系数法以假设负载对称为前提,但实际负载并不完全对称,所以功率测量法比更正系数法更准确些。

(3)用相量图法判断高压三相三线电能计量装置错误接线方式的方法及原理

经互感器接线的三相三线有功电能表有 7 个接线端。正确接线时,2、4、6 端分别接电压线 U、V、W;1、3 端分别接 U 相电流进出线,5、7 端分别接 W 相电流进出线,如图 1.14 所示。

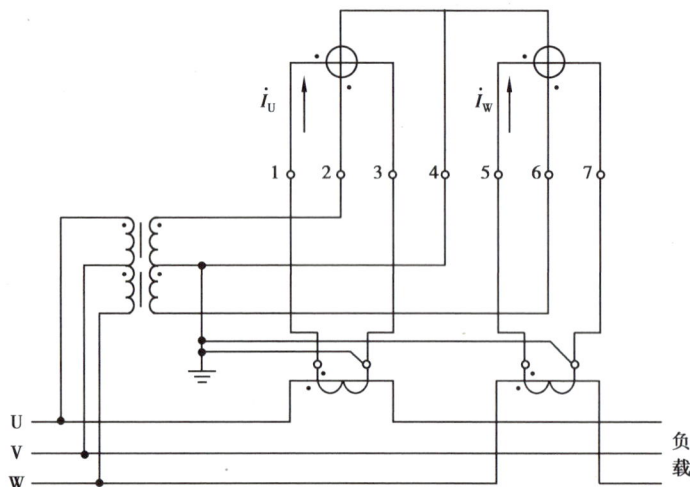

图 1.14　三相三线电能表正确接线

判断方法和步骤如下所述。

①测量各线电压。用钳形相位数字伏安表(交流电压挡)测量电能表电压接线端(2、4、6 端)之间的各线电压 U_{24}、U_{46}、U_{26},各数值若基本相等(约 100 V)则说明 TV 接线正确,若相差较大说明电压回路中存在断路或 TV 极性接反故障。

②检查接地,确定接 V 相端。因为三相三线电能计量装置中的 TV 二次侧是采用 V 相接地,所以可用钳形相位数字伏安表(交流电压挡)一端接地,另一端依次触及电能表的 3 个电压端,即 2、4、6 端,若有一端为零,另二端约为 100 V,说明接地电压为零的这端是接 V 相。正确接线时,应是 4 端接 V 相。

③测定线电压相序。将相序表上的 U、V、W(黄、绿、红)3 只接线夹分别夹住电能表 2、4、6 三个电压接线端,测量 2、4、6 端相序。若相序表正转,表示为正相序 UVW 或 VWU 或 WUV;若相序表反转,表示为负相序 UWV 或 WVU 或 VUW,具体是哪种相序可根据上步测

出的 V 相端判断。例如测出 6 端接 V 相,若相序表正转,可判断 2、4、6 端相序为正序 WUV;若相序表反转,则可判断 2、4、6 端相序为负序 UWV。

④测量各二次电流。用钳形相位数字伏安表(交流电流挡)分别测量流入电能表元件 1、元件 2 的电流 I_1、I_5。正常时,二者均应约为 5 A。二者中若有为 0,说明有一个 TA 的二次断线或短路。

⑤测相位角。用钳形相位数字伏安表(测相位挡)分别测出 $\dot{U}_{24}$ 与 $\dot{I}_1$、$\dot{U}_{64}$ 与 $\dot{I}_5$ 之间的相位差角。

⑥画相量图,判断错误接线方式。根据上述测量结果,画出相量图分析判断计量装置的错误接线方式。

【例 1.3】对某现场的三相三线电能计量装置中的有功电能表测试结果见表 1.10,试判断该计量装置的接线方式是否正确。

表 1.10　对某现场的三相三线电能计量装置中有功电能表测试结果

$U_{24} = 100$ V、　$U_{46} = 99$ V、　$U_{26} = 101$ V			
6 端对地电压为 0;2、4、6 端相序为正序			
I_1	I_5	φ_1	φ_2
4.98 A	5.03 A	56°	237°
φ_1 为 $\dot{U}_{24}$ 超前 $\dot{I}_1$ 的相位差角,φ_2 为 $\dot{U}_{64}$ 超前 $\dot{I}_5$ 的相位差角			

分析:

①$U_{24} = 100$ V、$U_{46} = 99$ V、$U_{26} = 101$ V,即 3 个线电压大小基本平衡,说明电压互感器无断线或极性接反。

②6 端对地电压为 0;2、4、6 端相序为正序,2、4、6 端相序为 WUV。$\dot{U}_{24} = \dot{U}_{WU}$,$\dot{U}_{64} = \dot{U}_{VU}$。

③所测电表电流均不为零,说明不存在电流回路(或 TA 二次)断线或短路的故障。

④画出 $\dot{U}_{WU}$ 和 $\dot{U}_{VU}$ 两个电压相量后,根据测得的 φ_1 和 φ_2 分别画出 $\dot{I}_1$ 和 $\dot{I}_5$,可以看出 $\dot{I}_1$ 就是 $\dot{I}_W$,$\dot{I}_5$ 就是 $\dot{I}_U$。可看出元件一和元件二的电压、电流均接错了,如图 1.15 所示。

所以可以判断该电能计量装置是错误的接线方式,如图 1.16 所示。

实际上,在三相电能计量装置的错误接线中,也有误将电压线接入电能表的电流接线端,或将电流线接入电能表的电压接线端。如果将电压线接入电能表的电流接线端,再将电流互感器接线端 K_2 并联并接地,通电时就烧坏了。将电流线接入电能表的电压接线端则表不走。这些在装表后送电时就会发生。

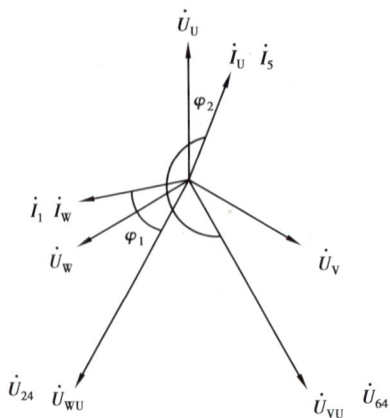

图 1.15　例 1.3 相量图　　　　　　　　图 1.16　错误接线方式

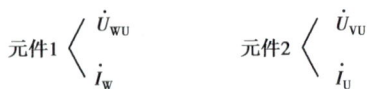

【任务实施】

电能计量装置检查任务指导书见表 1.11。

表 1.11　电能计量装置检查任务指导书

任务名称	电能计量装置检查	学　时	4 课时
任务描述	能采用相位伏安法对三相四线电能计量装置接线进行检查与分析,并利用瓦秒法确定电能表的误差。		
任务要求	规范进行现场计量装置检查,并规范记录,画出向量图,计算出更正系数。		
注意事项	1. 要求独立进行操作; 2. 操作过程中要注意安全; 3. 操作中不得触及其他设备。		

任务实施步骤:

1. 计量装置外观检查

(1)检查铅封铅印是否齐全、完整等;

(2)检查计量接线情况。

2. 测量

(1)测量线电压、相电压、电流、相序、相位;

(2)用瓦秒法测量误差。

3. 计算判别

(1)正确画出相量图;

(2)计算电能计量装置的误差;

(3)计量出电能计量装置的更正系数。

瓦秒法判断三相四线电能计量装置运行情况记录见表 1.12。

表 1.12   瓦秒法判断三相四线电能计量装置运行情况记录

学 号		姓 名		单 位	

一、实测数据

| 电 压 | $U_{20} =$ | V | $U_{50} =$ | V | $U_{80} =$ | V |
| | $U_{25} =$ | V | $U_{58} =$ | V | $U_{28} =$ | V |

| 电 流 | $I_1 =$ | A | $I_2 =$ | A | $I_3 =$ | A |

| 相 位 | $\widehat{\dot{U}_{20}I_1} =$ | ° | $\widehat{\dot{U}_{50}I_2} =$ | ° | $\widehat{\dot{U}_{80}I_3} =$ | ° |

| 脉 冲 | $N =$ | r | | 时 间 | $t =$ | 秒 |

二、计算测量功率

$P_1 =$

$P_2 =$

$P_3 =$

$P = P_1 + P_2 + P_3 =$

三、计算算定时间 T 或功率 P'

四、计算电能表误差 γ

五、判断分析电能表运行情况

电能计量装置错接线检查记录见表 1.13。

表 1.13   电能计量装置错接线检查记录

一、电能表基本信息

异常登记：

二、数据测试及相序判断

电 压	$U_{1N} =$	$U_{2N} =$	$U_{3N} =$
电 流	$I_1 =$	$I_2 =$	$I_3 =$
相 位	$\widehat{\dot{U}_{1N}\dot{I}_1} =$	$\widehat{\dot{U}_{2N}\dot{I}_2} =$	$\widehat{\dot{U}_{3N}\dot{I}_3} =$

续表

<table>
<tr><td colspan="2">三、错接线相量图(有功)：</td><td colspan="2">四、错误接线形式：</td></tr>
<tr><td></td><td></td><td>第一元件：</td><td></td></tr>
<tr><td></td><td></td><td>第二元件：</td><td></td></tr>
<tr><td></td><td></td><td>第三元件：</td><td></td></tr>
<tr><td colspan="4">五、写出错接线时功率表达式(假定三相对称)：

$P_1 =$ $P_2 =$ $P_3 =$

$P =$</td></tr>
<tr><td colspan="4">六、写出更正系数 K 的表达式，并化为最简式。

$K =$</td></tr>
</table>

【任务评价】

电能计量装置检查任务评价表见表1.14。

表1.14　电能计量装置检查任务评价表

<table>
<tr><td>姓　名</td><td></td><td>班　级</td><td></td><td>小组成员</td><td></td><td></td></tr>
<tr><td>开始时间</td><td></td><td>结束时间</td><td></td><td>标准分</td><td>100 分</td><td>得　分</td><td></td></tr>
<tr><td>任务名称</td><td colspan="7">电能计量装置检查</td></tr>
<tr><td>序号</td><td>步骤名称</td><td colspan="2">质量要求</td><td>满分/分</td><td colspan="2">评分标准</td><td>扣分原因</td><td>得分</td></tr>
<tr><td>1</td><td>着装与安全操作</td><td colspan="2">正确着装，遵守安全规程。</td><td>5</td><td colspan="2">未正确着装5分，不遵守安全规程扣5分。</td><td></td><td></td></tr>
</table>

续表

序号	步骤名称	质量要求	满分/分	评分标准	扣分原因	得分
2	计量装置外观检查	检查铅封铅印是否齐全、完整等。	10	缺一处未检查扣2分。		
3	相位伏安表测量	测量线电压正确；测量线电压正确；检查电压相序正确；测量电流正确；测量每相电压与电流的相位角正确。	20	一项不正确扣3分。		
4	瓦秒法测量	瓦秒法正确测量并记录。	15	转盘转速测量结果不正确扣3分,计算错误扣5~10分。		
5	相量图绘制	正确画出相量图。	10	一项不正确扣2分。		
		正确分析相位关系,指出接线错误。	10	一项不正确扣3分。		
6	计算并判断计量装置误差情况	1.正确计算电能表的实际功率和更正系数; 2.判断异常情况。	20	计算公式不正确扣20分,计算结果不正确扣10~15分,判断不正确扣10分。		
7	现场整理	工具摆放整齐。	10	未整理,扣10分。		
考评员(签名)			总分/分			

【思考与练习】

1. 某用户三相四线电能计量装置错误接线为:元件 1:($\dot{I}_U$,$\dot{U}_U$)、元件 2:($\dot{I}_W$,$\dot{U}_V$)、元件 3:($-\dot{I}_V$,$\dot{U}_W$)。试画出其相量图(设三相负载对称)。

2. 某用户三相四线电能表,在均衡负载情况下,断开任何一相(A、B、C)相电压,其电量比正常时少计多少? (1/3)

3. 某居民用户反映电能表不准,检查人员查明这块电能表准确等级为 2.0,电能表常数为 3 600 r/(kW·h),当用户点一盏 60 W 灯泡时,用秒表测得电表转 6 r 用电时间为 1 min。试求该表的相对误差为多少,并判断该表是否不准? 如不准,是快了还是慢了?

任务 1.4　重要电力用户管理

【任务目标】

1. 能对重要客户进行台账管理；
2. 能对重要客户提供用电保障服务；
3. 能编制重要客户保电方案。

【任务描述】

对重要客户进行台账管理，并制订用电保障方案。

【任务准备】

1. 知识准备
①对各类客户用电检查数据处理。
②熟悉资料整理归档。
2. 资料准备
用户资料的档案。

【相关知识】

用电检查现场服务规范

1.4.1　重要客户用电检查内容

①安全用电制度、安全用电操作规程、检查记录。
②电气设备的安装是否合格、安装位置是否合理。
③电气设备的绝缘情况。

小区供电方案优化降低线路配变损耗

④设备裸露带电部分的防护装置。

⑤漏电保护装置。

⑥保护接零或保护接地措施。

⑦电气灭火设施、器材的配备用。

⑧违章使用电器、私拉乱接电线现象。

⑨安全标志等安全设施齐全规范。

三相三线电能表
接线分析之电能
表错

1.4.2　高危及重要客户划分标准及范围

按照国家电监会《关于加强重要电力用户供电电源及自备应急电源配置监督管理的意见》（电监安全〔2008〕43 号）规定，结合本省实际情况，确定高危及重要客户划分标准及范围。

（1）特级重要用户

特级重要用户是指在管理国家事务工作中特别重要，中断供电将危害国家安全的用户。

细化范围：党和国家最高首脑机关办公地点；国家军事指挥中心；国家级重要广播电台、电视台、通信中心、航天、国家级航空港、国家领导人和来访外国首脑经常出席的活动场所；其他符合条件的用户。

（2）一级重要用户

一级重要用户是指中断供电可能导致以下 6 类情况的客户：引发人身伤亡的；造成严重环境污染的；发生中毒、爆炸或火灾的；造成重大政治影响的；造成重大经济损失的；造成较大范围社会公共秩序严重混乱的。

细化范围：省级党政军首脑指挥机关（含公安、国安、武警）、应急救灾指挥调度中心；基地化作战部队基地（空军、海军、火箭军基地）及武器生产军工企业；机场、铁路及轨道交通枢纽站；市级及以上电力调度指挥中心；省级及以上通信指挥中心、数据中心及金融中心；省部级及以上领导人和来访外国首脑来访经常出席的活动场所；危险化学品生产企业；停电可能造成爆炸、火灾或有毒气体排放的石油石化及煤矿、非煤矿山等企业；其他符合条件的用户。

（3）二级重要用户

二级重要用户是指中断供电可能导致以下 4 类情况的客户：造成较大环境污染的；造成较大政治影响的；造成较大经济损失的；造成较大范围社会公共秩序严重混乱的。

细化范围：市州党政首脑指挥机关；市级及以上广播电视传播媒体；三甲医院；一本院校及国防院校、国家级重要科研单位；重要供电厂、加压站及污水处理厂；高度超过 100 m 的特别重要商业办公楼、购物中心；停电将造成较大经济损失或连续生产工艺较长时间不能恢复的企业等；其他符合条件的用户。

（4）临时性重要用户

临时性重要用户是指需要临时特殊供电保障的电力用户。

89

细化范围:文体场所和人员集中的重要公共场所等可依情况纳入临时性重要用户。如重要性会议、大型考试、公共活动期间等。

重要用户划分范围的解释权在市级发改委(或工信局)。当发生分争议时,由市级发改委(或工信局)裁定。

1.4.3 重要客户安全管理

重要电力用户供电
电源配置典型模式

(1)管理职责及范围

①市公司稽查信息室负责一级重要客户和省市级泵站的管理和用电检查。

②市场大客户部负责110 kV及以上客户的管理和用电检查(不含一级重要客户)。

③基层供电单位负责辖区10 kV、35 kV二级重要客户和临时性重要客户,区级泵站管理和用电检。

(2)重要客户台账管理

①建立基础资料台账,包括客户基础情况、一次接线图、应急预案、供用电合同、试验报告、调度协议、隐患通知书。

②建立隐患档案,在隐患排查的基础上,详细记录重要客户安全隐患信息,建立重要客户安全隐患档案并做到动态更新。

(3)应用SG186营销系统加强基础数据管理

保证客户档案信息完整准确、隐患内容随时掌控,预警情况智能提示,流程工作及时提醒,地理位置精准定位,应急预案明了直观,提高工作效率,提升管控水平。

(4)建立"一户一案"完善应急管理体系

逐一为每个高危客户制订个性化事故应急抢险保电方案,根据实际勘查结果,事先绘制现场应急救援方位图和应急流程图,确定应急发电车行车路线、接入点和接入方式,明确应急保电处置程序和相关人员的责任、工作任务,全面提升对客户事故状态下的风险应对能力。

(5)强化风险防范严把"六道关"

①建立多层次全方位风险防范体系。

②严把业扩报装准入。

③供用电合同签订。

④用电安全检查服务。

⑤调度运行。

⑥继电保护装置管理。

⑦责任考核奖惩。

从6个方面加强检查,用户的供电电源、自备应急电源应急预案、设备管理、运行管理、电工配置。建立隐患排查治理长效机制,持续开展高危客户供电安全隐患排查,对客户安全隐患全部下达《隐患通知书》并以文件形式向当地人民政府主管部门汇报,强化电网应急和救援机制,每年配合政府主管部门组织开展用电安全应急演练,明确无论何种原因发生高危客户重大安全事故,必须第一时间启动应急预案,做好事故抢险保电和电力救援工作。

案例:

国家电网 STATE GRID

重要客户应急抢险保电服务现场处置方案
(营销部分)

客户名称:＿＿＿＿＿＿＿

重要性等级:＿＿＿＿＿＿

编制单位:××电力局

编制时间:二〇二〇年　月

1　总则

1.1　编制目的

为建立健全重要客户用电安全服务应急管理工作机制,提高快速反应和应急的能力,应对突发停电事件,最大限度地减轻停电给客户造成的影响和损失,努力将突发停电事件造成的影响和损失降到最低,促进应急工作的制度化和规范化,特制订本处置方案。

1.2　适用范围

本处置方案适用于突发停电事件引起×××(客户名称)处于紧急状态或事故状态下,营销人员协助客户开展应急抢险与救援。

1.3　营销应急抢险保电服务内容

1.3.1　了解突发停电原因以及停电对客户造成的影响和损失、客户应急保电需求等。

1.3.2　为客户抢险提供用电技术指导和服务,必要时提供应急供电电源。

1.4　×××(客户名称)现场工作组人员名单

组长　　×××　　营销副局长　　　　电话

副组长　×××　　营销股长　　　　　电话

成员　　×××　　用电检查人员　　　电话

成员　　×××　　客户电气负责人　　电话

成员　　×××　　客户值班电工　　　电话

职责:协调供用电双方在应急抢险工作中的相关事项。

1.5　电业局应急发电车配置情况

1.5.1　(发电车台数、容量、携带的电缆长度等情况)(详情见附件)。

1.5.2　发电车操作人员名单

姓　名	电　话	备　注

2 客户信息

2.1 ×××（客户名称）基本概况

客户地址、地理位置描述（详情见地理位置图附件1）、主要生产产品及规模、生产工艺流程简介

2.2 客户供用电信息

2.2.1 供电变电站、供电回路、供电线路名称、容量、运行方式、产权分界点等情况。（详情见附件4）。

2.2.2 受电变压器台数、容量、运行方式等（详情见附件5）。

2.2.3 重要用电负荷情况、重要性等级、最长允许停电时间、非电保安措施配备情况、应急预案制订等情况。

2.2.4 自备应急电源情况（是否配备、名称、容量、投切方式、管理状况等）（详情见附件7）。

2.2.5 其他补充说明：（如电工配置情况，重大安全隐患等）。

2.3 事故预想分析（根据客户个性化情况进行描述）

2.3.1 突发停电可能发生的事故和事故后果情况描述（详情见附件9）。

2.3.2 需要重点保电的区域以及区域内的用电负荷情况描述（见附件10）。其中，自备应急电源供电的区域。

2.3.3 应急抢险路径、行车距离、到达客户所需时间等描述（详情见附件2）。

2.3.4 发电车停靠位置、发电车距离接入点的最长距离。需要配备的电缆长度及型号。

2.4 抢险保电原则

2.4.1 保证向客户供电的主网系统安全可靠运行。

2.4.2 重点保证客户现场指挥用电，保证现场指挥、通信、信息的畅通。

2.4.3 根据客户要求，为重点场所、重要设备提供抢险电源或备用电源并根据抢险进展情况及时调整重点保电场所。

3 现场处置程序

3.1 应急响应

3.1.1 得知重要客户出现突发停电信息后，×××（用电检查人员）应立即与×××（调度部门人员姓名、电话）联系，了解电网情况和客户停电原因。同时了解停电对客户造成的影响和损失等情况并向×××（营销副局长）汇报。

3.1.2 ×××（用电检查人员）在第一时间赶赴客户现场，将电网出现的问题、故障处理情况等向×××（客户电气负责人）通报并敦促客户实施事故停电应急预案，启动自备应急电源，做好非电性质的保安措施。

3.1.3 （客户值班电工启动自备电源的过程描述）如当 10 kV 光都线和 10 kV 芙长 B 线同时发生故障停电后，客户配电室值班人员和供电部门取得联系后，按有关制度及运行规程，将 10 kV 光都线路及 10 kV 芙长 B 线路的设备全部停在冷备用状态，把有关低压配电装置全部停在分闸位置，然后再启用备用发电机。在启用备用发电机时，停送电联系人，首先要再详细细致地检查自备电源和电网电源之间的切换装置是否可靠，联锁装置是否可靠，确保在任何情况下，自备电源均无法向电网倒送电，然后开启自备发电机，向保安用电处正常送电。

3.1.4 ×××（用电检查人员）向×××（客户电气负责人）了解客户抢险进度情况、抢险保电需求等并向×××（营销副局长）汇报。

3.2　需要提供应急发电车的,由×××(局长)向电业局应急领导小组×××(电业局相关副局长)申请发电车,同时客户现场组人员立即赶赴客户现场,协助做好发电车抢险保电工作。

3.3　应急发电车参加抢险救援的应急程序

3.3.1　在接到应急发电车参加×××(客户名称)抢险保电任务后,发电车工作人员组织发电车第一时间赶赴客户事故现场。

3.3.2　×××(营销股长)向×××(客户电气负责人)落实需要保电的地点后,通知发电车工作人员×××(发电车工作人员),同时将发电车型号、容量等相关情况通知×××(客户电气负责人),请客户尽快清除车辆停靠位置的障碍,腾出发电车的停靠位置。

3.3.3　发电车第一时间按《×××(客户名称)应急抢险路径图》(见附件2)选取最佳路线到达抢险现场,按《现场保电应急电车路径图》(见附件3)到达指定停放位置,做好接入准备。

3.3.4　发电车工作人员现场核对《重点保电区域情况表》(见附件10)、《重点保电区域抢险用电负荷汇总表》(见附件11)的相关内容,并制订发电车接入方案。

3.3.5　发电车操作人员作好发电车接入准备,将出线电缆安放到客户侧电气系统指定接入点,做好随时接入准备。工作人员按规定做好发电车相关记录。

3.3.6　×××(客户电气负责人)立即组织人员将临时电缆接入端安放到发电车出线电缆端侧,做好随时接入准备。

3.3.7　×××(客户电气负责人)立即组织人员,迅速切除在非抢险类用电负荷,仅保留抢险指挥部和重要保安负荷供电,做好重要抢险用电负荷的复电准备。

3.3.8　×××(客户电气负责人)组织电气工作人员检查上述连接点,确认接线正确、不接带其他非抢险负荷后,启动发电车为抢险用电提供电力供应。

3.3.9　根据抢险指挥部要求和抢险进展情况及时调整重点保电场所。

3.3.10　现场用电检查人员随时向现场保电领导组汇报抢险救援情况,直至全部完成。

3.3.11　当应急自备电源无法连续供电时,现场保电领导组组织工作人员将发电车出线电缆连接到配电室低压电缆(型号、规格)负荷处。

3.4　保电现场工作人员应采取的安全措施

3.4.1　要认真编制现场保电作业方案,安全措施必须依据现场实际情况制定,符合相关规程规范。

3.4.2　在应急抢险服务中,要切实做好安全防护工作,确保不发生次生灾害。落实安全各项措施,不发生人身伤亡事故。

3.4.3　现场抢险保电人员不得擅自操作客户电气设备。

3.4.4　抢险人员应佩戴安全帽、工作服、绝缘鞋。

附件名称:(供参考)

附件1.×××(客户名称)地理位置图

附件2.×××(客户名称)应急抢险路径图

附件3.×××(客户名称)厂区平面分布图(现场保电应急发电车路径图)

附件4.×××(客户名称)一次接线简图

附件5.×××(客户名称)主要电气设备明细表

附件6.×××(客户名称)供电网络图

附件 7. ×××(客户名称)自备应急电源情况明细表

附件 8. ×××(客户名称)电气负责人及值班电工联系表

附件 9. ×××(客户名称)事故情况汇总表

附件 10. ×××(客户名称)保电区域主要抢险用电负荷明细表

附件 11. ×××(客户名称)现场保电接线示意图

附件 12. ×××(客户名称)应急发电车现场接线图

附件 1(参考)

阳泉市郊区荫营小营煤矿地理位置图

附件 2(参考)

阳泉市郊区荫营小营煤矿应急抢险路径图

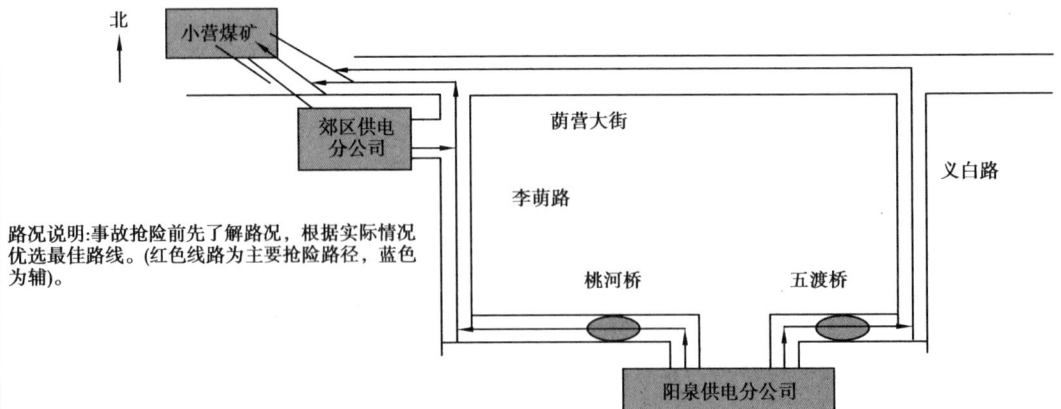

路况说明:事故抢险前先了解路况,根据实际情况优选最佳路线。(红色线路为主要抢险路径,蓝色为辅)。

附件7

×××(客户名称)自备应急电源情况

序号	型号	额定电压	容量	相数	燃料形式	闭锁方式	接带的负荷	能否启动	是否有定期启动记录
1									

附件8

×××(客户名称)电气负责人及值班电工联系表

序　号	姓　　名	职　务	联系方式	备　注
1		企业负责人		
2		机电科长		
3	值班室	值班电工		

附件9

×××(客户名称)事故情况汇总表

区　域	可能发生的事故	事故后果

附件10

山西伟峰煤业公司主要抢险用电负荷明细表

保电序列	位　置	总负荷/kW	设备名称	单　位	数　量	电压/V	每台容量/kW	失电后可能产生的后果
1	抢险指挥部	5	照明	台	1	220	5	
2	井下	45	主水泵	台	3	380	15	造成水淹矿井,发生设备损坏事故
3	绞车房	90	主绞车	台	3	380	30	
4	风井排风口	90	主风机	台	3	380	30	造成矿井无法通风,发生瓦斯积聚伤人,甚至发生爆炸
	合　计	230			10		80	

发电设备接入注意事项:

应急发电车停放位置距离配电室22 m,需要电缆30 m,电缆型号VLV22-1-4*120。

【任务实施】

重要客户用电保障服务任务指导书见表1.15。

表1.15 重要客户用电保障服务任务指导书

任务名称	重要客户用电保障服务	学 时	2 课时
任务描述	能对重要客户进行台账管理,识别重要客户风险点,制订保电方案。		
任务要求	画出重要客户供电路径,分析风险,制订设备及线路的应急处置预案。		
注意事项	1. 要求独立进行操作; 2. 充分考虑重要客户用电的风险点。		

任务实施步骤:

1. 用户供电路径绘制

(1)正确完整绘制具体供电路径;

(2)准确描述供电路径。

2. 风险分析判别

正确合理分析可能出现的风险。

3. 应急处置预案

(1)正确全面分析可能出现的主网设备故障,设置合理的应急处理方案;

(2)预想故障、故障影响、调度处置步骤填写合理正确。

重要客户供电保障方案见表1.16。

表1.16 重要客户供电保障方案

客户名称	
一、用户供电路径	
二、风险分析	

续表

三、应急处置			
（一）主网设备故障应急处置预案			
（二）10 kV 电源线路应急处置预案			
1. 预想故障			
2. 故障影响			
3. 调度处置步骤			
部门会签			
领导审核：			
备注			

【任务评价】

重要客户供电保障方案任务评价表见表 1.17。

表1.17　重要客户供电保障方案任务评价表

姓　名		班　级		小组成员	
开始时间		结束时间		标准分	100分
任务名称			重要客户用电保障服务		

序号	步骤名称	质量要求	满分/分	评分标准	扣分原因	得分
1	供电路径	正确完整填写具体供电路径。	20	每处错误扣2分,扣完为止。		
2	风险分析	正确合理分析可能出现的风险。	20	每处错误扣4分,扣完为止。		
3	3.1 主网设备故障应急处置预案	正确全面分析可能出现的主网设备故障,设置合理的应急处理方案。	20	每处错误扣2分,扣完为止。		
	3.2 10 kV电源线路应急处置预案	预想故障、故障影响、调度处置步骤填写合理正确。	40	每处错误扣2分,扣完为止。		
考评员(签名)			总分/分			

【思考与练习】

1. 简述重要客户常见的接线方式及可能存在的风险点。

2. 写出重要客户的自备应急电源的投退步骤。

3. 重要客户台账管理主要有哪些内容?

项目 2　供电方案与供用电合同管理

【项目描述】

本项目包括供电方案的制订、供用电合同的编制、供用电合同的变更 3 个学习任务。通过学习,学生能够了解供用电合同的含义、分类和适用范围;了解国网公司对供用电合同的管理要求;掌握高、低压供用电合同的组成及每部分内容的编制方式及注意事项;掌握供用电合同变更的相关要求和系统流程。

【教学目标】

知识目标:

1. 了解供用电合同的含义、分类、适用范围。
2. 掌握国网公司对供用电合同的管理规定。
3. 掌握高、低压供用电合同的组成及其编制方式和注意事项。
4. 掌握供用电合同的变更条件和要求。

能力目标:

1. 能掌握国网公司对供用电合同的管理规定,并认真执行相关规定和要求。
2. 能胜任各类常见的供用电合同的起草和审核工作。
3. 能胜任常见的供用电合同的变更业务。

素质目标:

1. 能主动学习,在完成任务过程中发现问题、分析问题和解决问题。
2. 养成严谨细致、一丝不苟的工作态度。
3. 严格遵守合同相关法规政策,按章办事。

任务 2.1　供电方案的制订

【任务目标】

　　1. 能正确配置变压器、无功补偿装置、电能计量装置。

　　2. 能正确审核客户信息。

　　3. 能根据给定客户用电信息和现场勘查工单,完成《供电方案会审单》的填写。

供用电合同
的管理

【任务描述】

　　根据客户用电信息,制订供电方案。

【任务准备】

　　1. 知识准备

　　①客户用电负荷计算。

　　②变压器、无功补偿、计量装置配置及计算。

　　③供电路径绘制。

　　2. 资料准备

　　客户用电设备清单、现场勘查工单、供电方案会审单。

【相关知识】

产权分界点的
界定与判断

2.1.1　受理客户用电申请

　　客户需新装用电或增加用电容量等,都必须事先提出申请,再到供电企业办理用电手续。供电企业的用电营业机构按照"一口对外"的原则,统一对外受理业扩报装业务、答复客户,对内发起业务流程并组织实施。

1)受理用电申请的方式

受理用电申请的方式有 3 种,即营业柜台、电话、网站。供电企业应在营业场所、电话的语音服务和网站的公告牌公告办理包括业务扩充在内的各项用电业务的程序、制度和有关收费标准。

2)客户用电申请需提供的资料

客户申请新装或增容用电时,应向供电企业提供用电工程项目批准文件及有关用电资料,包括用电地点、电力用途、用电设备清单、用电负荷、保安电力、用电规划等,并依照供电企业规定的格式如实填写用电申请书及办理所需手续。新建受电工程项目在立项阶段,客户应与供电企业联系,就工程供电的可能性、用电容量和供电条件等达成意向性协议,方可定址,确定项目。未按规定办理的,供电企业有权拒绝受理其用电申请。如因供电企业供电能力不足或政府规定限制的用电项目,供电企业可通知客户暂缓办理。

(1)居民客户增容报装资料

①用电申请(变更)登记表。

②身份证件复印件。

③房产证复印件。

(2)低压客户(居民以外)增容报装资料

①用电申请(变更)登记表。

②身份证件复印件。

③房产证复印件。

④营业执照(或组织机构代码证)复印件。

(3)高压客户增容报装资料

①接入系统可行性研究报告(110 kV 及以上客户)。

②用电申请(变更)登记表。

③单位介绍信或委托函原件、经办人身份证复印件。

④营业执照(或组织机构代码证)复印件或项目批准文件复印件。

⑤用电设备清单(包括用电负荷、负荷等级与保安容量)。

3)客户用电申请受理应注意的事项

①客户用电申请资料是否与相关业务规定相符。

②申请书的填写是否清晰、正确、完整。

③有关证件或证明材料的真伪性和时效性辨识。

④增容或变更用电客户是否欠电费、是否存在其他用电业务尚未办理完毕。

⑤新建或改建项目地址上原有客户是否已办理销户手续。

⑥有关业务费用是否已收取。

⑦客户是否委托他人代为办理用电业务。

⑧其他需要注意的事项等。

负责受理用电申请的营业站前台工作人员对客户填写的用电申请表和提供的相关资料进行审核,正式受理的客户业务事项应直接进入 SG186 营销信息系统的处理流程,形成电子工单,将电子工单传给下个工作站,即用电查勘工作站,形成闭环管理。

2.1.2　供电方案的确定

客户经理(查勘人员)接到工作单后,在规定的时间内,联合有关部门人员对客户的用电情况进行现场查勘,草拟供电方案,并按审批权限报相关领导或业扩例会批准,书面答复客户。

确定供电方案是业务扩充工作的一个重要环节。供电方案要解决的主要问题可以概括为两点:第一是供多少;第二是如何供。供多少,是指批准受电容量是多少比较适宜。如何供电的主要内容是确定供电电压等级,选择供电电源,明确供电方式与计量方式等。

(1)制订供电方案应遵循的原则

①在满足客户供电质量前提下,方案要经济合理。

②符合电网发展规划,避免重复建设,方案的实施应注意与改善电网运行的可靠性和灵活性结合。

③施工建设和运行维护方便。

④考虑客户发展前景。

⑤特殊客户,要考虑用电后对电网和其他客户的影响。

(2)10 kV 供电方式的范围

①客户用电设备总容量在 $100 \sim 8\,000$ kV·A 时(含 8 000 kV·A),宜采用 10 kV 供电。无 35 kV 电压等级的地区,10 kV 电压等级的供电容量可扩大到 15 000 kV·A。

②下列情况下,用电容量不足 100 kW,也可采用 10 kV 供电。

a. 客户提出对供电可靠性有特殊要求的,如通信、医疗、计算中心等。

b. 对供电质量产生不良影响的负荷,如整流器、电焊机等。

c. 边远地区的客户。

(3)高压客户供电方案的基本内容

①客户基本用电信息:户名、用电地址、行业、用电性质、负荷分级,核定的用电容量,拟订的客户分级。

②供电电源及每路进线的供电容量。

③供电电压等级,供电线路及敷设方式要求。

④客户电气主接线及运行方式,主要受电装置的容量及电气参数配置要求。

⑤计量点的设置,计量方式,计费方案,用电信息采集终端安装方案。

⑥无功补偿标准、应急电源及保安措施配置,谐波治理、继电保护、调度通信要求。

⑦受电工程建设投资界面。

⑧供电方案的有效期。

⑨其他需说明的事宜。

（4）制订供电方案的步骤

①确定用电负荷性质及级别。根据负荷用途,明确负荷性质。根据用电负荷分级原则及分级标准,分析客户用电负荷级别,明确客户的分类,以便确定供电方式。

②确定供电容量。根据客户提供并经现场核实的负荷情况,合理选用需要系数法(工厂用电)、二项式系数法、产品单耗定额法(工厂用电)或负荷密度法(如小区开放)等方法计算负荷,并确定供电容量。

③确定供电电源。根据用电负荷性质和重要程度确定单电源、双电源或多电源供电,以及是否需要配置自备应急电源。

A. 供电电源配置的一般原则。

a. 供电电源应依据客户的负荷等级、用电性质、用电容量、当地供电条件等因素进行技术经济比较,与客户协商确定。对具有一、二级负荷的客户应采用双电源或多电源供电,其保安电源应符合独立电源的条件。该类客户应自备应急电源,同时应配备非电性质的应急措施。对三级负荷的客户可采用单电源供电。

b. 双电源、多电源供电时宜采用同一电压等级电源供电。

c. 应根据客户的负荷性质及其对用电可靠性要求或城乡发展规则,选择采用架空线路、电缆线路或架空一电缆线路供电。

B. 一、二级负荷供电电源配置规定。

a. 一级负荷的供电除由双电源供电外,应增设保安电源,并严禁将其他负荷接入应急供电系统。

b. 一级负荷的设备的供电电源应设备的控制箱内实现自动切换,切换时间应满足设备允许中断供电的要求。

c. 二级负荷的供电应由双电源供电,当一路电源发生故障时,另一路电源不应同时受到损坏。

d. 二级负荷的设备供电应根据电源条件及负荷的重要程度采用下列供电方式之一:

● 双电源供电,在最末一级配电装置内切换。

● 双电源供电到适当的配电点互投装置后,采用专线送到用电设备或其控制装置上。

● 小容量负荷可以用一路电源加不间断电源装置,或一路电源加设备自带的蓄电池组在末端实现切换。

C. 自备应急电源配置的一般原则。

a. 自备应急电源配置容量标准必须达到保安负荷的120%。

b. 启动时间满足安全要求。

c. 客户的自备应急电源与电网电源之间应装设可靠的电气或机械闭锁装置,防止倒送电。

④确定电气主接线及主设备配置。

A. 确定电气主接线的一般原则。

a. 根据进出线回路数、设备特点及负荷性质等条件确定。

b. 满足供电可靠、运行灵活、操作检修方便、节约投资和便于扩建等要求。

c. 在满足可靠性要求的条件下,宜减少电压等级和简化接线。

B. 电气主接线形式。

电气主接线主要有桥形接线、单母线、单母线分段、双母线、线路变压器组,根据需要进行合理选择。具体可参照《国家电网公司业扩供电方案编制导则(试行)》中,受电变配电站35 kV 及以上典型主接线形式。

C. 受电主变压器的配置。

a. 主变压器台数和容量应根据地区供电条件、负荷性质、用电容量和运行方式等条件综合考虑;设备选型应考虑低损耗、低噪声设备。

b. 安装于有特殊安全要求场所(如高层建筑、地下配电房等)的变压器应选择干式变压器。

c. 装设有两台变压器及以上的配电站,其中任何变压器断开时,其余变压器容量应不小于全部负荷容量的60%,并应能满足全部一类和二类负荷的用电。

D. 高压配电装置的配置。

a. 配电装置的布置和导体、电器的选择,应满足在正常运行、检修、短路和过电压情况下的要求,并应不危及人身安全和周围设备;配电装置的布置,应便于操作、搬运、检修和试验,并应考虑电缆和架空线进、出线方便。

b. 受电变电站的绝缘等级应与受电的电压等级相配合,并应考虑工作环境和污秽程度。

c. 配电装置相邻的带电部分电压等级不同时,应按照较高电压确定安全净距。

d. 高压配电装置均应装设闭锁装置及联锁装置,以防止带负荷拉合隔离开关、带地线合闸、带电挂接地线、误拉合断路器、误入带电间隔等电气误操作事故。

e. 受电线路截面应按照经济电流密度进行选择,并验算线路电压降。

f. 50 kV·A 及以上高压客户应装设负荷管理终端装置。

⑤计量方式的确定、计量装置配置及电价执行。

A. 电能计量点设定。电能计量点应设定在供电设施的产权分界处。如产权分界处不适宜装表的,对专线供电的高压客户,可在供电变电站的出线侧出口装表计量;对公用线路供电的高压客户,可在客户受电装置侧计量。

B. 电能计量方式。

a. 高压供电的客户,宜在高压侧计量;但对35 kV 供电且容量在500 kV·A 及以下的,高压侧计量确有困难时,可在低压侧计量,即采用高供低计方式。

b. 有两路及以上线路分别来自不同供电点或有多个受电点的客户,应分别装设电能计量装置。

c. 客户一个受电点内不同电价类别的用电,应分别装设计费电能计量装置。

d. 有并网自备电厂的客户,应在并网点上装设送、受电电能计量装置。

C. 电能计量装置的配置。根据《电能计量装置技术管理规程》(DL/T 448—2000)规定的电能计量装置的分类及技术要求进行配置。

a. 35 kV 及以上电压供电的用户,宜配置全国统一标准的专用电能计量柜。

b. 互感器二次回路的连接导线应采用铜质单芯绝缘线。对电流二次回路,连接导线截面积应按电流互感器的额定二次负荷计算确定,至少应不小于 4 mm²;对电压二次回路,连接导线截面积应按允许的电压降计算确定,至少应不小于 2.5 mm²。

c. 执行功率因数调整电费的用户,应安装能计量有功电量、感性和容性无功电量的电能计量装置;按最大需量计收基本电费的用户应装设具有最大需量功能的电能表;实行分时电价的用户应装设复费率电能表或多功能电能表。

d. 带有数据通信接口的电能表,其通信规约应符合 DL/T645 的要求。

D. 电价执行。应按照国家新国民经济行业分类标准、国家电价政策和各省、自治区、直辖市电价政策及说明执行。

⑥功率因数要求及无功补偿装置配置。

A. 无功补偿装置的配置原则。

a. 无功电力应分层分区、就地平衡;客户应在提高自然功率因数的基础上,按有关标准设计并安装无功补偿设备。

b. 并联电容器装置,其容量和分组应根据就地补偿、便于调整电压及不发生谐振的原则进行配置。

c. 无功补偿装置宜采用成套装置,并应装设在变压器低压侧。

B. 功率因数要求。100 kV·A 及以上高压供电的电力客户,在高峰负荷时的功率因数不宜低于 0.95;其他电力客户和大、中型电力排灌站、趸购转售电企业,功率因数不宜低于 0.90;农业用电功率因数不宜低于 0.85。

C. 无功补偿容量计算。

a. 电容器的安装容量,应根据客户的自然功率计算后确定。

b. 当不具备设计计算条件时,35 kV 及以上变电所电容器安装容量可按变压器容量的 10% ~30% 确定。

⑦继电保护及调度通信自动化配置。

A. 继电保护设置的基本原则。

a. 客户变电所中的电力设备和线路,应装设反映短路故障和异常运行的继电保护和安全自动装置,满足可靠性、选择性、灵敏性和速动性的要求。

b. 客户变电所中的电力设备和线路的继电保护应有主保护、后备保护和异常运行保护,必要时可增设辅助保护。

c. 35 kV 及以上变电所宜采用数字式继电保护装置。

B. 保护方式配置:

a. 继电保护和自动装置的设置应符合《电力装置的继电保护和自动装置设计规范》《继

电保护和安全自动装置技术规程》的规定。

b. 10 kV 进线应装设速断或延时速断、过电流保护；对小电阻接地系统，宜装设零序保护。

c. 容量在 0.4 MVA 及以上车间内油浸变压器和 0.8 MVA 及以上油浸变压器，均应装设瓦斯保护，其余非电量保护按照变压器厂家要求配置。

d. 10 kV 容量在 10 MVA 及以下的变压器，采用电流速断保护和过电流保护分别作为变压器主保护和后备保护。

C. 备用电源自动投入装置。

a. 备用电源自动投入装置，应具有保护动作闭锁的功能。

b. 10~220 kV 侧进线断路器处，不宜装设自动投入装置。

c. 一级负荷客户，宜在变压器低压侧的分段开关处，装设自动投入装置。其他负荷性质客户，不宜装设自动投入装置。

D. 需要实行电力调度管理的客户。

a. 受电电压在 10 kV 及以上的专线供电客户。

b. 有多电源供电、受电装置的容量较大且内部接线复杂的客户。

c. 有两回路及以上线路供电，并有并路倒闸操作的客户。

d. 有自备电厂并网的客户。

e. 重要客户或对供电质量有特殊要求的客户等。

E. 通信和自动化。

a. 35 kV 及以下供电、用电容量不足 8 000 kV·A 且有调度关系的客户，可利用电能采集系统采集客户端的电流、电压及负荷等相关信息，配置专用通信市话与调度部门进行联络。

b. 35 kV 供电、用电容量在 8 000 kV·A 及以上或 110 kV 及以上的客户宜采用专用光纤通道或其他通信方式，通过远动设备上传客户端的遥测、遥信信息，同时应配置专用通信市话或系统调度电话与调度部门进行联络。

c. 其他客户应配置专用通信市话与当地供电公司进行联络。

2.1.3　供电方案的答复时间和有效期

供电方案的答复时限：居民客户最长不超过 3 个工作日；低压电力客户最长不超过 7 个工作日；高压单电源客户最长不超过 15 个工作日；高压双电源客户最长不超过 30 个工作日。如不能按期确定供电方案，供电企业应向客户说明原因。

供电方案的有效期：是指从供电方案正式通知书发出之日起至受电工程开工日为止。高压供电方案的有效期为 1 年；低压供电方案的有效期为 3 个月，逾期经销。

客户遇到特殊情况需延长供电方案的有效期时，应在有效期到期前 10 天向供电企业提出，供电企业应根据情况予以办理延长手续。

【任务实施】

供电方案制订任务指导书见表2.1。

表 2.1　供电方案制订任务指导书

任务名称	供电方案制订				学　时	4 课时
任务描述	一客户准备在人民东路47号办一小型万达食品加工厂,具体负荷为食品生产线一条 120 kW,办公区照明 60 kW,生活区照明 20 kW,同时使用系数为 0.75,功率因数 0.75,最近 3 年无扩大再生产需求。客户要求安装箱变。按 0.85 考虑配变负载率。客户表示目前流动资金紧张,要求尽可能经济一点。 现场电源有两个:					
	变电站名称	线路名称	"T"接杆号	相对位置	可接入负荷	
	110 kV 体育新城变	10 kV 白沙湾线	11 号杆	距离客户受电点 250 m	3 300 kV·A	
	110 kV 合丰变	10 kV 花侯线	52 号杆	距离客户受电点 160 m	2 600 kV·A	
任务要求	1. 计算变压器容量配置、所需无功补偿容量配置。拟订供电方案,填写并供电方案会审单。 2. 相关技术参数计算过程和结果写在答卷纸上,无功补偿计算中保留两位小数,电容器容量按 20 kvar 倍数配置。 3. 绘制接线简图。					
注意事项	1. 熟练掌握供电方案的基本要求和方法。 2. 能根据提供的客户基本情况草拟一份高压单电源的供电方案。					
任务实施步骤: 1. 参数计算 ①变压器容量计算及配置。 ②无功补偿容量计算及配置。 ③互感器计算及配置。 2. 供电方案会审单填写 接入方案、受电方案、计量方案、计费方案。 3. 供电简图绘制 绘制供电简图,标注产权分界点。						

客户用电设备清单见表2.2。

客户名称:万达食品厂

表 2.2 客户用电设备清单

	设备名称	相数	额定电压 /V	额定容量 /(kV·A)	台数/台	容量小计 /(kV·A)	负荷等级	允许中断供电时间/h
动力设备	电动机	3	380	20	2	40	三	无要求
	烘干机	3	380	10	3	30	三	无要求
	搅拌机	3	380	25	2	50	三	无要求
	小计				7	120	一	一
照明设备	办公室照明(含空调)	3	380	60		60	三	无要求
	户外道路、景观、传达室照明用电							
	食堂、澡堂照明(含空调)							
	宿舍照明(含楼道)用电	3	380	20		20	三	无要求
	车间照明用电(含空调)	3	380	60		60	三	无要求
	商业用电							
	小计						一	一

负荷性质说明	非线性负荷、冲击负荷或不对称负荷	保安负荷/(kV·A)	中断供电超过允许时间可能带来的影响或后果
	无	无	无

客户签字、盖章：

日期：

注：此表应由客户填报并签章，供电企业核定。此表应正反两面打印在同一张 A4 纸上。

供电方案会审单见表2.3。

表2.3　供电方案会审单

客户名称	

供电方案（接线简图附后）：

一、客户基本信息：

客户在＿＿＿＿＿＿新建＿＿＿＿＿＿，用电类别为＿＿＿＿＿＿＿＿＿＿，包括＿＿＿＿＿＿，拟订为＿＿＿＿＿＿。

二、接入系统方案：

采用10 kV单电源供电，电源由＿＿＿＿＿＿＿＿＿＿＿＿T接，电缆直埋向客户受电点供电。

三、受电系统方案：

1.受电容量＿＿＿kV·A，配置一台S9-＿＿＿kV·A节能型油浸式变压器。

2.电气主接线采用＿＿＿＿＿方式接线。

3.按功率因数不小于＿＿＿配置无功补偿装置，无功补偿容量配置＿＿＿kvar。

四、计量方案：

1.高供低计，＿＿＿＿＿安装在箱变低压总计量屏内，＿＿＿＿＿安装在低压侧居民用电出线屏内。

2.低压总表安装＿＿＿＿＿多功能表，不低于＿＿＿级；低压TA变比选用＿＿＿，不低于＿＿＿级。居民用电分表安装＿＿＿＿＿电子表，不低于＿＿＿级，低压TA变比采用＿＿＿，不低于＿＿＿级。

3.安装专变用电信息采集终端一套。

五、计费方案：

1.动力设备及办公室照明执行＿＿＿＿＿＿＿＿＿＿电价，宿舍照明执行＿＿＿＿＿＿电价；

2.功率因数调整电费标准为＿＿＿；

3.电费缴纳采用购电式，先购后用。

六、告知事项：

供电T接点以下的＿＿＿＿＿由客户投资建设。

接线简图

部门会签			
领导审核：			
备注			

【任务评价】

供电方案制订任务评价表见表 2.4。

表 2.4　供电方案制订任务评价表

姓　名		班　级		小组成员		
开始时间		结束时间		标准分	100 分	得　分
任务名称			供电方案制订			

序号	步骤名称	质量要求	满分/分	评分标准	扣分原因	得　分
1	草拟供电方案的准备工作	根据客户用电设备情况，进行变压器、无功补偿、互感器等相关理论计算	30	不能列出公式，或公式不正确扣 5 分；计算不正确扣 15 分		

续表

序号	步骤名称	质量要求	满分/分	评分标准	扣分原因	得　分
2	草拟高压供电方案	按供电方案内容要求草拟高压单电源供电方案	50	供电容量、供电电压、供电电源点、供电方式、供电线路不正确各扣5分;一次接线和主要电气设备选型配置不正确各扣5分。电价执行标准不正确各扣5分。其他条款填写不正确扣5分		
3	绘制供电接线图	正确画出电气主接线图	15	未标出分界点扣5分;未正确标出记录点扣2分		
4	供电方案打印	供电方案打印	5	未能正确打印供电方案扣5分		
考评员(签名)			总分/分			

【思考与练习】

根据客户用电信息制订供电方案

一客户在长沙县工业园区新建好望角网吧,申请新装用电,用电设备负荷合计80 kW(详见《客户用电设备清单》)。具体负荷为电脑120台,合计80 kW,需用系数为0.8;3P空调2台,合计4.5 kW,需用系数为0.75,照明用电设备合计4 kW,需用系数为0.8,功率因数0.90。最近3年无扩大再用电需求。

现场电源有两个:

110 kV 平遥坡变电站	10 kV 平工Ⅰ回线	商业街500 kV·A台区	距离客户受电点30 m	公变可接入负荷200 kV·A
110 kV 牛王岭变电站	10 kV 牛工Ⅰ回线	燕泉路500 kV·A台区	距离客户受电点20 m	公变可接入负荷100 kV·A

任务 2.2　供用电合同的编制

【任务目标】

1. 掌握供用电合同的编制原则。
2. 能够正确编制低压、高压供用电合同。

【任务描述】

客户张三在××市××镇××路 49 号新开大型杂货铺，申请正式用电，用于商铺照明及其他设备用电，其中照明负荷约为 35 kW，空调等用电设备 25 kW。由东电线东景苑公用箱变 G002 配电公用变压器接入，电缆直埋向客户受电点供电，请与客户张三洽谈，并编制用户的供用电合同。

【任务准备】

1. 知识准备
① 供用电合同相关法律法规。
② 供用电合同相关管理规定。
2. 资料准备
公司合同范本。

【相关知识】

2.2.1　供用电合同范本的分类

① 国网公司合同范本包括高压供用电合同、低压供用电合同、临时供用电合同和委托转

供电协议4种。

②湖南省公司低压合同范本包括居民背书合同、低压供用电合同、低压临时用电合同、低压充电桩供用电合同和居民发电合同5种。

2.2.2　供用电合同的编制

供用电合同的编制应以相应的范本为基础合同编制。由于低压供用电合同的组成部分全部包含在高压供用电合同中,本部分主要以高压供用电合同范本进行讲解,低压供用电合同范本详见附录1,高压供用电合同范本详见附录2。

供用电合同
的编制

1)合同封面

①合同编号的提取。2018版合同范本中增加了合同编号,该合同编号的提取在"合同起草"环节页面中提取,具体如图2.1所示。

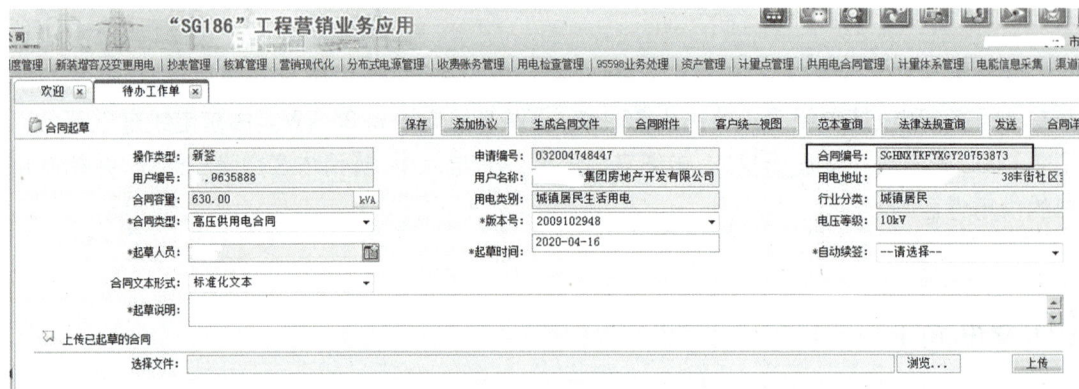

图2.1　"合同起草"环节

②签订日期。此处的签订日期应与签署页中的最迟签订日期保持一致。

③签订地址。应填写街道门牌号码,或村组地址,不要填写单位名称或营业厅等类似单位名。

2)用电性质

(1)行业分类

根据客户所从事的行业类型,按照《国民经济行业分类》(GB/T 4754—2017)中的说明填报行业分类,全社会行业用电分类按产业分为第一产业、第二产业和第三产业,第一、第二、第三产业分类具体见表2.5。

表 2.5　第一、第二、第三产业分类

三个产业分类	门　类	大　类	名　称
第一产业	A		农、林、牧、渔业
		01	农业
		02	林业
		03	畜牧业
		04	渔业
		05	农、林、牧、渔专业及辅助性活动
第二产业	B		采矿业
		06	煤炭开采和洗选业
		07	石油和天然气开采业
		08	黑色金属矿采选业
		09	有色金属矿采选业
		10	非金属矿采选业
		11	开采专业及辅助性活动
		12	其他采矿业
	C		制造业
		13	农副食品加工业
		14	食品制造业
		15	酒、饮料和精制茶制造业
		16	烟草制品业
		17	纺织业
		18	纺织服装、服饰业
		19	皮革、毛皮、羽毛及其制品和制鞋业
		20	木材加工和木、竹、藤、棕、草制品业
		21	家具制造业
		22	造纸和纸制品业
		23	印刷和记录媒介复制业
		24	文教、工美、体育和娱乐用品制造业
		25	石油加工、炼焦和核燃料加工业
		26	化学原料和化学制品制造业
		27	医药制造业
		28	化学纤维制造业
		29	橡胶和塑料制品业
		30	非金属矿物制品业

续表

三个产业分类	门 类	大 类	名 称
第二产业	C		制造业
		31	黑色金属冶炼和压延加工业
		32	有色金属冶炼和压延加工业
		33	金属制品业
		34	通用设备制造业
		35	专用设备制造业
		36	汽车制造业
		37	铁路、船舶、航空航天和其他运输设备制造业
		38	电气机械和器材制造业
		39	计算机、通信和其他电子设备制造业
		40	仪器仪表制造业
		41	其他制造业
		42	废弃资源综合利用业
		43	金属制品、机械和设备修理业
	D		电力、热力、燃气及水生产和供应业
		44	电力、热力生产和供应业
		45	燃气生产和供应业
		46	水的生产和供应业
	E		建筑业
		47	房屋建筑业
		48	土木工程建筑业
		49	建筑安装业
		50	建筑装饰和其他建筑业
第三产业			第三产业为除第一、第二产业外的其他产业

供用电合同签订中涉及的用户类型及对应行业分类包括:临时基建用电,行业分类可选房屋建筑业;商店,可选批发业或零售业;餐饮,可选正餐服务、快餐服务或饮料及冷饮服务;幼儿园,可选学前教育(或托儿所服务,不含教学);小学,可选初等教育;中学(中专),可选中等教育;大学,可选高等教育;房地产,可选房地产开发经营、物业管理。

(2)用电分类

用电分类主要指客户的用电符合电价的种类,包括大工业用电、普通工业用电、非工业用电、商业用电、非居民用电、居民用电、农业生产用电等类别,凡是客户涉及的用电类别都需在合同中体现出来,主要的用电类别应列在前面。

（3）负荷特性

负荷特性部分主要需明确两个内容：负荷性质和负荷时间特性。

负荷性质分为 3 类，即一级负荷、二级负荷和三级负荷。

依据《供配电系统设计规范》"负荷分级及供电要求"规定，符合下列情况的应视为一级负荷：

①中断供电将造成人身伤亡时。

②中断供电将在经济上造成重大损失时。

③中断供电将影响重要用电单位的正常工作。

在一级负荷中，中断供电将造成重大设备损坏或发生中毒、爆炸和火灾的负荷，以及特别重要场所不允许中断供电的负荷，视为一级负荷中的特别重要负荷。

符合下列情况的应视为二级负荷：

①中断供电将在经济上造成较大损失时。

②中断供电将影响较重要单位的正常工作。

三级负荷为普通负荷。

负荷时间特性是指按负荷的使用时间可分为连续性负荷和非连续性负荷（断续性负荷）；按班次可分为三班制、二班制和单班制（一班制）。因班次与电费计算有关，故在合同中应明确班次，例如，连续性负荷（三班制）、或断续性负荷（单班制）。

3）用电容量

（1）受电点个数

受电点个数宜以供电电源个数来确定，也即客户有几个供电电源，则视为有几个受电点，与客户的物理地址无关。

（2）用电容量

用电容量包括变压器、高压电机和自备发电机的容量，这些用电设备的配置容量需在合同中明确，一旦明确，不得随意变更。

（3）变压器（高压电机）的运行方式

大工业客户的变压器（高压电机）运行方式与基本电费的结算有关，因此，合同中需明确备用变压器（高压电机）的备用方式。根据《供电营业规则》第八十五条的规定，以变压器容量计算基本电费的用户，其备用的变压器（含高压电动机），属冷备用状态并经供电企业加封的，不收基本电费；属热备用状态的或未经加封的，不论使用与否都计收基本电费。用户专门为调整用电功率因数的设备，如电容器、调相机等，不计收基本电费。

（4）供电方式

首先需明确供电人向用电人提供什么电源，是单电源还是双电源，或是多电源；是单回路还是双回路，或是多回路。

还需明确供电人如何向用电人提供电源，实际用户有多少路电源就对应编制多少路电源的信息，若为单电源供电，则删除第二路电源及多电源的其他条款。有多路电源时，多路电源的供电关系需在合同中明确。

电源的外部名称或供电方式的调整,与客户无关,但需在合同中明确,2018 版以后的高压供用电合同对这类问题进行了如下约定:

①供电人在不影响用电人正常用电的情况下,有权自行调整供电方式。

②如供电人因电网统一规划、统一命名的需要切改或重新命名供电线路、设备名称(编号)的,以切改或重新命名的供电线路名称、设备名称(编号)为准。

4)自备应急电源及非电保安措施

有二级及以上负荷的客户,需配备自备应急电源及非电保安措施,应在合同中明确该类客户要自行配置自备应急电源和非电保安措施,确保在电网意外中断供电时,其自备应急电源或非电保安措施可以保障其保安负荷的正常运行。自备应急电源包括自备发电机、不间断电源(UPS/EPS)等,并且应注意自备应急电源与电网电源之间需装设可靠的电气、机械闭锁装置。非电保安措施由用电人按照行业性质自行配备。

保安负荷是指用于保障用电场所人身与财产安全所需的电力负荷。一般认为,断电后会造成下列后果之一的,为保安负荷:

①直接引发人身伤亡的。

②使有毒、有害物溢出,造成环境大面积污染的。

③将引起爆炸或火灾的。

④将引起重大生产设备损坏的。

⑤将引起较大范围社会秩序混乱或在政治上产生严重影响的。

5)无功补偿及功率因数

(1)无功补偿

按设计值或客户已安装的容量确定。如果不知道该值的,可根据供电方案编制导则的规定确定:10 kV 变电所可按变压器容量的 20% ~30% 确定;35 kV 及以上变电所可按变压器容量的 10% ~30% 确定。

(2)功率因数

依据供电方案编制导则确定功率因数要求。100 kV·A 及以上高压供电的电力客户,在高峰负荷时的功率因数不宜低于 0.95;其他电力客户和大、中型电力排灌站、趸购转售电企业,功率因数不宜低于 0.90;农业用电功率因数不宜低于 0.85。

6)产权分界点及责任划分

产权分界点是指供电人与用电人电气设备的维护管理范围按产权归属的分界点。供用电设施产权分界点以文字和《供电接线及产权分界示意图》附图表述,如二者不一致,以合同中文字描述为准。

供用电双方需依合同约定的分界点确定产权归属,电源侧产权属供电人,分界点负荷侧产权属用电人。双方各自承担其产权范围内供用电设施的运行维护管理责任,并承担各自产权范围内供用电设施上发生事故等引起的法律责任。

(1)低压客户产权分界点

电力设施运行维护管理责任分界点为用电人电能表后(20 cm)开关进线桩头处(开关属

用电人)。

低压客户产权分界点示意图如图 2.2 所示。

(2)高压客户产权分界点

高压客户产权分界点划分的首要原则是根据《中华人民共和国电力法》第十三条的"谁投资、谁受益"来界定;其次是考虑运行维护的方便性,一般将跌落保险或断路器划分在用电人一方内。

高压客户产权分界点大致可分为专线架空供电客户、专线电缆供电客户、公线架空供电客户和公线电缆供电客户 4 种类型。

①专线架空供电客户。专线架空供电客户又可分为两种,一种是专线由客户投资,产权分界点一般在搭火处,需与运行单位协商确定,一般在变电站或开闭所外第一基杆塔上,第一基杆塔属于供电人所有,一般可选择在出线构架(或龙门架)向用电人侧悬式瓷瓶的耐张线夹向用电人延伸 1 m 处,产权分界点属用电人所有。

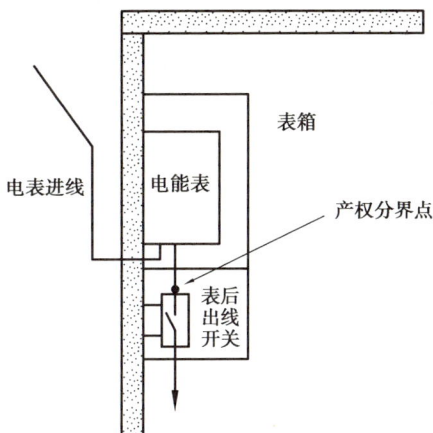

图 2.2　低压客户产权分界点示意图

另一种是该专线由供电公司投资,线路产权属于供电公司,因此,产权分界点在用电人的变电站围墙外第一基杆塔,杆塔属于供电人所有,具体分界点可选择在杆塔(或铁塔)悬式瓷瓶向用电人延伸 1 m 处。

②专线电缆供电客户。专线电缆供电的客户产权分界点划分主要有两种形式:一种为将变电站出线间隔电缆连接处作为产权分界点,常用描述方式为:变电站出线间隔电缆连接处向用电人延伸 10 cm 处。如 110 kV 五里堆变电站 10 kV 五棉Ⅰ线 318 出线间隔至用电人电缆连接点向用电人侧延伸 10 cm 处为分界点(分界点属用电人)。

另一种为将环网柜(或电缆分支箱)的电缆连接处作为产权分界点,常用的描述方式为:环网柜(或电缆分支箱)出线间隔电缆连接处向用电人延伸 10 cm 处为分界点。

③公线架空供电客户。公线架空供电客户的产权分界点一般在"T"接点以后,"T"接点为用电人搭火点,一般可选择产权分界点为"T"接点(或搭火点)向用电人侧延伸 20 cm 处,"T"接点杆塔属于供电人所有。如 10 kV 易大Ⅰ线(易 306)红旗支线 016-5-2#杆"T"接点向用电人侧延伸 20 cm 处为分界点。

④公线电缆供电客户。公线电缆供电客户可分为两种连接方式,一种是在环网柜中连接(即搭火),一种是在电缆分支箱中连接,环网柜或电缆分支箱属于供电人所有,产权分界点可选择在连接点之后 20 cm 处。如 10 kV 易客线(易 340)幼儿园幼 H02 环网柜 302 开关支线出线电缆连接处向用电人延伸 10 cm 处为分界点。

7)用电计量

需明确以下 5 个方面的具体内容。

①计量点个数及其安装位置。

②计量点具体计量何种用电类别,用电类别包括居民生活用电、商业用电、非居民照明用电、非工业用电、普通工业用电、大工业用电、农业生产用电。

③计量方式包括高供高计、高供低计和低供低计。

④变压器损耗电量计算方式:一般采用高供低计的,存在变压器损耗电量,计算的方式为按标准公式法计算。

⑤线路损耗电量计算方式:如果供电人计量装置安装在用电人配电间或箱变处,而产权分界点距配电间或箱变还有一段距离,应与客户协商按标准公式法计收线路损耗电量,计算方式为按标准公式法计算。

计量点计量装置还需列表写明每个计量点的计量设备名称、计算倍率,备注计量设备的总分表、主副表关系。

8)电量的抄录和计算

抄表周期一般为"每月"或"一个月",抄表例日可与客户协商每月的具体日期,可填写"约定日",进行模糊处理,便于供电人的线损调节与管理。抄表方式根据实际情况选择人工或自动抄录方式。

9)电价、电费

(1)峰谷分时电价

执行峰谷分时电价的范围一般为容量在 100 kV·A 及以上的大工业用户、一般工商业及其他用户,农业生产用户、政府机关、医院、学校可自行选择是否执行峰谷分时电价。

(2)基本电费

基本电费的计费方式有以下 3 种,用电人可自行选择,如若变更,需提前 15 个工作日变更下一个抄表结算的计费方式,允许 3 个抄表周期变更一次。

①按变压器容量计收基本电费,基本电费计算容量为用户运行变压器容量(含不通过变压器供电的高压电动机)。实际最大需量超过运行容量的 20% 时应按实际最大需量计收基本电费。

②按合同约定最大需量计收基本电费,实际最大需量值(用电人抄表周期内计费电能表记录的实际最大需量)低于合同约定值 105% 的,按合同约定值计收;实际最大需量值超过合同约定值 105% 的,超过 105% 部分的基本电费加一倍收取。用电人可提前 5 个工作日变更下一个抄表结算周期的合同最大需量值。计收方式为合同约定最大需量时需在合同中填写约定的需量值。

③按实际最大需量方式计收基本电费,按用电人抄表周期内计费电能表记录的实际最大需量计收。对按实际最大需量计费的两路及以上进线用户,各路进线分别计算最大需量,累加计收基本电费。

基本电费按月计收,按容量(第一种)方式计收基本电费的,新装、增容、变更和终止用电当月基本电费按实际用电天数计收(不足 24 h 的按 1 天计算),每日按全月基本电费的 1/30 计算。事故停电、检修停电、计划限电不扣减基本电费。按需量(第二、三种)方式计收基本电费的,申请暂停、减容的起止时间应与抄表结算起止时间一致。

（3）功率因数调整电费

根据国家《功率因数调整电费办法》的规定,我国对受电变压器容量在 100 kV·A 及以上的工业用户、非工业用户、农业生产用户、趸售用户实行功率因数调整电费。根据各类用户不同的用电性质及功率因数可能达到的程度,分别规定其功率因数标准值及不同的考核办法。

①功率因数考核值为 0.90 的,适用于以高压供电户,其受电变压器容量与不通过变压器接用的高压电动机容量总和在 160 kV·A(kW)以上的工业用户;3 200 kV·A 及以上的电力排灌站;以及装有带负荷调整电压装置的高压供电电力用户。

②功率因数考核值为 0.85 的,适用于 100 kV·A(kW)及以上的工业用户和 100 kV·A(kW)及以上的非工业用户和电力排灌站,大工业用户由供电企业直接管理的趸购转售用户。

③功率因数考核值为 0.8 的,适用于 100 kV·A(kW)及以上的农业客户和大工业客户划由电力企业经营部门直接管理的趸售客户。

10）电费支付及结算

①电费支付原则:每月电费支付方式为购电,支付比例和时间为按需购电,先购后用。

②结算原则:供电人与用电人另行订立高压电力客户电费结算协议,具体明确电费结算事宜,并作为本合同的附件。

③电费争议处理原则:若遇电费争议,用电人应先按供电人所抄见的电量、电力计算的电费金额结算,按时足额交付电费,待争议解决后,据实清算。

11）附则的编制注意事项

（1）合同有效期

根据国网公司的管理规定,高压供用电合同有效期为 5 年(60 个月),临时供用电合同有效期为 3 年(36 个月),低压用电合同有效期为 10 年(120 个月),合同中建议将有效期具体到日期。

（2）合同的争议解决方式

对于供用电合同双方发生争议时,一般选择诉讼方式解决,诉讼地点为"供用电合同签署地"。

（3）特别约定

对于在合同第一章无法体现的条约,按国网公司的规定,应在特别约定条款中进行约定,其中,对于重要客户建议约定如下两个方面的内容:

①用电人应按照国家电力监管委员会《关于加强重要电力用户供电电源及自备应急电源配置监督管理的意见》(电监安全〔2008〕43 号)合理配置供电电源和自备应急电源。因用电人未按规定配置供电电源和应急电源引发的后果由用电人承担。

②用电人应加强自备应急电源安全使用管理,按照国家和电力行业有关规程和标准的要求定期进行安全检查、预防性试验、启机试验和切换装置的切换试验。用电人应具备紧急情况下的非电性质的应急措施,制订停电事故应急预案并按规定定期进行应急演习。

2.2.3　供用电合同的签订注意事项

（1）供用电合同的起草应严格按照统一合同文本的条款格式进行

根据国家法律、法规及相关政策，签约单位结合实际工作需要，可在引用的供用电统一合同文本基础上，对合同文本第一章"供用电基本情况"条款项下的具体内容进行变更。其余各条内容如需变更，应在"特别约定"条款中进行约定。

（2）供用电合同在签约过程中，供电企业必须履行提请注意和异议答复程序

对电力用户书面提出的异议，供电企业必须书面答复，并留有相应的答复记录。特别是用电人对一些违约处罚条款的解释，必须以可以留底的方式进行，便于今后在遇到法律纠纷时作为证据使用。

（3）供用电合同签字人应具备合格资质

签约方为自然人的应由本人签字，并提供其身份证件，签字的同时最好加盖手印，因为鉴别签字真伪的费用和时间，要远高于鉴别手印的。

签约方为企业、机关、团体等组织的应由法定代表人或组织负责人签字，并提供营业执照或组织机构代码证、法定代表人或组织负责人身份证明书佐证其身份。由授权代理人签字的，还应提供授权委托书原件及代理人身份证明书。应将上述证明文件作为供用电合同的有效附件；合同正本所附授权委托书应为原件，客户身份证明书应加盖单位公章。

供用电合同签订前应详细了解对方的主体资格、资信情况、履约能力。对方资信情况不明的，应要求提供有效担保，并对担保人主体资格进行审查，确定担保范围、责任期限、担保方式等内容。

签订的供用电合同均应经法定代表人（负责人）或授权委托代理人签字，并加盖"供用电合同专用章"，所有供用电合同应加盖合同骑缝章。一般合同都有多页，而一般签字盖章只在最后一页，如果不加盖骑缝章，任一方都可以对未签字盖章的页面进行抽换。

还应注意，只签字不盖章或者只盖章不签字，同样会造成合同无效，因为合同中有明确约定："本合同经双方签署并加盖公章或合同专用章后成立"。如果一方没有签字或者没有盖章，根据《中华人民共和国民法典》规定，该合同仅成立但没有产生法律效力，将给合同纠纷埋下隐患。加盖公章只能是行政公章或合同专用章，不得以部门公章、财务专用章等其他公章作为对方的合同盖章方式，否则，合同同样存在没有法律效力的后果。同时应注意合同章的名称与用电人的名称是否完全一致，如不一致，则合同无效。

合同签署页中的统一社会信用代码部分，如果合同一方或者双方尚未办理三证合一变更手续的，应填写税务登记证中的纳税人识别号。

（4）服务电话应统一

为确保一口对外，除调度电话外，合同中其余对外服务电话均应统一为95598。

（5）保安负荷、自备应急电源应描述准确、清楚

用电人有保安负荷的，要明确保安负荷的大小、用途、允许最大停电时间、停电可能造成的后果，以及用电人自备应急电源的功率大小、接入方式、倒换方式、启动方式等；用电人采取的非电保安措施是否能达到效果等，均需要明确，由此产生的后果更需要明确，避免双方因此产生歧义。

供电人提供保安电源的，同样要写明供电变电站、线路名称、保安负荷、负荷性质、产权分界点。

2.2.4 供用电合同的系统流程

供用电合同的营销系统流程主要包括两类：第一类是在 SG186 营销应用系统中，从"供用电合同管理"→"合同签订管理"中发起，这类流程也称为主流程。第二类是在 SG186 营销应用系统中，以"业扩新装增容及变更用电"中发起，这类流程是在新装、增容或变更用电流程中作为子流程发起。

1）第一类主流程

在供用电合同管理中发起流程，合同签订管理中包含 4 个三级菜单，分别为合同变更、合同续签、合同补签和合同终止，适用于对供用电合同不同的业务类型，如图 2.3 所示。

图 2.3 供用电合同管理

合同变更：适用于不发起变更用电流程而需要变更合同重要内容的业务。

合同续签：适用于合同到期的业务。

合同补签：对已经正式供电立户的客户，供电企业在供电之前未与客户签订供用电合同的，需与客户补签供用电合同。

合同终止：供用电合同有效期满，客户与供电企业解除供用电关系，需终止供用电合同。

这 4 种流程，其内容完全一致，都是由合同起草、合同审核、合同审批、合同签订、合同归档 5 个环节组成，下面以常用的合同续签流程来说明，合同续签主要适用合同超过系统规定的期限，需要与客户续签合同的情况，包括以上所述的合同起草、合同审核、合同审批、合同签订、合同归档 5 个环节。

第一环节：合同起草。

单击一级菜单"供用电合同管理"，单击二级菜单"合同签订管理"，单击三级菜单"合同

续签",即进入"合同起草"环节,图2.4所示为合同起草发起。

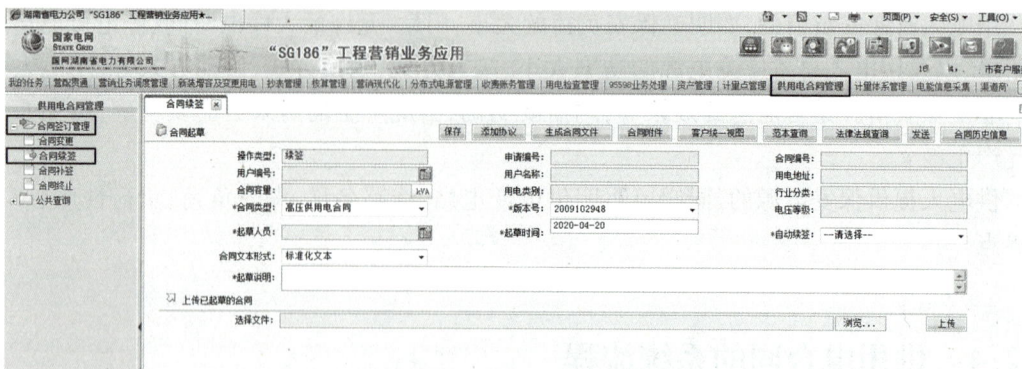

图2.4 合同起草发起

单击页面左边的"用户编号",弹出图2.5合同起草对话框。输入用户编号,单击"查询"按钮后出现一行,选择该行客户,单击"确定"按钮,对话框消失,出现如图2.6所示。

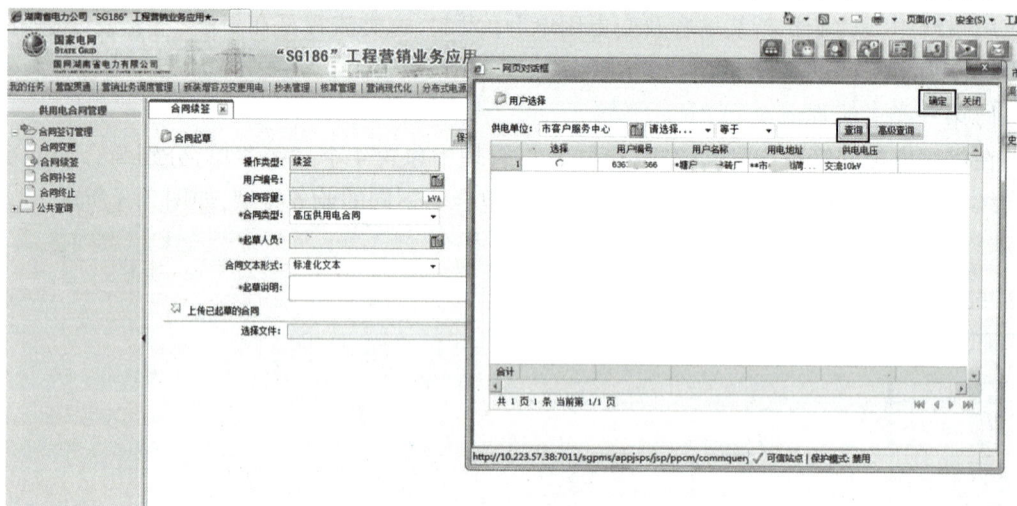

图2.5 合同起草对话框

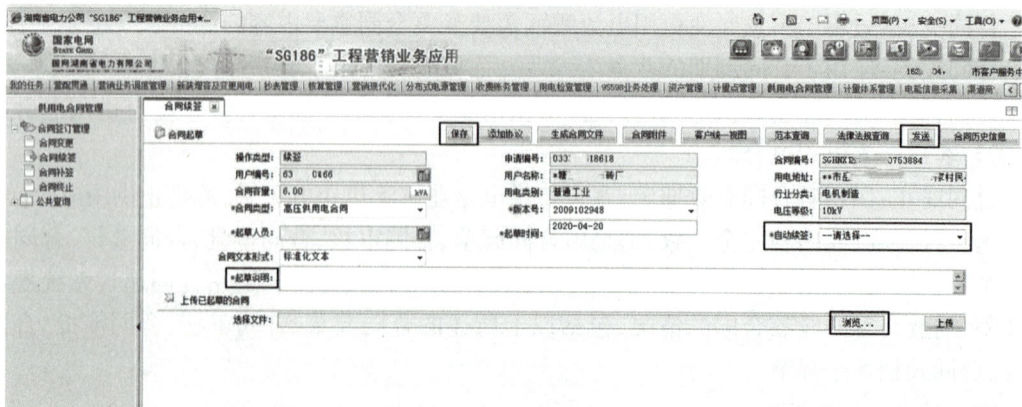

图2.6 合同起草

发起人将编制好的电子版本供用电合同(未签署)上传 SG186 系统。填写"起草说明"框中的内容,点开自动续签,选择"是";完成以上步骤后,单击右上角"保存"按钮,再单击"发送"按钮即可完成合同起草。

第二个环节:合同审核。

班组负责人或县公司营销部合同专责等有权审核的人员,对上传的合同内容进行审核,完成审核后,如果同意,单击"保存"和"发送"按钮,系统默认为"通过",即同意;如果不同意合同的内容,点选"不通过",再单击"保存"和"发送",即退回,如图 2.7 所示。

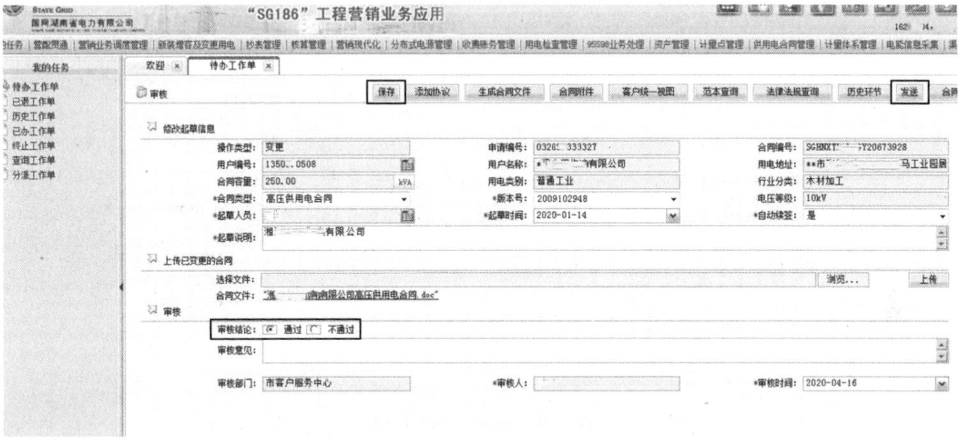

图 2.7　合同审核

第三个环节:合同审批。

县公司被授权可以签订供用电合同的负责人对上传的合同内容进行审批,审批时选择同意或不同意。注意:系统流程中合同审批完成后,供用电合同才能在线下与客户完成签署。合同审批页面和合同审核的页面一样,做法也相同。

第四个环节:合同签订。

完成合同审批环节后,系统进入如图 2.8 中的合同签订环节。本环节为上传电子版已签署合同的环节,页面中所有带红色"＊"的地方需填写或选择,填报要求:一是供电方签订人和用电方签订人须填写合同的真实签署人姓名;二是合同的有效期根据合同的类型填报。

图 2.8　合同签订

合同上传的方式如图2.9所示,单击"浏览"按钮,弹出"选择要加载的文件"对话框,找到电子版本的供用电合同(合同中的相关签署页已扫描),确定后,单击对话框中的"打开"按钮,页面变为如图2.10所示,表示合同签订上传完成。

图2.9　合同签订上传

单击页面左上角的"保存"按钮,即可完成合同签订上传。

这是上传合同的关键环节,要注意:一是本环节上传的合同版本会自动覆盖此前上传的合同版本;二是需上传的合同电子扫描件文档大小不能大于2 M。

图2.10　合同签订上传完成

第五个环节:合同归档。

前4个环节完成后,发起人负责完成合同的归档。本环节按提示操作即可,如图2.11所示合同归档。

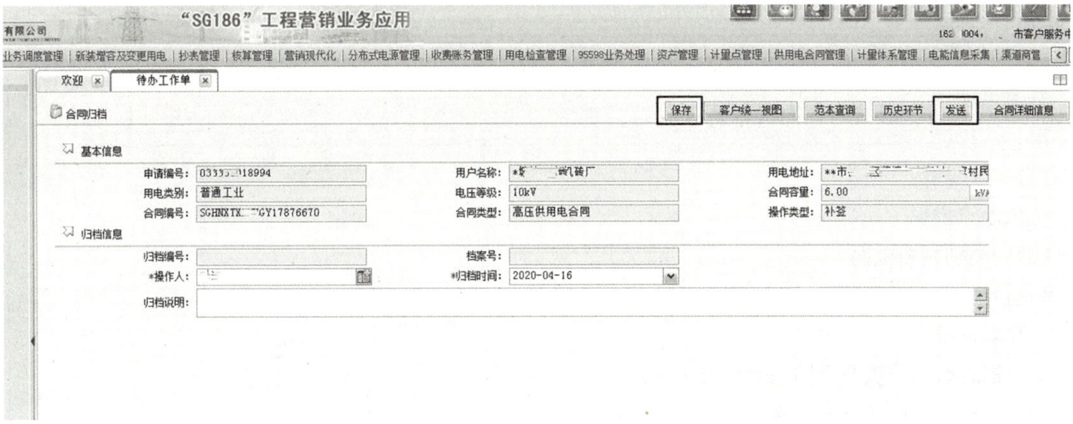

图 2.11　合同归档

2）第二类子流程

新装类业扩，供用电合同的子流程以"合同新签"名义发起，如果是增容或变更用电，供用电合同的子流程以"合同变更"名义发起。

①新装类。如发起高压新装流程，当流程完成"送停电计划报送"后，系统自动推出"合同新签"子流程；合同新签子流程，同前面介绍的"合同续签"流程完全一样，不同的地方只是在"合同起草"环节，页面左上角显示为"合同新签"。

②增容类。如发起高压增容流程，当流程完成"设计文件受理"后，系统自动推出"合同变更"子流程。合同变更的流程和合同新签的流程环节一样，包括合同起草、合同审核、合同审批、合同签订、合同归档。

③变更用电。变更用电的合同子流程有两种模式。一种是常规模式，比如改类、减容等，和前面介绍的增容流程一样，同样为 5 个环节。另一种为简化模式，例如更名，发起这类流程时，发起人直接在更名的受理环节完成，无须线上审核、审批。

【任务实施】

低压供用电合同起草任务指导书见表 2.6。

表 2.6　低压供用电合同起草任务指导书

任务名称	低压供用电合同起草	学　　时	2 课时
任务描述	客户张三在××市××镇××路 49 号新开大型杂货铺，申请正式用电，用于商铺照明及其他设备用电，其中照明负荷约为 35 kW，空调等用电设备 25 kW。由东电线东景苑公用箱变 G002 配电公用变压器接入，电缆直埋向客户受电点供电，请与客户张三洽谈，并编制用户的供用电合同		
任务要求	①2 人 1 组，1 人饰客户、1 人饰工作人员 ②根据合同编制相关要求，正确回答客户合同内容咨询，并完成用户供用电合同编制		

续表

注意事项	每位学员应认真学习有关供用电合同知识,根据用户实际用电情况编制合同内容,有不懂之处及时咨询指导老师

任务实施步骤:

一、风险点辨识

①合同类别判断错误。

②电价类别、标准执行错误。

二、作业前准备

知识准备:合同分类及合同编制注意事项。

资料准备:公司低压合同编制范本、用户信息。

三、操作步骤及质量标准

①确定客户的供用电合同类别。

②确定客户合同文本中的关键信息。

【任务评价】

低压供用电合同起草任务评价表2.7。

表 2.7 低压供用电合同起草任务评价

姓 名		班 级		学 号			
开始时间		结束时间		标准分	100 分	开始时间	
任务名称			低压供用电合同起草				
序 号	步骤名称	质量要求	满分/分	评分标准		扣分原因	得 分
1	仪容仪表	着标准工装:符合供电服务规范要求	5	不规范,扣该项目总成绩分 1~5 分			
2	填写合同条款 1~4 条	根据用户信息,正确填写合同文本相关内容	45	填写空格处内容,错、漏一项扣 3 分;计量配置部分需有计算步骤及结果,否则每处扣 5 分			
3	填写合同条款第 5~19 条	正确填写合同文本相关内容于答题卡上	50	填写空格处内容,错、漏一项扣 5 分			
教师(签名)				总分/分			

【思考与练习】

1. 国网公司合同范本包括哪几种?
2. 供用电合同中关于用电性质的说明有哪些?
3. 根据《供配电系统设计规范》"负荷分级及供电要求"规定,符合哪些情况的应视为一级负荷?
4. 对用户高峰负荷时的功率因数是如何规定的?
5. 产权分界点的划分意义是什么?
6. 供用电合同的签订需要注意哪些事项?

任务 2.3　供用电合同的变更

【任务目标】

1. 了解供用电合同变更的依据。
2. 掌握供用电合同变更的含义及主要类型。
3. 掌握供用电合同变更的系统流程。
4. 掌握供用电合同变更的注意事项。

业务变更流程之改类

【任务描述】

某鞋店为 220/380 V 低压供电,供电容量为 30 kW,计量方式为低供低计,执行商业电价;由于其经营滑坡,特申请过户,新用户预计转型成商店(用电容量不变)。请为新用户办理供用电合同变更业务。

【任务准备】

1. 知识准备
①供用电合同相关法律法规。

②供用电合同变更相关管理规定。

2. 资料准备

用户基本信息、用户供电方案答复单。

【相关知识】

低压供用电合同
的注意事项以及
合同变更的适用
类型

2.3.1 变更的依据

根据《供电营业规则》规定:供用电合同的变更或者解除,必须依法进行。有下列情形之一的,允许变更或解除供用电合同:

①当事人双方经过协商同意,并且不因此损害国家利益和扰乱供用电秩序。

②由于供电能力的变化或国家对电力供应与使用管理的政策调整,使订立供用电合同时的依据被修改或取消。

③当事人一方依照法律程序确定确实无法履行合同。

④由于不可抗力或一方当事人虽无过失,但无法防止的外因,致使合同无法履行。

2.3.2 合同变更的含义及主要类型

供用电合同变更是指在供用电合同有效期内,如遇国家有关政策、法规发生变化,或者客户与供电企业发生变更用电业务,涉及供用电合同条款需变更时,供用电双方应对供用电合同相应条款进行变更的行为。

供用电合同的变更主要有两种形式。一是重新签订供用电合同,主要在客户进行变更用电时发生,常见的业务类型包括更名(过户)、减容等用电变更业务;二是无须重新签订供用电合同,仅对合同的部分条款进行协议修改,常见的业务类型包括改类等,适用于单一内容的修改,不涉及重大内容的变化。

(1)更新签订

①更名(过户)。

②增加或减少受电点、计量点。

③电费计算方式变更。

④用电人对供电质量提出特别要求。

⑤产权分界点调整。

⑥违约责任的调整。

⑦由于供电能力变化或国家对电力供应与使用管理的政策调整,使订立合同时的依据被修改或取消。

⑧其他需要变更合同条款的情形。

如遇上述 8 种情况一般选择重新签订供用电合同的方式进行。

(2)协议修改

下列事项的变更,可由供用电双方约定不再重新签订合同,而是将变更用电的申请及相关批复作为供用电合同的补充,与本合同具有同等法律效力,一般可选择采用双方签订补充协议或《合同事项变更确认书》的方式进行:发生非永久性减容(减容恢复)、暂停(暂停恢复)、暂换(暂换恢复)、移表、暂拆、改类、调整定比定量、调整基本电费收取方式、临时用电合同延期等。应特别注意的是,在采用补充协议或《合同事项变更确认书》(表 2.8)方式进行时和在合同签订环节上传扫描件时,特别要注意将原供用电合同扫描件文档下载后,将本次签署的《合同事项变更确认书》扫描件附在原下载合同文档前面或后面,再整体上传。按照 SG186 系统的要求,整体上传文档大小不得超过 2 M;以免单独上传补充协议或《合同项变更确认书》扫描件后会覆盖原供用电合同上传件。

表 2.8　合同事项变更确认书

序　号	变更事项	变更前约定	变更后约定	供电人确认	用电人确认
1				(签)章 　年　　月　　日	(签)章 　年　　月　　日
2				(签)章 　年　　月　　日	(签)章 　年　　月　　日
3				(签)章 　年　　月　　日	(签)章 　年　　月　　日
4				(签)章 　年　　月　　日	(签)章 　年　　月　　日

2.3.3　供用电合同变更的系统流程

合同如需变更,应按以下程序进行:

(1)功能菜单

供用电合同管理—合同签订管理—合同变更。

(2)操作步骤

在合同变更流程中,有 5 个环节,分别为合同起草—合同审核—合同审批—合同签订—合同归档。其中合同起草为合同经办人负责;合同审核为合同专责负责,对合同内容进行初步审查、把关;合同审批为合同签字人负责,对合同内容进行最后把关,完成本次审批后,合同即可出口与用电人进行签署;合同签订由合同经办人将完成签署生效的合同及相关重要附件扫描上传"SG186"工程营销业务系统;合同归档是完成合同变更流程的最后一环,完成此环节后,合同变更即刻生效。

2.3.4　供用电合同变更注意事项

①《中华人民共和国民法典》相关规定,合同变更的内容须明确、无歧义,同时内容需完整,变更内容约定不明确的,变更无效。

②依法签订的供用电合同,对供用电双方具有法律约束力,供用电双方不得擅自变更或解除合同;也即在未进行合同变更前,供用电双方均不得履行合同变更后的权利和义务。

③供用电合同的变更必须依法进行,合同履行中,供用电双方可依照合同约定的变更方式对相关条款进行修订、变更,双方经协商一致、签字盖章、合同依法生效后方可履行合同变更后的权利和义务。

④特殊情况下,对尚无条件按照电价分类分别装表计量、实行定比定量的电力用户,应每年对各类用电量核对一次,如有变动要重新确定比例或量值,并经双方签字作为合同附件保存。

⑤在合同有效期届满前约定的时间内,供用电双方均未提出终止、修改、补充意见时,原合同继续有效,期限按原合同有效期相关规定重复履行。

⑥在合同有效期届满前约定的时间内,一方对是否履行合同及合同内容提出异议,经协商,达成一致,重新签订供用电合同;不能达成一致,在合同有效期届满时,合同效力终止。

⑦供用电合同可依法或经双方协商一致后解除。

【任务实施】

供用电合同变更任务指导书见表 2.9。

表 2.9　供用电合同变更任务指导书

任务名称	供用电合同变更	学　时	1 课时
任务描述	某工厂为 10 kV 高压供电,供电容量为 200 kV·A,计量方式为高供低计;由于其经营滑坡,特申请过户,新用户预计转型成创意产业园(用电容量不变)。请为新用户办理供用电合同变更		
任务要求	根据新用户的实际用电情况进行供用电合同变更		
注意事项	完成供用电合同文本的签订和合同变更流程的归档		
任务实施步骤: 1. 风险点辨识 确认新用户的用电类型及其他用电变更情况。 2. 作业前准备 营销系统环境,计算机。 3. 操作步骤及质量标准 ①收集信息,确定用户用电类型。 ②核验客户相关用电情况。 ③完成供用电合同的签订。 ④完成营销应用系统流程。			

【任务评价】

供用电合同变更任务评价表见表 2.10。

表 2.10　供用电合同变更任务评价表

姓　名		班　级		学　号				
开始时间		结束时间		标准分	100 分	得　分		
任务名称				供用电合同变更				
序　号	步骤名称	质量要求	满分/分	评分标准		扣分原因		得　分
1	系统环境准备	正确开机,打开 SG186 营销业务实训系统,并用给定工号及密码进入系统	5	无法正确进入 SG186 营销业务实训系统的,扣 5 分				

续表

序　号	步骤名称	质量要求	满分/分	评分标准	扣分原因	得　分
2	合同起草	根据用户用电变更情况,起草合同内容	45	合同内容未与用户变更后实际情况对应的,错1处扣5分		
3	合同审核	对合同内容进行初步审查、把关	10	此环节未发现合同内容中错误的,扣10分		
4	合同审批	对合同内容进行最后把关,完成本次审批后,合同即可出口与用电人进行签署	10	此环节未发现合同内容中错误的,扣10分		
5	合同签订	将完成签署生效的合同及相关重要附件扫描上传到系统	20	未将附件上传到系统的,缺一项扣10分		
6	合同归档	对合同变更流程进行归档	10	未对流程进行归档的,扣10分		
教师(签名)			总分/分			

【思考与练习】

1. 什么情形下允许变更或解除供用电合同?

2. 合同履行中发生哪些情形时,供用电双方应协商修改合同相关条款?

3. 合同变更流程中,包括哪5个环节?

项目 3 反窃查违

【项目描述】

本项目分为违约用电的判断与处理、窃电的判断与处理、窃电现场取证与风险防范 3 个学习任务。通过该项目学习,要求学生能够针对稽查、检查、抄表、计量现场处理、线损管理、举报处理等工作中出现的涉及违约用电、窃电的嫌疑信息进行现场调查取证,对确有违约用电、窃电行为的用户及时制止,并按相关规定进行处理。

【教学目标】

窃电及违约用电

知识目标:

1. 掌握违约用电的类型与处理流程。

2. 掌握窃电的类型与处理流程。

3. 了解违约用电与窃电相关的法律法规。

4. 掌握窃电取证的方法与注意事项。

能力目标:

1. 能熟练对不同用户进行反窃查违工作。

2. 能熟练对窃电用户进行取证。

3. 能了解违约用电与窃电相关的法律法规。

素质目标:

1. 能主动学习,在完成任务过程中发现问题、分析问题和解决问题。

2. 养成严谨细致、一丝不苟的工作态度。

3. 严格遵守法规政策,按章办事。

任务 3.1　违约用电的判断与处理

【任务目标】

1. 能依据相关法律条款判断用户违约用电的类型。
2. 能正确处理违约用电引发的事故。

【任务描述】

给定违约用电的用户,进行类型判断,现场查处。

【任务准备】

1. 知识准备
①违约用电的类型。
②违约用电的处理。
2. 资料准备
准备纱布手套、钳形电流表、摄像机、用电检查工作单、用户窃电(违约用电)处理通知单等。

【相关知识】

违约用电是指违反《供用电合同》的规定和有关安全规程、规则,危害供电、用电安全,扰乱正常供用电秩序的行为。

3.1.1　违约用电的种类及判断

根据《电力供应与使用条例》第五章第三十条、《供电营业规则》第一百条规定。

①在电价低的供电线路上,擅自接用电价高的用电设备或私自改变用电类别。即用户未按国家规定的程序办理手续,未经供电企业同意或允许而自行进行的违反电价分类属性用电的行为。如把属于较高电价类别的用电,私自按较低电价类别用电,以达到少交电费的目的,就是改变了用电类别。

②私自超过合同约定的容量用电。合同约定容量供电企业依据供电可能性认可的用户用电容量,使供用电双方协商一致,以合同方式确认的容量,擅自超过合同约定的容量,不但侵占他人用电容量,危害用电安全,同时少交了按容量收取基本电费的用户,使国家和供电企业受到经济损失。

③擅自超过计划分配的用电指标。用电指标分配部门,依照国家发、供、用总计划,分配到各用电户允许使用的电力量指标,包括日、月、季、年用电指标。在用电紧张时,政府会出台有序用电方案,对用户用电指标进行综合分配,用户擅自超用,将影响电力电量的平衡,严重时会影响电力系统运行稳定性。

④擅自使用已在供电企业办理暂停手续的电力设备或启用供电企业封存的电力设备。用户为减少用电负荷已办理了暂时停止全部或部分用电设备,或用户因违反国家规定用电、违约用电、窃电、超计划用电或者不安全用电,供电企业依法封存或不允许用户继续使用的电力设备。

⑤私自迁移、更动和擅自操作供电企业的用电计量装置、电力负荷管理装置、供电设施以及约定由供电企业调度的用户受电设备。迁移是指用户把用电计量装置移动,使其离开原来的位置而另换地点的行为。尽管迁移、更动、擅自操作供电企业的计量装置没有损坏封印、接线、计量装置本体,但可能引起计量装置产生误差使电力负荷控制装置失灵,所以被禁止。

案例

2018 年 9 月 3 日,某供电所发现 10 kV 线路新安线线损由原来的 2% 升至 6%,随即对新安线大宗客户和专变客户进行用电检查。9 月 8 日、23 日,供电所在某加工厂厂区两次抄表时发现,从 8 月 27 日起,该产区正常生产情况,但 9 月 23 日的有功电量止数反而比 9 月 8 日后退了 1 250 kW·h。经过两次突击检查,校验后于 9 月 25 日,供电公司联系权威检定中心和设备生产厂家对该厂变压器与相关计量装置进行检验。发现配电变压器的计量表计在同年 8 月 3 日被重新编程,日期由 2018 年 9 月 25 日改为 2017 年 9 月 25 日;取消了原来电量冻结时间是每月 26 日零点的设置;电能表的编程闭锁开关封铅被破坏。最后供电公司与相关检定中心和设备生产厂家进行严格细致的检查,科学客观的分析计算,向该厂发出了《用户窃电(违约用电)处理通知单》,依据供用电合同对该厂私自改动计量装置行为作出了处理。

评析

擅自迁移、更动或者擅自操作供电企业的用电计量装置、电力负荷控制装置、供电设施以及约定由供电企业调度的客户受电设备,一般是为了干扰负荷监控,使得计量设备不计量或者少计量。

本案中用户擅自操作供电企业的用电计量装置、电力负荷控制装置,改编程序,人为地减少已经记录的用电量。这一系列行为违反了《供电营业规则》第一百零一条有关窃电的两处规定,"伪造或者开启供电企业加封的用电计量装置封印","故意使供电企业用电计量装置不准或失效",当然也可以以"采用其他方法窃电"给予处理。

⑥未经供电企业同意,擅自引入(供出)电源或将备用电源和其他电源私自并网。用户把第三者的电源引入,供本用户使用,或者私自送出,将电源供给其他用户,用户不经电网企业允许,也未签订并网协议而私自把自备电源接到电网中运行的行为。

3.1.2 违约用电应承担的责任

根据《供电营业规则》第一百条规定,对用户违约用电行为,应承担其相应的违约责任。

①在电价低的供电线路上,擅自接用电价高的用电设备或私自改变用电类别的。应按实际使用日期补交其差额电费,并承担两倍差额电费的违约使用电费,使用起讫日期难以确定的,实际使用时间按三个月计算。

②私自超过合同约定的容量用电的。除应拆除私增容设备外,属于两部制电价的用户,应补交私增设备容量使用月数的基本电费,并承担三倍私增容量基本电费的违约使用电费;其他用户应承担私增容量每千瓦(kV·A)50元的违约使用电费。如用户要求继续使用者,按新装增容办理手续。

③擅自超过计划分配用电指标的,应承担高峰超用电力每次每千瓦1元和超用电量与现行电价电费5倍的违约使用电费。

④擅自使用已在供电企业办理暂停手续的电力设备或启用供电企业封存的电力设备的,应停用违约使用的设备。属于两部制电价的用户,应补交擅自使用或启用封存设备容量和使用月数的基本电费,并承担两倍补交基本电费的违约使用电费;其他用户应承担擅自使用或启用封存设备容量每次每千瓦(kV·A)30元的违约使用电费,启用属于私增容被封存的设备的,违约使用者还应承担本条第2项规定的违约责任。

⑤私自迁移、更动和擅自操作供电企业的用电计量装置、电力负荷管理装置、供电设施以及约定由供电企业调度的用户受电设备者,属于居民用户的,应承担每次500元的违约使用电费;属于其他用户的应承担每次5 000元的违约使用电费。

⑥未经供电企业同意,擅自引入(供出)电源或将备用电源和其他电源私自并网的,除当即拆除接线外,应承担其引入(供出)或并网电源容量每千瓦(kV·A)500元的违约使用电费。

案例

某机械厂0.4 kV供电,装有三相四线电能表和单相电能表各一只,分别计量动力用电和照明用电,在2018年12月12日用电稽查时,发现有一幢办公室的容量为8 kW的照明设备接入职工生活表内用电,供电部门如何处理?

评析

在电价低的供电线路上,擅自接用电价高的用电设备或私自改变用电类别的应按实际使用日期补交其差额电费,并承担两倍差额电费的违约使用电费,使用起讫日期难以确定的,实际使用时间按3个月计算。

3.1.3 违约用电的处理

根据电力法律、法规和规章的相关规定,可以采取的处置措施有以下几种:

违规用电
查处规定

①要求对方停止违约或侵权行为。

②限期整改。

③追补电费。

④要求对方根据供用电合同约定支付违约金。

⑤要求对方赔偿损失,如果违约金仍不能弥补供电企业损失时,可要求赔偿。

⑥中止供电。

(1)违约用电的查处流程

违约用电的处理是指供电企业对有充分证据证明的违约用电行为人,根据自行处理或提请电力管理部门或司法机关处理的过程。供电企业用电检查人员在赴用户现场进行日常检查工作时,不得少于两人,主动向被检查的用户出示有效证明身份的证件,检查时应多收集用户的电量及用电类别相关资料,对现场要采取拍照、录像等方式实施证据保全。检查程序要规范合法,如用户愿意接受供电企业处理的,用户电工和负责人必须在《用电检查工作单》(表3.1)上签字认可,然后填写《用电检查处理通知书》(表3.2)一式两份,一份交用户签收,一份由工作人员带回存档备查。流程如图3.1所示。

表3.1 用电检查工作单

国网××供电分公司 _____

编号:

用户名称		法人代表	
地 址	电话:		
用电检查人员		审核批准	
检查项目:①用户全部受电装置。 ②有违章现象的需延伸检查至相应目标所在处			
检查内容:《供电营业规则》第一百条、第一百零一条之规定"违约用电和窃电行为"			
检查结果:			
	检查日期: 年 月 日		
用户签字(盖章)		年 月 日	
备注:			

表3.2　用电检查处理通知书

国网××供电分公司

用户名称		法人代表	
地　址		用电类别	
用电检查结论		用电检查日期	

经检查:

造成我单位损失:

以上事实违反:《供电营业规则》第一百条之规定"违约用电"或第一百零一条之规定"窃电行为"

依规决定对你单位给予下列处理:

1.追补电费　　　　　元;2.处违约金　　　　元。

以上费用合计　　　　元,限你单位于　　　年　　月　　日前交付至我单位　　　　,

账号:　　　　　,开户行:　　　　　。逾期不交者,我单位将对你单位停止供电,并保留追究

此单位法律责任的权利,由此造成的一切后果由你单位负责。

(单位盖章)

年　　月　　日

送达人		年　月　日	用户签字(盖章)	年　月　日
备注:				

一般来说,如果用户违约用电或者窃电数额不大,情节轻微,没有构成犯罪,就采取民事处理;如果经过依法协商,客户不接受处理,则交由电力管理部门做行政处理;电力管理部门拒绝受理,则向人民法院起诉;客户违约用电或窃电,故成犯罪,报告公安部门立案,给予刑事处理。

(2)对违约用电客户中止供电的处理

《中华人民共和国电力法》第六十五条规定:"违反本法第三十二条规定,危害供电、用电安全或者扰乱供电、用电秩序的,由电力管理部门责令改正,给予警告;情节严重或者拒绝改正的,可以中止供电,可以并处五万元以下的罚款。"《中华人民共和国电力供应与使用条例》第四十条规定:"违反本条例第三十条规定,违章用电的,供电企业可以根据违章事实和造成的后果追缴电费,并按照国务院电力管理部门的规定加收电费和国家规定的其他费用;情节严重的,可以按照国家规定的程序停止供电。"《用电检查管理办法》第二十条:"现场检查确认有危害供用电安全或扰乱供用电秩序行为的,用电检查人员应按下列规定,在现场予以制止。拒绝接受供电企业按规定处理的,可按国家规定的程序停止供电,并请求电力管理部门依法处理,或向司法机关起诉,依法追究其法律责任。"《供电营业规则》第六十六条规定:"在发供电系统正常情况下,供电企业应连续向用户供应电力。但是,有下列情形之一

```
                    ┌──────────┐      ┌──────────────┐
                    │   开始   │─────▶│ 现场调查取证 │
                    └──────────┘      └──────────────┘
                                             │
                                             ▼
                                      ╱─────────────╲
                                     ╱  是否存在     ╲───────────────────────┐
                                     ╲  违窃情况     ╱                        │
                                      ╲─────────────╱                        │
                                             │是                             │
                          ┌──────窃电────────┼──────违约用电──────┐          │
                          ▼                                       ▼          │
                   ┌────────────┐                        ┌──────────────┐    │
                   │  窃电处理  │                        │ 违约用电处理 │    │
                   └────────────┘                        └──────────────┘    │
                          │                                       │          │
                          └───────────────────┬───────────────────┘          │
                                              ▼                              │
                                    ┌──────────────────┐                     │
                                    │ 确定追补电费及   │                     │
                                    │  违约使用电费    │                     │
                                    └──────────────────┘                     │
                                              │                              │
            ┌────符合立案条件────┐            ▼          否                   │
            ▼                    │     ┌──────────┐──────┐                   │
     ┌────────────┐              └─────│  审  批  │      │                   │
     │  窃电立案  │                    └──────────┘      │                   │
     └────────────┘                         │           │                   │
            │                               ▼           │                   │
     ┌────────────┐                   ╱─────────────╲   │                  否│
     │  窃电结案  │                  ╱   审批是      ╲──┘                   │
     └────────────┘                  ╲   否通过      ╱                      │
            │                         ╲─────────────╱                       │
            │                               │是                             │
            │                               ▼                              │
            │                         ┌──────────┐                         │
            │                         │  收  费  │                         │
            │                         └──────────┘                         │
            │                               │                              │
     ┌──────────┐    是           ╱─────────────╲                          │
     │  复电    │◀────────────────╱  是否需      ╲                          │
     └──────────┘                 ╲  要复电      ╱                          │
            │                      ╲─────────────╱                          │
            │                               │                              │
            └───────────────┐               ▼                              │
                            ▼          ┌──────────┐◀──────────────────────┘
                            └─────────▶│  归  档  │
                                       └──────────┘
                                             │
                                             ▼
                                      ┌──────────┐
                                      │  结  束  │
                                      └──────────┘
```

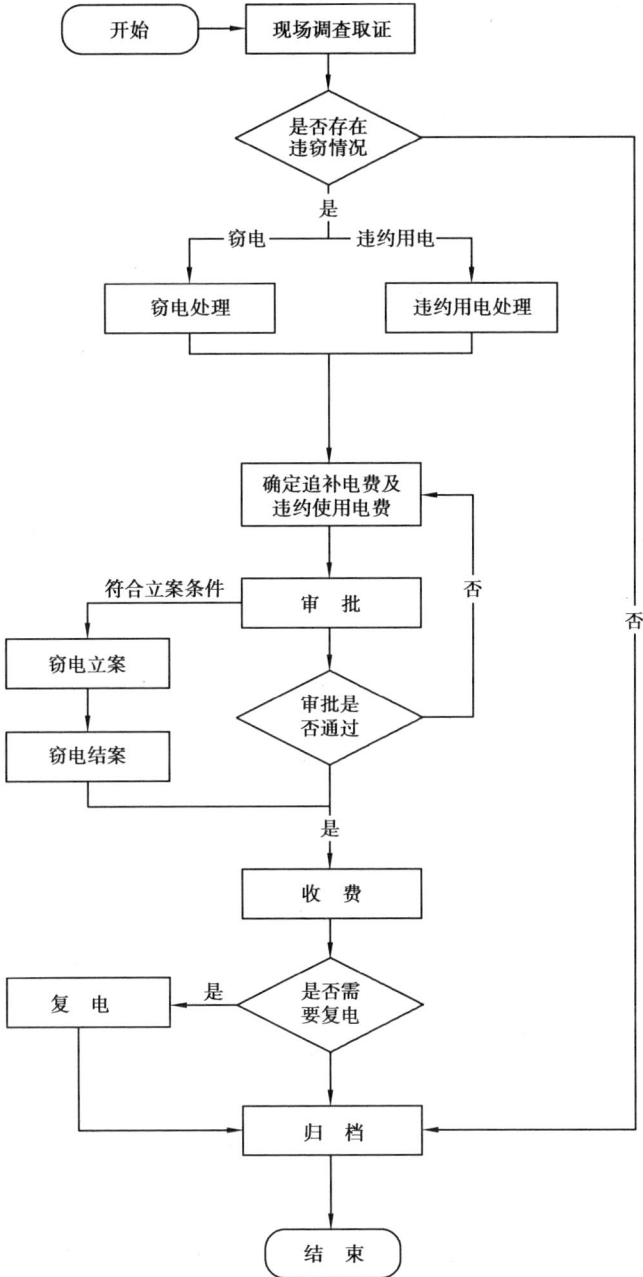

图 3.1　违约用电(窃电)处理流程图

的,须经批准方可中止供电:①对危害供用电安全,扰乱供用电秩序,拒绝检查者;②拖欠电费经通知催交仍不交者;③受电装置经检验不合格,在指定期间未改善者;④用户注入电网的谐波电流超过标准,以及冲击负荷、非对称负荷等对电能质量产生干扰与妨碍,在规定限期内不采取措施者;⑤拒不在限期内拆除私增用电容量者;⑥拒不在限期内交付违约用电引起的费用者;⑦违反安全用电、计划用电有关规定,拒不改正者;⑧私自向外转供电力者。有下列情形之一的,不经批准即可中止供电,但事后应报告本单位负责人:①不可抗力和紧急

避险;②确有窃电行为。"综合以上法律、法规、规章的规定,关于用电检查后中止供电的处理,可以得出以下结论:

①违约用电情节严重的,可以按照国家规定的程序停止供电。

②违约拒绝接受供电企业按规定处理的,可按国家规定的程序停止供电。对于双方供用电合同有约定的,应按约定处理。

③现场用电检查,一般违约用电行为,经过批准方可中止供电,遇有不可抗力和紧急避险以及确有窃电行为的,未经批准即可中止供电。实际上,明确了用电检查现场中止供电的3种情况,即不可抗力、紧急避险和确有窃电行为。其余①、②均不是指当场中止供电。但用户是否属于情节严重,并不是通过检查时就可以简单判断出来的,而需要通过对违约用电的方法、手段和事实进行分析,并计算出违约电量才能确定。针对用户是否接受供电企业按规定处理的结果这一问题,现场检查显然不能确定的,客户的行为通常需要供电企业在作出处理后才能确定。因此说,①与②两种情况均不属于当场中止供电的情形。

④强调按照国家规定的程序中止供电。

A. 用电检查中止供电不能贸然实施。因为《中华人民共和国电力法》第二十九条规定:"供电企业在发电、供电系统正常的情况下,应当连续向用户供电,不得中断。因供电设施检修、依法限电或者用户违法用电等原因,需要中断供电时,供电企业应当按照国家有关规定事先通知用户。"用户对供电企业中断供电有异议的,可以向电力管理部门投诉;受理投诉的电力管理部门应当依法处理。《中华人民共和国民法典》第六百五十二条规定:"供电人因供电设施计划检修、临时检修、依法限电或者用电人违法用电等原因,需要中断供电时,应当按照国家有关规定事先通知用电人。未事先通知用电人中断供电,造成用电人损失的,应当承担损害赔偿责任。"

B. 严格按照国家规定的程序。所谓国家规定的程序,即《供电营业规则》第六十七条规定:"除因故中止供电外,供电企业需对用户停止供电时,应按下列程序办理停电手续:①应将停电的用户、原因、时间报本单位负责人批准。批准权限和程序由省电网经营企业制订。②在停电前三至七天内,将停电通知书送达用户,对重要用户的停电,应将停电通知书报送同级电力管理部门。③在停电前30分钟,将停电时间再通知用户一次,方可在通知规定时间实施停电。"2011年10月13日国家电网公司发布新的"十项承诺",其中第3条指出:"提前7天送达停电通知书。"

对于用电检查后中止供电的处理,双方最好在《供用电合同》中约定,在国家规定程序的基础上,简化程序,便于实施。将主要的事项,如停电通知的时间、送达方式等作出约定。

案例

2018年10月8日县城某湘菜馆开业并用电。1到3层楼面都是营业店面,第4层店主住家用。该客户共装有2块电能表,分开计量。店面执行一般工商业电价,为0.8125元每千瓦时,第4楼执行居民生活电价,为0.5653元每千瓦时。店面用电一般每月为2500千瓦时左右,4楼用电一般每月为280千瓦时左右。该用户自2019年2月开始,店面用电急剧减少为每月300余千瓦时,4楼用电增加到每月3000余千瓦时。3月初经用电检查人员检查核实,该客户从4楼家用电能表下接线到1楼厨房和2楼包间用电。该客户对此行为供认不讳,并在用电检查单上签字确认。

评析

　　判断该户为高价低接,公司立即做出处理:1.整改电路;2.补交差额和违约电费。但该户对处理结果不服,只补交了差额电费。供电公司予以中止供电。

　　该客户属于《电力供应与使用条例》第三十条规定:擅自改变用电类别的情形,根据《供用电合同》约定或者《供电营业规则》第一百条的规定,在电价低的供电线路上,擅自接用电价高的用电设备或私自改变用电类别的,应按实际使用日期补交其差额电费,并承担 2 倍差额电费的违约使用电费。不管从合同约定还是规章规定方面分析,供电公司的处理合理、合法。如果本案违约用电人已经整改电路,违约用电状态得到纠正,仅仅是不履行补交违约使用电费的处理决定,则不应该中止供电,因为欠费的纠纷可通过法律的程序予以解决。

（3）违约用电引发事故的处理

　　违约用电不仅牵涉补交电费和违约使用电费问题,更重要的是,违约用电行为可能引发事故。如用户的专线供电设施和高压用电设备故障导致电网跳闸,会造成网上客户断电;用户的冲击性负荷、非线性负荷、非对称性负荷和高次谐波等反馈到电网,会造成电能污染,导致第三方用户起诉供电公司供电质量不合格;重要用户的自备电源安全互锁装置失灵,导致反送电造成人身伤亡事故等。在处理这类由违约用电引起的事故纠纷时,由事故引起的人身伤害、设备损坏、产品质量不合格和少供电量损失等赔偿判定就变成了关键环节。电力法律法规中关于这类事故赔偿规定如下:在供用电合同中事先约定,以免讼累。如《中华人民共和国电力法》第六十条规定:"因用户或者第三人的过错给电力企业或者其他用户造成损害,该用户或者第三人应当依法承担赔偿责任。"《供电营业规则》第一百零四条规定:"因违约用电或窃电造成供电企业的供电设施损坏的,责任者必须承担供电设施的修复费用或进行赔偿。因违约用电或窃电导致他人财产、人身安全受到侵害的,受害人有权要求违约用电或窃电者停止侵害,赔偿损失。供电企业应予协助。"《供电营业规则》第九十五条第 2 项规定:"由于用户的责任造成供电企业对外停电,用户应按供电企业对外停电时间少供电量,乘以上月份供电企业平均售电单价给予赔偿。因用户过错造成其他用户损害的,受害用户要求赔偿时,该用户应当依法承担赔偿责任。"

　　目前供电公司普遍存在对客户违约用电引发事故赔偿重视不足、在供用电合同中少有约定的现象。究其原因,主要是认为该类事故发生概率很低,即便发生了,采用协议处理即可。一旦进入司法程序,无论胜败如何,都必须承担诉讼成本。在实际赔偿操作中也存在类似的情况,过于看重用户的追补电费和违约使用电费,忽略了少供电量损失。这种"丢西瓜、捡芝麻"的现象在电力设施损害赔偿中司空见惯。

案例

　　某轨道公司架设一条 400 V 架空电缆专线与某供电公司所辖 110 kV 韶光线交叉跨越,供电公司用电检查人员发现后,给该轨道送达了《交叉线路跨越距离不够安全隐患整改通知书》,客户签收后迟迟没有实施整改举措。2018 年 9 月 5 日,供电公司所辖 110 kV 韶光线 104—105 号杆塔之间的导线与轨道公司的 400 V 架空电缆线路因交叉跨越距离不够,因风力过大,导线摇摆,引起架空电缆与 110 kV 韶光线 C 相放电。造成 110 kV 韶光线路距离Ⅰ段保护动作,开关跳闸,重合不成功,致使 110 kV 甲、乙变电站停电 10 min 的运行事故。

评析

轨道公司未与供电公司协商,私自在 110 kV 韶光高压线路下架设穿越不符合安全距离要求的 400 V 架空电缆线路,造成交叉跨越距离不够,是造成本次事故的直接原因。

本案轨道公司整改线路的同时,须履行如下经济赔偿责任:①赔偿供电公司由于两个 110 kV 变电站停电少供电量的损失;②赔偿第三方用户由于停电造成的设备损害、产品报废或次品的损失。

【任务实施】

违约用电的判断与处理任务指导书见表 3.3。

表 3.3　违约用电的判断与处理任务指导书

任务名称	违约用电的判断与处理	学　　时	4 课时
任务描述	针对设定的典型客户,完成违约用电类型的判处;完成查处工单的填写		
任务要求	1. 准备安全工器具,核对客户信息; 2. 正确判断客户违约用电的类型; 3. 合理进行违约用电的处理; 4. 正确填写查处工单。		
注意事项	1. 正确着装; 2. 准备安全工器具:棉质工装、安全帽、纱手套、绝缘鞋、绝缘垫、验电笔; 3. 组织措施:第二种工作票制度、班前会制度、工作监护制度(红马甲)、工作终结制度; 4. 技术措施:验电、装设安全遮拦、挂安全标识牌,防止电流互感器二次回路开路。		

任务实施步骤:

一、风险点辨识

检查的安全距离。

二、作业前准备

1. 正确着装(全棉长袖工作服)、穿绝缘靴。

2. 正确佩戴安全帽(佩戴端正;调整好松紧大小;系好下颚带;女生佩戴安全帽应将头发放进帽衬)。

3. 工具箱(验电笔、钳形伏安相位表、相序表、斜口钳、铅封、尖嘴钳、手电筒、摄像记录设备、秒表、十字起、一字起、纱手套等)。

三、操作步骤及质量标准

1. 与客户交流

检查人员(要求不卑不亢,有礼貌地和客户打招呼,并要求客户配合用电检查工作)"你好！我们是××供电公司的用电检查人员,这是我的工作证件,我们现在需要对你的用电情况进行检查,请你予以

续表

配合,谢谢!"

客户:"好的,可以。"

2.设备检查:

检查后,检查人员对检查内容进行记录(记录要求:简明扼要,字迹工整清晰)。

如果发现有异常的现象:

检查人员(分工配合:1人进行拍照、摄像取证,并做好记录,等检查完毕后再请客户签字确认,1人向客户简要说明情况)"你好!经检查我们发现你的用电设备(计量装置)存在××现象(指向异常点方向),请你予以确认。"

3.现场检测并进行记录。

4.下达用电检查结果通知单。

(1)定性准确(违约窃电)

(2)依据正确(法律法规及条例)

(3)补收电费及违约使用电费的计算

(4)双方签字确认

违约用电现场记录表见表3.4。

表3.4 违约用电现场记录表

姓名:_____ 班级:_____ 分支号:_____

异常数据来源				
表计编号		TA		TV
序号	项 目		操作情况记录	
1	现场检查情况			
2	电表数据记录			

续表

序号	项　目	操作情况记录
3	测量数据	
4	结果判断	

检查人员：　　　　　　　　　　　用户：　　　　　　　　　日期：

【任务评价】

违约用电的判断与处理任务评价表见表3.5。

表3.5　违约用电的判断与处理任务评价表

姓　　名		班　　级		小组成员			
开始时间		结束时间		标准分	100分	得　分	
任务名称			违约用电的判断与处理				
序号	步骤名称	质量要求	满分/分	评分标准		扣分原因	得分
1	工作前准备	着装及工器具	1. 正确着装 2. 安全帽 3. 工具箱（验电笔、钳形万用表、斜口钳、铅封、尖嘴钳、手电筒、摄像记录设备、秒表、十字起、一字起、手套等）	6	1. 未正确着装每处扣1分 2. 安全帽未正确佩戴扣2分 3. 工器具准备不齐全，少一项扣0.5分		
		进入现场	1. 出示检查证件 2. 与客户打招呼，要求客户协助	4	1. 未出示证件，扣2分 2. 未说明来意，扣2分		

续表

序号	步骤名称	质量要求	满分/分	评分标准	扣分原因	得分
2	现场检查	计量箱外观检查	1. 核对表计资产编号、倍率 2. 计量箱封铅是否完好 3. 计量箱是否存在高频强磁的干扰 4. 检查用户是否绕越计量装置用电 5. 检查计量箱有无破坏的痕迹等	10	1. 未核对数据每处扣2分 2. 缺一项未检查扣2分		
		计量箱内检查	1. 验电 2. 开封前拍照留证 3. 检查柜内是否有异物 4. 电表铅封是否正常 5. 有无短接线及检查接线是否松动	10	1. 未验电扣3分 2. 开封前未留证扣2分 3. 柜内未检查扣1分 4. 电表铅封未检查扣2分 5. 未检查接线扣2分		
		现场检测记录	1. 读取电表的数据 U、I、P、$\cos\varphi$、失压、最大需量、表计当前示值等相关数据 2. 检测计量箱内接线盒前后、表前的电流值和电压值 3. 瓦秒法测试误差	30	1. 电表的数据读取不完整缺项扣0.5分 2. 检测数据记录缺一项扣1分 3. 瓦秒法测试过程错误，未记录表计常数，整项共计扣5分		
		取证	选手明确指出窃电点并告知裁判取证	10	1. 全程没有取证录像行为，0分 2. 根据取证情况酌情扣分 3. 缺少告知，扣2分		
		记录填写	填写规范、齐全、完整、准确	10	1. 根据考核记录表内容，每项数据未测扣分1分 2. 测试数据未按保留位数填写、数据单位不规范每处扣0.5分 3. 涂改一处扣0.5分		

续表

序号	步骤名称	质量要求	满分/分	评分标准	扣分原因	得分
3	用电检查结果通知单	1. 定性准确（违约窃电） 2. 依据正确（法律法规及条例） 3. 双方签字确认	10	1. 准确描述现场情况，不正确扣 2 分。违反法规及条例，依据不正确扣 4 分 2. 故障描述不准确，判定结果不正确，扣 4 分 3. 签字不规范，扣 2 分		
4	清理现场	1. 操作过程中，遵守有关安全规定，保证人身及仪器、设备的安全 2. 操作完成后，关闭计量箱，打上铅封并记录编号，清扫现场 3. 将考核记录表交给裁判，并收拾好工具箱，报告"完成"，裁判停止计时	10	1. 操作过程中出现严重违反安全规程的行为，裁判可予以制止，报裁判长，并扣 4 分 2. 没有整理工具箱扣 1 分 3. 未进行场地清扫扣 2 分		
考评员（签名）			总分/分			

【思考与练习】

1. 某机械厂 0.4 kV 供电，装有三相四线电能表和单相电能表各一只，分别计量动力用电和照明用电，在 12 月 12 日用电稽查时，发现有一幢办公室的容量为 8 kW 的照明设备接入职工生活表内用电，供电部门如何处理？

2. 某一电力用户，用电计量电流互感器变比 50/5，在 3 月 1 日该用户私自购买 3 只 75/5 的电流互感器更换了计量电流互感器，在当年的 5 月 31 日，被用电检查人员发现，应如何处理？

3. 某农电台区，老王要在老赵房屋旁边的空地上修建房屋，跟老赵商量修建期间所有的用电全部走老赵家的电表，电价为 0.8/kW·h，要如何处理？

任务 3.2 窃电的判断与处理

【任务目标】

1. 能依据相关法律条款判断用户窃电的类型。
2. 能正确查处窃电行为。

【任务描述】

确定窃电的用户,进行类型判断,现场查处。

【任务准备】

1. 知识准备
①窃电的类型。
②窃电的处理。
2. 资料准备
纱布手套、钳形电流表、摄像机、用电检查工作单、用户窃电(违约用电)处理通知单等。

窃电查处规定

【相关知识】

3.2.1 法规条例

窃电,是指在电力供应与使用中,用户采用秘密窃取的方式非法占用电能,以达到不交或少交电费用电的违法行为。由于电能是无形物,不能储存,在其被窃取的同时即被消耗,因此窃电无法以所得电能来证明,只能以行为来认定,根据《中华人民共和国电力供应与使用条例》第三十一条、《供电营业规则》第一百零一条、《湖南省电力设施保护和供用电秩序维护条例》第三十二条分别界定为：

《电力供应与使用条例》第三十一条：

①在供电企业的供电设施上,擅自接线用电；

②绕越供电企业的用电计量装置用电；

③伪造或者开启法定的或者授权的计量检定机构加封的用电计量装置封印用电；

④故意损坏供电企业用电计量装置；

⑤故意使供电企业的用电计量装置计量不准或者失效；

⑥采用其他方法窃电。

《供电营业规则》第一百零一条：

①在供电企业的供电设施上,擅自接线用电；

②绕越供电企业用电计量装置用电；

③伪造或者开启供电企业加封的用电计量装置封印用电；

④故意损坏供电企业用电计量装置；

⑤故意使供电企业用电计量装置不准或者失效；

⑥采用其他方法窃电。

《湖南省电力设施保护和供用电秩序维护条例》第三十二条：

①在供电设施或者其他用户的用电设施上擅自接线用电；

②绕越计量装置用电；

③伪造或者开启质量技术监督部门或者其授权的计量检定机构加封的用电计量装置封印用电；

④故意损坏经检定合格的用电计量装置或者故意使经检定合格的用电计量装置计量不准或者失效的；

⑤使用窃电装置用电；

⑥使用非法充值的用电充值卡用电；

⑦私自更改变压器铭牌参数用电；

⑧私自调整分时用电计量装置的参数少交电费的；

⑨其他窃电行为。

3.2.2 窃电应承担的法律责任

根据《中华人民共和国电力供应与使用条例》第四十一条规定:"违反本条例第三十一条规定,盗窃电能的,由电力管理部门责令停止违法行为,追缴电费并处应交电费5倍以下的罚款；构成犯罪的,依法追究刑事责任。"

《供电营业规则》第一百零二条规定:"供电企业对查获的窃电者,应予制止并可当场中止供电。窃电者应按所窃电量补交电费,并承担补交电费三倍的违约使用电费。拒绝承担窃电责任的,供电企业应报请电力管理部门依法处理。窃电数额较大或情节严重的,供电企业应提请司法机关依法追究刑事责任。"

《湖南省电力设施保护和供用电秩序维护条例》第四十四条规定:"违反本条例第三十二条规定窃电的,由电力行政主管部门责令停止违法行为,追缴电费,并处应交电费一倍以上五倍以下罚款;因窃电造成电力设施损坏或者他人损害的,窃电用户应当依法承担赔偿责任;构成犯罪的,依法追究刑事责任。"

3.2.3　窃电行为的认定

1)窃电行为的构成条件

窃电是盗窃社会公共财物的非法行为,应具备以下 4 个要件。

(1)主体要件

主体要件为用户,包括个人和单位。目前,单位窃电日趋严重,但由于立法上的疏漏,致使对单位窃电的非法行为打击不力。

(2)主观方面要件

主观方面要件为故意。其具体表现为窃电行为人以非法占用为目的。

(3)客体要件

客体要件为供用电正常秩序,电在社会生产和生活中占据重要地位,窃电破坏了正常的供用电秩序,对社会造成严重危害。

(4)客观方面要件

客观方面要件为窃电行为,其特征是采用秘密窃取的方式。

2)窃电行为的形式

用户窃电的形式及手法多种多样,层出不穷。从窃电手段来讲,有普通型窃电、技术型窃电与高科技窃电。从计量的角度讲,可分为与计量装置有关和计量装置无关两种。从时间上可划分连续性和间断性。窃电手法虽然五花八门,但万变不离其宗,最常见的是从电能计量的基本原理入手,由于电能表计量电量的多少,主要决定于电压、电流、功率因素三要素和时间的乘积,改变三要素中的任何一个要素都可以使电能表慢转、停转甚至反转,从而达到窃电的目的。另外,通过采用改变电能表本身的结构性能的手法,使电能表慢转,也可以使用攻击电能表程序使电能表间断性不计量,达到窃电的目的,各种私拉乱接、无表用电的行为则属于更加直接的窃电行为,窃电手法主要有以下几种类型。

(1)欠压法窃电

窃电者采用各种手法故意改变电能计量电压回路的正常接线,或故意造成计量电压回路故障,致使电能表的电压线圈失压或所受电压减少,从而导致电量少计,这种窃电方法称为欠压法窃电。常见手法如下:

①使电压回路开路。如松开电压互感器的熔断器;弄断熔丝管内的熔丝;松开电压回路

的接线端子;弄断电压回路导线的线芯;松开电能表的电压连片等。

②造成电压回路接触不良故障。如拧松电压互感器的低压熔丝或人为制造接触面的氧化层;拧松电压回路的接线端子或人为制造接触面氧化层;拧松电能表的电压连片或人为制造接触面的氧化层等。

③串入电阻降压。如在电压互感器的二次回路串入电阻降压;弄断单相电能表接线侧的中性线而在出线至地(或另一个用户的中性线)之间串入电阻降压等。

④改变电路接法。如将3个单相电压互感器组成 Y/Y 接线的 V 相二次反接;将三相四线三元件电能表或用3只单相电能表计量三相四线负荷时的中线取消,同时在某相再并入一只单相电能表;将三相四线三元件电表的表尾中性线接到某相的相线上等。

案例

2013 年 3 月 5 日,通过电量分析,发现城区用户某大药房用电异常,稽查局立即对其进行了用电检查。

(1)检查经过

①外观检查无箱封、表封属伪造,低供低量,商业用电性质。

②投入空调测量:电压 $U_{ab} = U_{bc} = U_{ca} = 0.38$ kV;电流 $I_a = I_b = I_c = 20$ A;

假定 $\cos \psi = 0.80$,回路功率为:$P = 11.58$ kW

③表计常数 $C = 100$ r/(kW·h),$k = 1$,n 满 5 圈时 t 历经 48.17″,表计功率为:

$P' = 3.74$ kW

④计量误差为:$\Delta P\% = -67.7\%$

⑤将该店经理找到现场,说明铅封状况及测试误差,分别给表计加入 A、B、C 相电压观察转盘,结果为不转、正转、不转。现场打开表盖,发现人为弄断 A、C 相电压线圈漆包线,致使 A、C 两相不计量。

(2)事件定性

该店经理最初矢口否认,铁的事实面前经过一番辩论,不得不承认其窃电事实。

(3)处理结果

经电量波动分析计算,该店共窃取电费 13.6 万元,补缴电费及违约使用电费 18 万元。

---

(2)欠流法窃电

窃电者采用各种手法故意改变计量电流回路的正常接线或故意造成计量电流回路故障,致使电能表的电流线圈无电流通过或只通过部分电流,从而导致电量少计,这种窃电方法称为欠流法窃电。常见手法如下:

①使电流回路开路。如松开电流互感器二次出线端子、电能表电流端子或中间端子排的接线端子;弄断电流回路导线的线芯;人为制造电流互感器二次回路中接线端子的接触不良故障,使之形成虚接而近乎开路。

②短接电流回路。如短接电能表的电流端子;短接电流互感器一次或二次侧;短接电流回路中的端子排等。

③改变电流互感器的变比。如更换不同变比的电流互感器;改变抽头式电流互感器的二次抽头;改变穿芯式电流互感器一次侧匝数;将一次侧有串、并联组合的接线方式改变等。

④改变电路接法。如单相电能表相线和中性线互换,同时利用地线作中性线或接邻户线;加接旁路线使部分负荷电流绕越电能表;在低压三相三线两元件电表计量的 V 相接入单相负荷等。

案例

2013 年 3 月 27 日,稽查局对城区用户热带雨林茶座的用电情况进行了检查。

(1)检查经过

①进户线采用电缆暗敷设,计量柜前门可开启,电能表大盖、接线盒铅封均完好,计费倍率 20 (100/5)倍,高供低计,抄码 10 260 kW·h。

②测量电压:$U_a = U_b = U_c = 0.22$ kV;测量电流:$I_a = 34.6$ A,$I_b = 10.4$ A,$I_c = 13.7$ A;

假定 $\cos\psi = 0.90$,回路功率为:$P = 11.6$ kW

③表计常数 $C = 600$ r/(kW·h),$k = 20$,n 满 1 圈时 t 历经 19.5″;表计功率为:

$P' = 6.15$ kW

④计量误差为:$\Delta P\% = -46.98\%$

⑤测量二次电流 $i_a \approx 0.9a$,i_b、i_c 很小。判断可能存在倍率或接线错误。随即用一块镜子从前门进入反照互感器铭牌,发现 3 只穿心式电流互感器铭牌标注变比为 100/5,一次穿 2 匝,实际只穿 1 匝。此状态下的实际变比为 200/5。

(2)事件定性

经装表人员辨认铅封、证明后门完好,用户无法改变一次接线,窃电不能成立。显然这是一起电业员工工作失误造成的计量误接线事故。

(3)处理结果

查装表工单记录,互感器变比 100/5,倍率 20,起码 0 kW·h。自装表之日至最近抄表日,城区局按 20 倍与用户结算电量 $A = 10\ 079 \times 20 \times (1 + 0.9\%) = 203\ 394$ kW·h;收取电费 197 292.18 元。

①立即整改,使其互感器倍率符合 100/5;

②追缴电费 200 835.40 元;

$\Delta F = 10\ 260 \times 20 \times (1 + 0.9\%) \times 0.97 = 200\ 835.40$

③事故分析给予直接责任人城区供电局装接工屠××下岗 6 个月的处罚。

(3)移相法窃电

窃电者采用各种手法故意改变电能表的正常接线,或接入与电能表线圈无电联系的电压、电流,还有的利用电感或电容特定接法,从而改变电能表线圈中电压、电流间的正常相位关系,致使电能表慢转甚至倒转,这种窃电手法称为移相法窃电。常见手法如下:

①改变电流回路的接法。如调换电流互感器一次侧的进出线;调换电流互感器二次侧的同名端;调换电能表电流端子的进出线;调换电流互感器至电能表连线的相别等。

②改变电压回路的接线。如调换单相电压互感器一次或二次的极性;调换电压互感器至电能表连线的相别等。

③用交流器或变压器附加电流。如用一台一、二次侧没有电联系的交流器或二次侧匝数较少的电焊变压器的二次侧倒接入电能表的电流线圈等。

④用外部电源使电能表倒转。如用一台具有电压输出和电流输出的手摇发电机接入电

能表;用一台带蓄电池的设备改装成具有电压输出和电流输出的逆变电源接入电能表。

⑤用一台一、二次侧没有电联系的升压变压器将某相电压升高后反相加入表尾中性线。

⑥用电感或电容移相。如在三相三线两元件电能表负荷侧 U 相接入电感或 W 相接入电容。

案例

2011 年 9 月 5 日,稽查局对关天钢管股份有限公司的用电情况进行了检查。

(1)检查经过

①外观正常、铅封完好;受电容量 500 kV·A,高供电量,大工业用电性质。

②退出无功补偿设备,测量电压、电流数据:

$U_{ab} = U_{bc} = U_{ac} = 400$ V;$I_a = I_b = I_c = 151$ A;假定 $\cos\psi = 0.85$;回路功率为:$P = 88.92$ kW。

③表计常数 $C = 600$ r/(kW·h),$k_i = 400/5$,n 满 4 圈时 t 历经 42.3″;表计功率为:$P' = 45.39$ kW

④计量误差为:$\Delta P\% = = -48.95\%$

⑤召集有关人员到场对计量装置铅封鉴别、开箱检查:

A. 端钮电压正常;

B. 二次电流 B 相 1.9a,A、C 相 0.9a(明显偏小);互感器铭牌倍率正确,疑 A、C 相为更换铭牌的大变比互感器。

C. 查接线:A、C 相电流互感器 K2 相互接反。

⑥向量分析:

$P = 3IUg\cos\psi$;$P' = 3/2IUg\cos\psi$;$\Delta P\% = -50\%$

(2)事件定性

因计量柜铅封完好,用户无法改变二次回路接线,窃电不能成立。只能说这是一起电业员工工作失误造成的计量误接线事故。

(3)处理结果

自装表之日起至检查之日更正接线止,关天钢管股份有限公司应补交电费 149 436 元。

9 月 26 日,供电公司向该用户下达了补交电费通知,他们接到通知后曾与供电公司协商,但只同意补交电费 2 万元。10 月 15 日,供电公司再次下达通知,告知如不在 10 月 18 日下午 4 时前达成补交电费事宜,将对其采取停电措施。但他们未予理会,供电公司于 10 月 18 日下午 4 时对关天钢管股份有限公司实施了停电。

2013 年 3 月 5 日,该公司向该区法院提起诉讼,要求供电公司赔偿停电损失 47 万余元。9 月 1 日,区法院判决停电损失 47 万余元由供电公司承担 60%,冲减补交电费 15 万元后,我局赔偿 13 万余元。

我们认为,停电理由充分、手续完备、判决不公。在供电公司领导的重视支持下,于 9 月 5 日向市中级人民法院提起反诉。2004 年 1 月 4 日,该市中院下达民事判决书,二审中院认为:补收电费依据充分,采取中止供电措施并无不当,关天公司在明知停电后会导致企业停产,放任损害结果发生,应承担其责任。终审判决关天公司对停电损失自负、缴纳应补收的电费并承担 70% 的案件受理费。

（4）扩差法窃电

窃电者采用短电流、断电压、动齿、强磁、高频干扰等方法，改变电能表内部结构性能，使本身的误差扩大，这种窃电手法称为扩差法窃电。常见手法如下：

①私拆电能表，改变电能表内部结构性能。如减少电流线圈匝数或短接电流线圈；增大电压线圈的串联电阻或断开电压线圈；更换传动齿轮或减少齿数；增大机械阻力；调节电气特性；改变表内其他零件的参数、接法或制造其他各种故障等。

②用大电流或机械力损坏电能表。如用过负荷电流烧坏电流线圈；用短路电流的电动力冲击电能表；用机械外力损坏电能表等。

③改变电能表的安装条件。如改变电能表的安装角度；用机械振动干扰电能表；用永久磁铁产生的磁场干扰电能表；用高频发生器使电能表黑屏，导致不计量等。

案例

2017 年 6 月，针对某供电公司线损偏高的状况，稽查部组织相关专业人员对该公司 10 kV 汉杨线和花木兰公变台区开展了跟班稽查。

（1）检查经过

①6 月 19 日，在对花木兰公变台区逐户用电检查中发现：花木兰居委会总表箱封、装封字迹模糊，瓦秒法测试误差正常。

②抄表码分析：自 6.3 日抄表至 6.19 日的 16 天时间里，该表记录电量为 36 811 - 32 950 = 3 861 kW·h，比较当年最高月用电量却只有 2 300 kW·h，疑为间歇性反向电流窃电、倒码窃电或抄表留度。

③开箱检查发现表计大盖无封。对此稽查部没有声张，开始秘密从外围抄算分表电量。摸底发现，分表电量远大于总表电量。于是稽查部要求供电公司迅速向县公安局报案，请求立案侦查。

（2）事件定性

通过调查侦破，确定了花木兰居委会管户电工曾 × 从 2016 年 10 月至 2017 年 5 月，每月抄表前几天开启表计大盖，采取拨码退度手段窃电的事实。

（3）处理结果

据 2017 年 1—5 月计费表抄见电量及分表的不完全统计电量推算：

窃取电量 =（分表月均电量 - 总表月均电量）× 窃电月数

　　　　 =（4 450 - 1 840）× 8 = 20 880（kW·h）

应补电费为 21 506.40 元

①考虑调查期间曾 × 被刑拘 40 天的遭遇，违约电费按 1 倍收取，实际追补电费及违约使用电费 4 万元。

②换表后的 6 月 27 日抄码 379；7 月 27 日抄码 10 536；验算月用电量达到 10 157 kW·h。

（5）无表法窃电

未经报装入户就私自在供电企业的线路上接线用电，或有表用户私自甩表用电，这种窃电称为无表法窃电。常见手法如下：

①直接从配电变压器的低压母线或低压架空线挂钩用电。

②短接计量箱进出线。短接进入计量箱和引出计量箱的同相位的导线，多发生在进线

管与出线管在墙内的相交处。

（6）其他窃电

除了以上窃电手法，目前还不断出现一些新的窃电手法，有别于传统的窃电手法。常见的还有针对多功能全电子型电能表，破解密码后修改其内部参数设置，还有个别的利用屏蔽器屏蔽电子表采集信号实施窃电，从而达到少计电量的目的。目前在实践中又遇到了一些新的窃电动向，如一些不法分子窃电是以非法占有或获利为目的，现有个别发电企业（主要表现在小水电、光伏）通过技术手段，改动上网电能计量装置，达到多卖电的目的，其实质也是一种窃电行为，但通过办理的案件给出结论为诈骗罪。

3.2.4　主要检查方法

反窃措施及实例分析

（1）采集系统法

利用采集系统数据，对负荷、电压、电流、功率因数等参数以及曲线图进行分析，以及利用采集系统电能表开盖事件对疑似窃电进行核查。

（2）经济分析法

经济分析法主要是根据线路段、台区线损情况、产品单耗等进行分析，逐步排查，锁定目标。

（3）电量比对法

根据现场测量负荷进行电量估算、电量是否突变、使用的电气容量、用电季节以及主副表电量等情况进行分析比对。

（4）仪器检查法

利用电流表、电压表、相位表、计量装置故障检查仪、倍率测试仪、瓦秒法等进行检查，最好是用遥控器扫描仪。

（5）直观检查法

问、闻、视、听，着重痕迹检查（封印、封签、胶印、外壳、视窗等）以及盯守、放线、同型号电能表称重等进行检查。

3.2.5　窃电查处程序

违约用电窃电处理

（1）用电检查程序

①执行用电检查任务前，用电检查人员根据系统相关信息实施派发打印《用电检查工作单》，并还需携带空白《用电检查工作单》，便于处理派发工单外的窃电案件。查电工作终结，将《用电检查工作单》填写检查结果交回单位存档，并实施系统归档。

②实施现场检查时,用电检查人员的人数不得少于2人。

③在执行检查任务时,用电检查人员应向被检查的用户出示证明身份的有效证件(工作证等),用户不得拒绝检查,并应派人随同配合检查。

④经现场检查确认有窃电行为的,用电检查人员应当对窃电行为予以制止,并将窃电现场相关数据及情况填写在《用电检查工作单》内(一式两份),现场请用户负责人(法人或电工)签字认可。用户同意接受供电企业处理的,再向窃电者开具《违约用电、窃电通知书》,一式两份,一份送达用户并由用户代表签字,一份存档备查。用户不接受供电企业处理的,保护现场,马上向部门领导汇报,听从领导安排。

(2)窃电处理的工作流程

当发现窃电后一般按流程图进行处理。有的窃电案件不能受到处罚和审判,一个重要原因就是查处窃电程序不完善。窃电最终处理结果与用户的窃电数额及其在处理过程中的配合程度有关。从法律性质看,根据用户的窃电数额及其处理过程中的反应可以把窃电行为及对其处理方法划分为3类:

第一类是轻微窃电行为。违反了《供用电合同》,属违约用电,是民事侵权的范畴。供电企业可依据《中华人民共和国电力供应与使用条例》和《供电营业规则》追究窃电者的民事赔偿责任。供电企业对窃电的处理一般采用这种方式。

第二种是一般窃电行为。除民事侵权外,还属于行政违规。窃电者既要承担民事赔偿责任,又要受到行政处罚。许多供电企业往往仅追究窃电者的民事赔偿责任,既追缴电费和违约使用电费,而放弃申请公安机关、电力行政主管部门依据《中华人民共和国行政处罚法》和《中华人民共和国治安管理处罚条例》对窃电者进行罚款、拘留等行政处罚。

第三类是严重窃电行为。兼有违约、行政违规和刑事犯罪三重属性,是刑法制裁的范畴。窃电者除了承担民事赔偿责任、行政违规责任外,还要受到刑法的制裁。越来越多的供电企业已经认识到《中华人民共和国刑法》对打击窃电行为的法律威慑力。

窃电处理工作流程图如图3.2所示。

```
                    用电检查准备
   ┌──────┬──────┬──────┬──────┬──────┐
   │用电检查│2人及│用电检│用电检查│宣传资料│
   │工作单 │以上 │查证  │工具器 │      │
   └──────┴──────┴──────┴──────┴──────┘

                    进入检查现场

   ┌──────────────┐          ┌──────────────┐
   │找到客户负责人、│          │出示用电检查证 │
   │电气负责人     │          │              │
   └──────────────┘          └──────────────┘

                    现场检查
```

了解压等级线路配名变称容电量	表前有无	核对用电	检查计量屏	抄录表码、参数数据	设备安全隐患	检查计量装置	测试有误差	通知开装检封查表人员
							测试无误差	

```
        结论：对存在问题填写用电检查工单，交用户代表签字

   ┌──────────────────┐          ┌──────────────────┐
   │    客户签字认可    │          │   客户拒绝签字认可  │
   └──────────────────┘          └──────────────────┘
```

计算出补收处理电费意见	向客户通知并开具处	协议职责处权理限并审按批	开施票系收统费流并转实	实施整改	编写型案例卷宗备、档典		保护现场	报告领导	移机交关司处法理

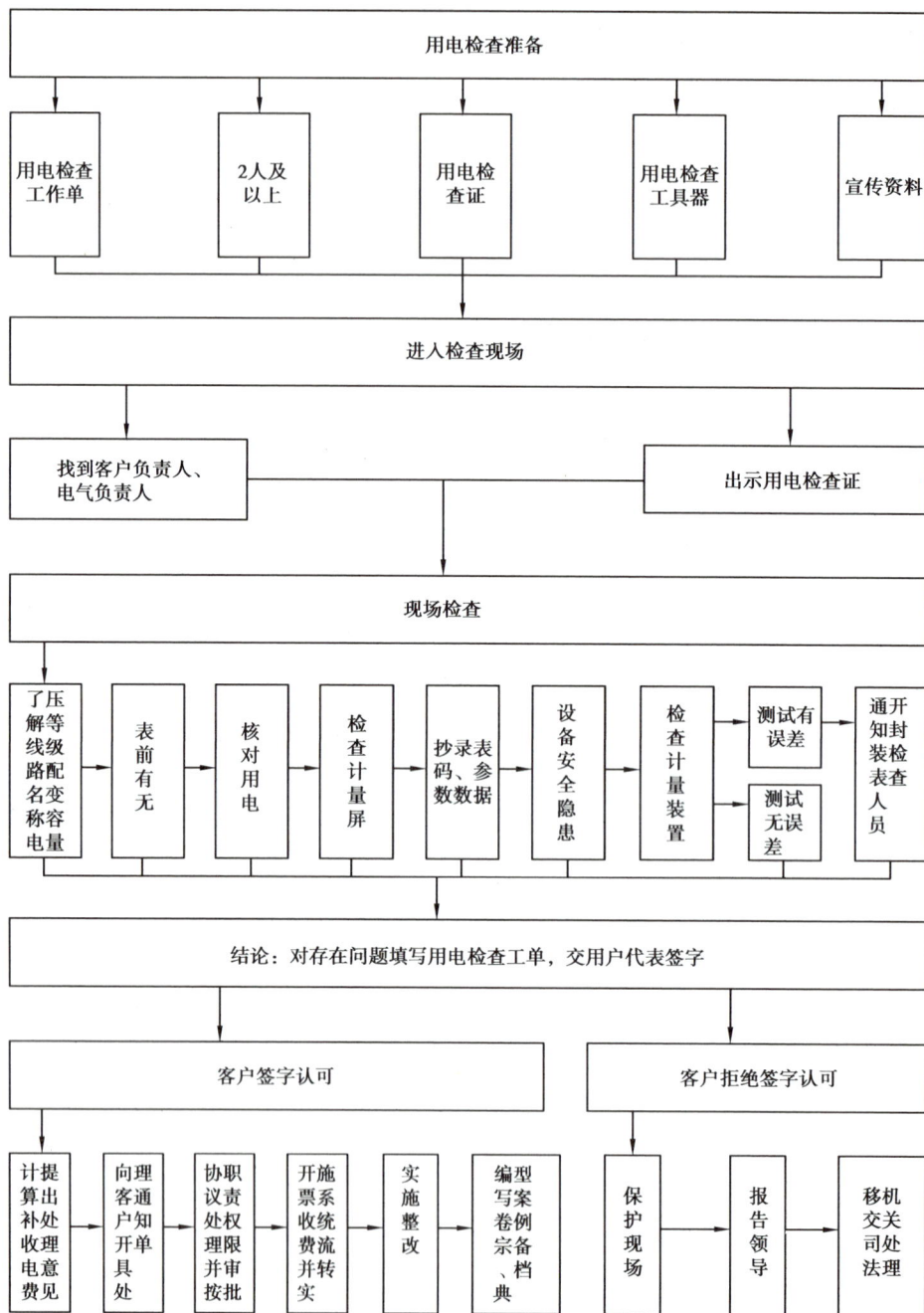

图 3.2　窃电处理的工作流程图

【任务实施】

窃电的判断与处理任务指导书见表3.6。

表 3.6　窃电的判断与处理任务指导书

任务名称	窃电的判断与处理	学　时	4 课时
任务描述	结合实际案例,完成窃电类型的判断;计算退补电量电费		
任务要求	1.准备安全工器具,核对客户信息; 2.正确判断窃电的类型; 3.合理进行窃电的处理; 4.正确填写查处工单		
注意事项	1.正确着装; 2.准备安全工器具:棉质工装、安全帽、纱手套、绝缘鞋、绝缘垫、验电笔; 3.组织措施:第二种工作票制度、班前会制度、工作监护制度(红马甲)、工作终结制度; 4.技术措施:验电、装设安全遮拦、挂安全标识牌、防止电流互感器二次回路开路		

任务实施步骤:

一、风险点辨识

客户信息保密。

二、作业前准备

合理分析案例,掌握判断依据。

三、操作步骤及质量标准

1.根据给定的案例,判断用户窃电类型。

2.计算窃电用户的退补电量电费。

3.给出最终的处理意见。

窃电现场记录表见表3.7。

表 3.7　窃电现场记录表

姓名:＿＿＿＿＿＿＿＿＿　　班级:＿＿＿＿＿＿＿＿＿　　　　　分支号:＿＿＿＿＿＿＿＿＿

异常数据来源				
表计编号	TA			TV
序号	项　目	操作情况记录		
1	现场检查情况			

续表

序号	项　目	操作情况记录
2	电表数据记录	
3	测量数据	
4	结果判断	

检查人员：　　　　　　　　　用户：　　　　　　　　日期：

【任务评价】

窃电的判断与处理任务评价表见表3.8。

表3.8　窃电的判断与处理任务评价表

姓　名		班　级		小组成员			
开始时间		结束时间		标准分	100分	得　分	
任务名称		窃电的判断与处理					
序号	步骤名称	质量要求	满分/分	评分标准		扣分原因	得分
1	工作前准备	着装及工器具	1. 正确着装 2. 安全帽 3. 工具箱(验电笔、钳形万用表、斜口钳、铅封、尖嘴钳、手电筒、摄像记录设备、秒表、十字起、一字起、手套等)	6	1. 未正确着装每处扣1分 2. 安全帽未正确佩戴扣2分 3. 工器具准备不齐全,少一项扣0.5分			
		进入现场	1. 出示检查证件 2. 与客户打招呼,要求客户协助	4	1. 未出示证件,扣2分 2. 未说明来意,扣2分			

续表

序号	步骤名称	质量要求	满分/分	评分标准	扣分原因	得分
2	现场检查	计量箱外观检查	1. 核对表计资产编号、倍率。 2. 计量箱封铅是否完好。 3. 计量箱是否存在高频强磁的干扰 4. 检查用户是否绕越计量装置用电 5. 检查计量箱有无破坏的痕迹等	10	1. 未核对数据每处扣2分 2. 缺一项未检查扣2分		
		计量箱内检查	1. 验电。 2. 开封前拍照留证。 3. 检查柜内是否有异物。 4. 电表铅封是否正常。 5. 有无短接线及检查接线是否松动	10	1. 未验电扣3分 2. 开封前未留证扣2分。 3. 柜内未检查扣1分。 4. 电表铅封未检查扣2分。 5. 未检查接线扣2分。		
		现场检测记录	1. 读取电表的数据 U、I、P、$\cos\varphi$、失压、最大需量、表计当前示值等相关数据。 2. 检测计量箱内接线盒前后、表前的电流值和电压值。 3. 瓦秒法测试误差	30	1. 电表的数据读取不完整缺项扣0.5分。 2. 检测数据记录缺一项扣1分。 3. 瓦秒法测试过程错误,未记录表计常数,整项共计扣5分		
		取证	选手明确指出窃电点并告知裁判取证。	10	1. 全程没有取证录像行为,0分。 2. 根据取证情况酌情扣分。 3. 缺少告知,扣2分。		
		记录填写	填写规范、齐全、完整、准确。	10	1. 根据考核记录表内容,每项数据未测扣分1分。 2. 测试数据未按保留位数填写、数据单位不规范每处扣0.5分。 3. 涂改一处扣0.5分		

续表

序号	步骤名称	质量要求	满分/分	评分标准	扣分原因	得分
3	用电检查结果通知单	1. 定性准确(违约窃电) 2. 依据正确(法律法规及条例) 3. 双方签字确认。	10	1. 准确的描述现场情况,不正确扣2分。违反法规及条例,依据不正确扣4分。 2. 故障描述不准确,判定结果不正确,扣4分。 3. 签字不规范,扣2分。		
4	清理现场	1. 操作过程中,遵守有关安全规定,保证人身及仪器、设备的安全。 2. 操作完成后,关闭计量箱,打上铅封并记录编号,清扫现场。 3. 将考核记录表交给裁判,并收拾好工具箱,报告"完成",裁判停止计时。	10	1. 操作过程中出现严重违反安全规程的行为,裁判可予以制止,报裁判长,并扣4分。 2. 没有整理工具箱扣1分。 3. 未进行场地清扫扣2分。		
	考评员(签名)		总分(分)			

【思考与练习】

分析案例并写出处理方法:在某次检查中,测量一窃电嫌疑户,该户表计为单相电子表10(40)A,表计封签全部正常,利用瓦秒法测试均正常,并且无外接线路,仔细检查后发现,进表零线内部被折断,该户在室内另设一零线,电表出线零线通过一个开关和室内零线连接,当开关合上时,表计正常,断开时,表计不走?

任务3.3 窃电现场取证与风险防范

【任务目标】

能合理合法获取用户窃电证据。

【任务描述】

对确定窃电的用户,进行现场取证。

【任务准备】

1. 知识准备
①证据的定义。
②证据的特点。
2. 资料准备
准备摄像机、用电检查工作单等。

【相关知识】

从某种意义上说,证据是查处违约用电、窃电的基础,或者说是打击违约用电、窃电的必备条件。用电检查过程既包括违约用电、窃电等的发现过程,也包括违约用电、窃电等行为的处理过程,同时又包括证据的收集与保全过程。证据对于违约用电、窃电等行为的处理有着怎样的地位不言而喻。

3.3.1　证据的定义

证据是指能够证明案件真实情况的一切事实,即认定案件事实的根据。在用电检查过程中,要证明违约用电、窃电事实的存在与否,必须以事实为依据,这个事实就是证据。证明的过程就是运用证据这一事实来证实和查明违约用电、窃电案件事实的过程。证据是处理一切违约用电、窃电案件的前提和基础,因为证据是处理违约用电、窃电的事实依据,只有证据证明了的事实,才能认定违约用电、窃电行为存在。没有证据或者证据不足,就不能确认违约用电、窃电的事实,就无法对违约用电、窃电行为进行处理。

违约用电和简单窃电
的判断

3.3.2　证据的特点

（1）证据的客观性

证据的客观性也称证据的真实性或者确实性，是指证明违约用电、窃电案件事实的证据，作为已发生的案件事实的客观遗留，是不以人们的主观意志为转移的客观存在。违约用电、窃电证据必须是真实、客观存在的事实。违约用电、窃电案件的发生和存在都不是孤立存在的，必然会留下相应的痕迹，必然同一定的人和事相关系，而这些都是客观的。证据的真实性是证据最本质的特征，但这不意味着有关人员收集到的证据一定是客观真实的，因为证据必须通过一定的形式表现出来，而人的认识总是需要通过语言、文字等陈述出来，这些事实属于经验事实。由于人的认识的有限性和客观事实通过语言、文字等实体反映过程的复杂性，人们的认识并不能完全反映客观存在。因此，法律规定一切证据材料必须经过查证属实，才能作为定案的依据。

（2）证据的关联性

证据的关联性，又称为证据的相关性，是指证据必须与需要证明的事实之间具有必然的联系。客观性固然是证据的最本质特征，但是仅有客观性的事实还不能成为证据，客观事实与违约用电、窃电事实还必须存在客观联系，借助于它能够证明违约用电、窃电案件的真实情况。因为客观存在的事实很多，但并非所有的客观事实都能作为违约用电、窃电的证据，与违约用电、窃电案件没有关系的客观事实，不能证明违约用电、窃电案件的真实情况，不能作为违约用电、窃电案件的证据，只有与违约用电、窃电案件有实在联系的客观事实才能对案件起证明作用，从而成为违约用电、窃电证据。违约用电、窃电证据与案件事实的联系是多种多样的，有因果联系、条件联系、时间联系、空间联系、必然联系和偶然联系等。其中，因果联系是最常见、最主要的联系。

（3）证据的合法性

证据的合法性，是指作为证据的事实必须以法律规定的特殊形式存在，并且证据的提取方法、收集程序应符合法律程序。违约用电窃电证据的合法性主要表现在以下几个方面。

①违约用电、窃电证据必须是法定人员依照法律规定的程序和方法收集的。收集违约用电、窃电证据必须依法进行，依法收集违约用电、窃电证据，既是程序正义的重要标志，又是正确认定案件事实的重要保证。只有合法收集的违约用电、窃电证据才能作为裁判的依据，通过非法手段获取的违约用电、窃电证据不能采用。

②违约用电、窃电证据必须具备合法的形式。对于不同性质诉讼的要求，违约用电、窃电证据必须分别符合我国《中华人民共和国民事诉讼法》《中华人民共和国行政诉讼法》《中华人民共和国刑事诉讼法》的有关规定，否则不能作为认定违约用电、窃电案件事实的证据。

③违约用电、窃电证据必须有合法的来源。如果违约用电、窃电证据的来源不合法，就

不能用作认定违约用电、窃电案件事实的证据。

> 案例 3.9
>
> 2014 年 2 月 27 日,樊某与合伙人开办了轧钢厂,在供电公司对其安装配电设施完毕的当天,樊某用先期准备好的钢芯线、万能式断路器等,雇请某电工在变压器低压计量装置前后的电缆上,并联了一组断路器,并将安装窃电装置的沟槽、地面、夹墙用水泥掩盖抹平。之后,樊某多次指使烧炉工张某使用窃电装置窃电,同年 11 月 27 日凌晨,被电力稽查局和市公安局联合行动组当场抓获。
>
> 该用户拒不承认窃电事实,经该市公安局侦查,其窃电量 107 876.43 kW·h,折合电费 36 874.78 元;向该区人民法院提请诉讼,法院经审查认为,樊某与张某以非法占有为目的,采取秘密窃取的手段盗窃国家电力资源,已构成盗窃罪。窃电量 40 135 kW·h,折合电费 14 718.43 元,判处樊某有期徒刑三年,缓刑四年,并处罚金一万五千元;判处张中球有期徒刑两年,缓刑三年,并处罚金五千元。
>
> 评析
>
> 这是供电公司近年来依法打击农村小型轧钢厂窃电犯罪的成功案例,尽管窃电者精心策划、手段隐蔽,在查处过程中态度蛮横,百般抵赖,但稽查人员充分依靠公安机关执法权力,多方收集证据,完备法律手续,使窃电者得到法律制裁。

3.3.3   证据的种类

违约用电、窃电的法律责任可能涉及民事责任、行政责任和刑事责任,以下分别介绍不同法律规定的证据种类。

①《中华人民共和国民事诉讼法》(以下简称《民事诉讼法》)规定证据分为:书证、物证、视听资料、证人证言、当事人的陈述、鉴定结论、勘验笔录。

②《中华人民共和国行政诉讼法》(以下简称《行政诉讼法》)规定证据分为:书证、物证、视听资料、证人证言、当事人的陈述、鉴定结论、勘验笔录和现场笔录。

③《中华人民共和国刑事诉讼法》(以下简称《刑事诉讼法》)规定证据分为:书证;物证;证人证言;被害人陈述;犯罪嫌疑人、被告人供述和辩解;鉴定意见;勘验、检查、辨认、侦查实验等笔录;视听资料、电子数据。

从以上规定可以看出,《民事诉讼法》《行政诉讼法》和《刑事诉讼法》规定的证据种类大体相同。下面详细介绍违约用电、窃电的证据种类。

(1)书证

书证,是指文字、符号、图画等记载的内容和表述的思想来证明案件事实的书面文件和其他物品。书证必须同时具备两个条件:一是书证必须是以文字、符号、图画等记载或者表达了人的一定思想的物品,而且其所记载或表达的思想内容能够为人民认知和理解,可借以发现信息;二是该项材料记载的内容或者所表达的思想,必须与待证明的案件事实有关联,能够借以证明案件事实。违约用电、窃电的书证是指以文字、符号、图画等记载的内容和表达人的思想,其内容对违约用电、窃电案件的真实情况具有证明作用的证据。

例如,用户的主体证据资料(《营业执照》、工商登记资料、身份证或户口本)、用户基础数据资料(用电申请资料、用电变更资料、供用电合同、电能表、电压互感器、电流互感器、二次回路阻抗等计量装置各组成部分的原始资料等)、用户窃电资料(《用电检查工单》《用户窃电(违约用电)处理通知单》、电力管理部门做出的调查报告或行政处罚决定书等)。

（2）物证

物证,是指以其物资属性包括特征、存在场所等证明案件事实的实物或物质痕迹。物证包括实物和痕迹两类:实物是指与案件事实有联系的客观实在物;痕迹包括两个物体相互作用所产生的印痕和物体运动时所产生的轨迹。违约用电、窃电的证据中物证是指据以查明违约用电、窃电案件,能够证明违约用电、窃电案件真实情况的一切物品、痕迹。在违约用电、窃电案件中,物证是最重要的证据。

例如,实施窃电用的窃电器、移相器、升流器等窃电工具和设备、被损坏的计量装置、伪造的计量装置封印和被拆开的计量装置封印;被更动的箱柜门锁具、电能表、互感器和电压、电流二次回路接线等。

物证与数字在同一案件中有时难以区分,根据定义,物证与书证的区别在于:书证是以其记载和表达的思想内容来证明案件真实情况;物证则以其外部特征来证明案件真实情况。违约用电、窃电案件中有时候一个证明可能既是物证又是书证。

（3）视听资料与电子数据

视听资料,是指利用录音或录像带反映出来的形象和音响,或以电子计算器储存的资料来证明一定案件事实的证据。视听资料有以下特点:

①视听资料的形成、储存和再现,具有高度的准确性和逼真性。

②具有各种言辞证据都不具备的直感性,可以将与案件有关的形象和音响,甚至案件发生的实际状况直观地再现在人们面前。

③视听资料具有客观性强、能动态连续地再现案情、信息量丰富等优点。

视听资料有录音带、录像带、电视录像、微型胶卷、电子计算机等储存的数据和资料等。供电企业的负荷控制装置、远程抄表系统、多功能电子式电能表等也属于视听资料。

（4）证人证言

证人证言,是指证人向供电企业、电力管理部门或者公安机关、司法机关等表达自己知道的违约用电、窃电案件的客观真实情况。

《刑事诉讼法》第六十条规定:"凡是知道案件情况的人,都有作证的义务。生理上、精神上有缺陷或者年幼,不能辨别是非、不能正确表达的人,不能作为证人。"《民事诉讼法》第七十二条规定:"凡是知道案件情况的单位和个人,都有义务出庭作证。有关单位的负责人应当支持证人作证。不能正确表达意思的人,不能作证。"《最高人民法院关于民事诉讼证据的若干规定》(法释〔2019〕19号)第六十七条规定:"不能正确表达意思的人,不能作为证人。待证事实与其年龄、智力状况或者精神健康状况相适应的无民事行为能力人和限制民事行为能力人,可以作为证人。"

根据上述法律规定,在我国能作为违约用电、窃电案件中的证人必须符合下述条件。

①证人必须是自然人,并具有人身不可替代性;以单位名义出具的证明材料其法律效力尚有争议,在实践取证中,确需单位出具证明材料的,加以相关人员签名为最佳。

②证人必须了解案件真实情况,了解案件情况既可以是直接了解,也可以是间接了解。证人证言是证人对案件有关真实情况的感知的陈述,要具有一定的客观真实性,其作证时只能根据亲身经历的案件事实进行陈述。

③证人必须能够辨别是非、能够正确表达自己的意志。证人必须通过自己的言谈举止将其感知的案件有关真实情况表达出来,这就要求证人在生理上和心理上具备表达自己和控制自己的能力,能够通过自己的言谈举止将其亲身感知的案件事实表达出来。如证人虽然了解案件真实情况,但由于自身的生理或心理问题,无法将案件事实情况表达出来,也就无法达到作证的目的。因此,生理上、精神上有缺陷或者年幼,从而不能辨别是非、不能正确表达的人,不能作为证人,其他原因导致不能辨别是非、不能正确表达的人,也不能作为证人。

④证人必须能够认识作证的法律后果并有承担作证相应法律责任的能力。因为证人要懂得和承担作伪证的法律后果,尽管《最高人民法院关于民事诉讼证据的若干规定》(法释〔2001〕19 号)使得无行为能力人在一定的情况下也具有证人的主体资格,但是处理违约用电、窃电案件中的证人最好还是具有民事行为能力的人(10 周岁以上)。

(5)当事人陈述、被害人陈述、犯罪嫌疑人、被告人供述和辩解

当事人陈述是指诉讼中的原告、被告和第三人就他们对案件事实的感知和认识所发表的陈词及叙述。这里的当事人主要是指供电企业和违约用电、窃电者。具体的查电人员、见证人、举报人均不属于这里的当事人。

被害人陈述是指犯罪行为的直接受害者就其了解的案件情况向司法工作人员所做的陈述。这里的被害人主要是指供电企业。被害人的称谓主要出现在刑事诉讼中。

犯罪嫌疑人、被告人供述是指犯罪嫌疑人、被告人向公安机关、人民检察院和人民法院承认犯有某种罪行所做的交代。

犯罪嫌疑人、被告人辩解,则是指犯罪嫌疑人、被告人不承认犯有罪行,或者具有从轻、减轻、免除处罚情节等针对控诉提出的反驳和申辩。

(6)鉴定结论

在诉讼中运用专门知识或技能,对某些专门性问题进行检验、分析后所作出的科学判断,称为鉴定。进行这种鉴定活动的人,称为鉴定人。鉴定人对案件中需要解决的专门性问题进行鉴定后作出的结论,称为鉴定结论或鉴定意见。

鉴定结论往往是专家根据其经验、知识或者技能作出,但是专家往往并不了解案件事实,只有在接受指派,对案件中一些特定的专门性问题进行研究、鉴定后,对该特定专门性问题发表的意见才是鉴定结论。因而,鉴定结论是专家对与案件事实有关的问题提供的结论性意见。

(7)勘验、检查笔录

勘验、检查笔录是指执法人员依法对物证和现场的物品、人身等进行勘查、检验的情况所做的记载。

违约用电、窃电案件中的勘验、检查笔录,是指有关执法人员对物证和现场进行实地勘查和检验的如实记录,包括文字记载、绘图、摄影等。

3.3.4　证据的分类

按照不同的标准,可将违约用电、窃电证据分为不同的种类。划分的目的在于理解和掌握不同证据的特征,以便更好地在反违约用电、窃电活动中收集、调查和运用证据。

①按照主张违约用电、窃电事实存在或否认对方主张的违约用电、窃电事实来划分,可将违约用电、窃电证据分为本证和反证。

本证是指当事人一方主张某种事实,提出能证明该事实存在的证据。与之相对应的是反证。在违约用电、窃电案件中,本证由负有证明责任的供电部门或者电力管理部门、公安机关提出,用以证明行为人违约用电、窃电事实的存在。反证即当事人为了推翻对方所主张的事实,而另提出其他事实所举出的证据。如在供电企业查处违约用电、窃电过程中,用户不承认违约用电、窃电事实,向法院提出民事诉讼,则本证由供电企业提供,反证就由用户提供。

②按违约用电、窃电证据的来源不同,可将其划分为原始证据和传来证据。

原始证据,就是直接来源于案件客观事实的证据。传来证据,就是从原始证据中派生出来的证据。违约用电、窃电证据的原始证据是指违约用电、窃电证据本身来源于违约用电、窃电案件事实的证据。违约用电、窃电证据的传来证据又称为派生证据。一般来讲,原始证据的可靠性要大于传来证据,但是也不一定大于传来证据,因为原始证据也存在真实性的问题。虽然原始证据在查处违约用电、窃电案件中具有重要作用,但是也不能忽视传来证据的作用。因为违约用电、窃电的隐蔽性较强,难以发现,所以在查处违约用电、窃电案件中传来证据就显得十分重要。例如,群众举报窃电,可能是根据他人提供的消息或者线索,这虽然是典型的传来证据,但是供电企业也可以充分利用,作为查处窃电的重要线索。

③按照证据与证明对象的关系,可以将违约用电、窃电证据划分为直接证据和间接证据。直接证据是指能够直接证明违约用电、窃电案件中待证事实的依据。间接证据是指不能够单独地、直接地证明违约用电、窃电案件中的待证事实,但与待证事实有某种间接联系的证据。直接证据是诉讼中的主要证据,可以直接确认违约用电、窃电的事实;间接证据只起辅助作用,但是在查处违约用电、窃电案件中,间接证据的作用不可忽视,因为在查处违约用电、窃电中能够获得的直接证据比较有限,更需要间接证据的辅助。间接证据在违约用电、窃电案件中有着非常重要的作用:

a.间接证据可以作为调查研究整个案情的向导。

b.间接证据可以鉴别直接证据的真伪。

c.几个间接证据联系起来的证明效力,就可以相当于甚至超过一个直接证据的证明效力。

因此,在查处违约用电、窃电案件时,要注重收集一切与案件有关的证据,综合运用证据之间的关系,将各个证据联系起来,构成证据链,证明违约用电、窃电事实。

3.3.5 法律风险防范

(1)制作书证

根据法律规定,收集、调取的书证应当是原件。如果原件不便取得时,也可以是副本或者复制件。书证的副本、复印件,经与原件核对无误后,具有与原件同等的证明力。制作书证的副本、复制件时,应当附有关于制作过程的文字说明及原物存放处的说明(本件与原本核对无异),并由制作人签名或者盖章。

(2)提取物证

根据法律规定,收集、调取的物证应当是原物。原物不便搬运或者保存时,可以拍摄足以反映原物外形或者内容的照片、录像。物证的照片、录像,经与原件、原物核实无误后,具有与原件、原物同等的证明力。拍摄物证的照片、录像以及对有关证据录音时,制作人不得少于2人。提供照片音像制品时,应当附有关于制作过程的文字说明以及原物存放处的说明,并由制作人签名或者盖章。

(3)物证、书证、视听资料原则上须提供原件

书证、物证、视听资料3种证据都存在其外在形式与实质内容的真实性问题,对这3种证据进行质证,本身就是对其形式与实质的证明力进行质疑,提出其外在形式上存在的疑点或瑕疵,并借以减弱、削弱其实质证明力。所以,在对书证、物证和视听资料3种证据进行质证时,当事人有权要求对方提供原件或者原物,以保证其形式的真实性。这是对当事人程序保障的体现。

(4)视听资料单独作为认定事实的依据的要求

相对于其他类型的证据,视听资料具有高度的准确性和直观性,只要录制对象正确、录制方法得当、录制设备正常,视听资料就能十分准确地记录案件事实。《最高人民法院关于民事诉讼证据的若干规定》(法释〔2019〕19号)第六十八条规定:"以侵害他人合法权益或者违反法律禁止性规定的方法取得的证据,不能作为认定案件事实的依据。"第六十九条规定:"下列证据不能单独作为认定案件事实的依据:(三)存有一点的视听资料";第七十条规定"一方当事人提出的下列证据,对方当事人提出异议但没有足以反驳的相反证据的,人民法院应当确认其证明力:(三)有其他证据佐证并以合法手段取得的无疑点的视听资料或与视听资料核对无误的复制件……";《最高人民法院关于民事诉讼证据的若干规定》(法释〔2001〕33号)为审判机关对视听证据的采信提出了两个条件:一是视听资料不得已侵害他人合法权益或者违反法律禁止性规定的方法取得;二是要无疑点。

(5)证人的相关要求

《民事诉讼法》第七十三条规定:"经人民法院通知,证人应当出庭作证。有下列情形之

一的,经人民法院许可,可以通过书面证言、视听传输技术或者视听资料等方式作证:(一)因健康原因不能出庭的;(二)因路途遥远,交通不便不能出庭的;(三)因自然灾害等不可抗力不能出庭的;(四)其他有正当理由不能出庭的。"此外《最高人民法院关于民事诉讼证据的若干规定》(法释〔2019〕19号)第五十五条规定:"证人在人民法院组织双方当事人交换证据时出席陈述证言的,可视为出庭作证。"对于证人出庭作证的费用,《民事诉讼法》第七十四条规定:"证人因履行出庭作证义务而支出的交通、住宿、就餐等必要费用以及误工损失,由败诉一方当事人负担。当事人申请证人作证的,由该当事人先行垫付;当事人没有申请,人民法院通知证人作证的,由人民法院先行垫付。"

(6)有利害关系的证人证言的证明的效力判断

凡是知道案件事实的人,都有出庭作证的义务,但证言的效力依据因证人与有关当事人的关系而有所不同。根据法律规定,与一方当事人有亲属关系或者其他密切关系的证人所作的对该当事人有利的证言,或者与一方当事人有不利关系的证人所作的对该当事人不利的证言都不能单独作为定案依据。因此,有利害关系人的证人证言有一定的证明效力,但不能单独作为认定事实的依据,需要其他证据加以佐证。

3.3.6　取证的方法与途径

违约用电与窃电
取证的基本方法

1)收集证据的途径

各种违约用电、窃电行为证据的收集方法与对象往往是统一的,所以统一称为收集证据的方法。其主体分为3种:一是供电企业自行收集与现场提取;二是供电企业向电力行政主管部门报案后,证据收集与现场提取的主体应为电力行政执法部门,供电企业有协助的义务;三是司法机关介入或立案的违约用电、窃电案件的证据收集与取证的主体应为办案机关,供电企业有协助的义务。

(1)供电企业自行收集证据的方法

用电企业用电检查人员发现违约用电、窃电行为进行现场自行收集证据的方法如下所述。

①拍照。拍照尽量使用胶卷型照相机。拍照的技巧与普通拍摄没有实质性的差别,主要把握两个方面:一是大中小(远中近)镜头,反映处理违约用电、窃电某项事物(例如用户工作人员签收、拒收文件的影像)中的影像,以及反映违约用电、窃电具体方式、手段、电能计量装置、电力装置、主要用电设备及其铭牌的小影像;二是照片主题鲜明,能明显反映出照片中所需证明的对象内容。

②录像。录像的设置技巧与拍照类似,主要把握两个方面:一是大中小(远中近)镜头,即能否分别反映查处违约用电、窃电时整体画面的大影像,反映处理违约用电、窃电某项事务(例如用户签收、拒收文件的影像)的中影像,以及反映违约用电、窃电具体方式、手段、电能计量装置、电力装置、主要用电设备及其铭牌的小影像;二是录像应连贯,保持画面清晰,

尽量减少抖动。

③录音。录音作为证据需要具备3个方面条件：

a. 当事人的录音证据是真实的，未被剪接、剪辑或者伪造，前后连接紧密，内容未被篡改，具有原始性和连贯性。

b. 证据的合法性。以侵害他人合法权益或者违反法律禁止性规定的方法取得的证据，不能作为认定案件事实的依据。也就是说并未采取侵害原告合法权益如原告的隐私，也未采取违反法律禁止性规定的方法如窃听、拘禁或者胁迫等。

c. 认可该录音资料，或虽提出反驳但没有足够的证据加以证明，反驳理由不成立的。因此，实践中对录音的技巧要求比较严格，应注意：录音的各方当事人身份在录音中应有所体现，能辨认出用电检查人员和用户的各自实施具体行为情况，能反映违约用电、窃电的地点。录音的时间在录音中也要有所体现，不一定必须在录音中说得非常清楚，但至少应该能够听出大概的时间，或者是能够通过逻辑推断出时间，或者能够根据录音的内容排出事件发生的先后顺序。要引导对方说"有用"的话，也就是说用户知道存在违约用电、窃电行为等内容。录音的原件要保存好，切勿修改、剪辑和移动存储。

d. 提取物证。常见的物证如用电计量装置、私接线路电线、伪造或开启的封印等。理论上可通过勘验笔录、拍照、录像、绘图、复制模型或者保持原物的方法保全；实践中，用电检查人员主要是通过拍照、录像、绘图、封存原物的方式保全。提取物证时应注意：封存原物时最好由双方共同进行确认和封存或者由第三方见证，避免供电企业单方封存，供电企业单方取回自行保管；应能反映出封存的原物与违约用电、窃电者实施违约用电、窃电行为之间的联系，封存的物证不应当是孤立的，供电企业出示的物证应当能够使人确认其就是违约用电、窃电者实施违约用电、窃电行为的证据。

（2）向公证机关申请证据保全

证据保全公证是指公证机构根据当事人的申请，对可能灭失或以后难以取得的证据，依法进行事先的收存、固定或保管。以保持该证据的真实性和证明力的措施。根据《中华人民共和国公证法》第十一条规定，"保全证据"和"文书上的签名、印鉴、日期、文书的副本、影印本与原本相符"均属于公证机构办理公证事项的范畴。证据保全公证主要适用于诉讼开始前，诉讼开始后的证据保全可以依法向人民法院提起。在查处违约用电、窃电案件中，请公证机关保全证据应当注意以下问题：

①须供电企业主动提出申请。公证机关不具有人民法院主动调查取证的职权。

②须向住所地、经常居住地、行为地或者事实发生地的公证机构提出。

③须与申请公证的事项有利害关系。也就是说，违约用电、窃电者已经涉嫌侵犯了供电企业的合法权益。如果侵犯的是第三人的合法权益，跟供电企业无关，那么不能就此申请证据保全。

④申请的事项不属于专业技术鉴定、评估事项。对于计量装置准确性的鉴定，属于专业的技术鉴定，不宜申请证据保全公证。

⑤申请公证应当注意成本和及时性。对于违约用电、窃电行为可能涉及违约用电、窃电

量较大,违约用电、窃电行为人通过电力技术手段对电能质量产生干扰或者妨碍,违约用电、窃电行为人消极不予配合检查工作和违约用电、窃电证据容易灭失或销毁的,可以考虑申请证据保全公证。

（3）向人民法院申请证据保全

证据保全是指在证据可能灭失或以后难以取得的情况下,人民法院依据职权对证据资料采取收存等方法,以保持其证明作用的措施。采取证据保全的措施,有利于保护可能破坏或灭失的证据,也便于人民法院在民事审判活动中更好地查明事实,公正地审理案件。

《民事诉讼法》第八十一规定:"在证据可能灭失或者以后难以取得的情况下,当事人可以在诉讼过程中向人民法院申请保全证据,人民法院也可以主动采取保全措施。因情况紧急,在证据可能灭失或者以后难以取得的情况下,利害关系人可以在提起诉讼或者申请仲裁前向证据所在地、被申请人住所地或者对案件有管辖权的人民法院申请保全证据。"因此,证据保全包括诉前证据保全和诉讼中证据保全。

从我国目前法律规定来看,向人民法院申请证据保全有以下特点:

①受理条件比较严格,仅适用于证据可能灭失或以后难以取得的情形,诉前证据保全还须具备"情况紧急"情形。

②证据保全的功能不足。只是体现了证据保全的传统功能即保全证据,对于开示证据、确定事实及促进诉讼外纠纷解决的功能尚未体现。

③程序规定较为简单。主要体现在:一是人民法院接受申请后,对情况紧急的,必须在四十八小时内作出裁定;裁定采取保全措施的,应当立即开始执行。二是人民法院采取保全措施,可以责令申请人提供担保,申请人不提供担保的,裁定驳回申请。三是申请人在人民法院采取保全措施后三十日内不依法提起诉讼或者申请仲裁的,人民法院应当解除保全。四是保全限于请求的范围,或者与本案有关的财物。

在查处违约用电、窃电案件中,对于证据可能灭失或以后难以取得的情形,可以考虑申请人民法院保全证据。申请人民法院保全证据应在法律部门或者法律专业人士的指导下,按照规定的程序和条件进行。"证据可能灭失或以后难以取得"应当根据实际情况进行把握,例如对无供电合同关系的窃电或者窃电行为,需要核定窃电或者窃电行为人的装机容量以确定用电量,但是窃电行为人不提供资料或者不予配合容易导致以后难以取证的,可以向人民法院申请证据保全。

（4）申请人民法院调查取证

我国法律规定当事人可以申请人民法院调查取证主要表现为《民事诉讼法》第六十四条第二款规定:"当事人及其诉讼代理人因客观原因不能自行收集的证据,或者人民法院认为审理案件需要的证据,人民法院应当调查收集。"另外,《最高人民法院关于民事诉讼证据的若干规定》（法释〔2019〕19 号）第十七条也规定了当事人可申请人民法院调查收集证据。

上述规定归纳起来,可以较为准确地确定我国民事诉讼中由当事人申请调查收集证据的范围。具体而言,包括以下 5 种:

①申请调查收集的证据属于国家有关部门保存并须人民法院依职权调取的档案材料。

②涉及国家秘密、商业秘密、个人隐私的材料。

③需要鉴定、勘验的。

④当事人双方提供的证据相互矛盾,经过庭审质证无法认定其效力的。

⑤当事人及其诉讼代理人确因客观原因不能自行收集的其他证据。《最高人民法院关于民事诉讼证据的若干规定》(法释〔2019〕19 号)第十七条规定:"符合下列条件之一的,当事人及其诉讼代理人可以申请人民法院调查收集证据:(一)申请调查收集的证据属于国家有关部门保存并须人民法院依职权调查的档案材料;(二)涉及国家秘密、商业秘密、个人隐私的材料;(三)当事人及其诉讼代理人确因客观原因不能自行收集的其他材料。"该条规定实际上是对《民事诉讼法》第六十四条第二款的具体解释和细化。

供电企业在违约用电、窃电民事责任追究的诉讼中,发现具备上述情形的,可申请法院对以上证据进行调查取证。申请调查取证应当在举证期限届满七日前,以书面形式向人民法院提起申请。

(5)借助公安部门和电力管理部门获取证据

公安部门和电力管理部门等政府组织机构在办理案件过程中调查收取的证据,实践中具有很强的证据证明效力,不仅可以作为行政处罚的支撑证据,也可以作为民事维权的有力证据。

实践中,供电企业在发现违约用电、窃电行为后,发现违约用电、窃电行为人不配合用电检查,或者用暴力或暴力威胁供电企业用电检查人员,或者可能涉及违约用电、窃电量较大基于慎重起见,或者需要强制鉴定等情形的,在不能自行收集相关证据时,可以及时向公安机关报案,并向公安机关或电力管理部门了解侦查后确定的违约用电、窃电行为及损失方面的证据。

公安机关或电力管理部门调查的证据主要有:①公安机关调查询问笔录;②用户的供述材料;③公安机关的鉴定结论;④公安机关案件处理情况的资料;⑤封存或提取的现场物证。

需要注意的是,借助公安机关收集证据材料,需要在发现违约用电、窃电行为后及时报案,并注意保护现场,协助公安机关侦查。

2)提取、收集证据时应遵循的程序

在查处违约用电、窃电工作中,用电检查是供电企业收集违约用电、窃电证据的重要过程,在进行用电检查,特别是企业进行涉及需要收集窃电证据的时候,必须遵守法律、法规有关程序的规定。如果不遵守法律、法规规定的程序或者采取非法手段取证,那么供电企业所提取、收集的证据将存在瑕疵,势必使违约用电、窃电的处理人陷入困境。特别是用电检查人员的法律知识、法律素养、法律运用能力都是必须关注的问题,否则容易出现违法乱纪和侵犯他人权利的情况。因此,在查处违约用电、窃电工作时必须遵守法律规定。供电企业在用电检查工作中应依法配备用电检查人员,用电检查人员应当熟悉与供用电业务有关的法律、法规、政策、技术标准和供用电管理制度。供电用电检查要严格按照《用电检查管理办法》的检查程序进行(2016 年 1 月 1 日废止但有参考价值):

①供电企业用电检查人员实施现场检查时,用电检查人员的人数不得少于两人。

②执行用电检查任务前,用电检查人员应按规定填写《用电检查工作单》中规定的内容,不可缺项。

③用电检查人员在执行查电的任务时,应向被检查的用户出示《用电检查证》,用户应派人随同配合检查。

④经现场检查确认有窃电行为的,用电检查人员应开具《用电检查结果通知书》或《窃电通知书》一式两份,一份送达用户并由用户代表签字,一份存档备查。

⑤对窃电行为,用电检查人员应当场予以终止供电(特别重要的用户报请领导批准后实施),制止其侵害,并按规定追补电费和加收违约电费。制止的方式很多,只要是法律没有规定为禁止的行为,都可以采用。

⑥拒绝接受处理的,应当报请电力管理部门依法给予行政处罚,情节严重,违反治安管理处罚规定的,由公安机关依法予以治安处罚,构成犯罪的,由司法机关依法追究刑事责任。

3)提取、收集证据的要诀

违约用电、窃电证据的提取,收集是一项十分重要而又艰巨的任务,这关系到能否让违约用电、窃电行为人得到应有的惩罚,维护供电企业的合法权益的重大问题,应予以高度重视。供电企业用电检查人员,在查处违约用电、窃电行为中应坚持实事求是,就是要从客观实际情况出发调查、研究和分析问题,不能凭想当然,也不能主观臆断,必须深入细致地调查研究。根据现场的情况,从现场的细节中寻求违约用电、窃电的证据。用电检查人员必须具有强烈的证据意识、丰富的工作责任心,尽可能收集合法有效的违约用电、窃电证据。

(1)证据的收集和提取必须主动、及时

违约用电、窃电证据,是能够证明违约用电、窃电案件真实情况的事实。诉讼中查明的不是客观真实,而是法律真实,即用证据能够证明的客观情况。而证据是违约用电、窃电行为人遗留在现场的痕迹、印象,是以其内在属性、外部形态、空间方位等存在特征证明案件事实的物体和痕迹。现在的违约用电、窃电行为,大多都有物证可寻,如在电力线路上擅自接线用电,跨越表计窃电,使用特制的装置窃电,故意损坏法定用电计量装置窃电等,都有明显的物体和痕迹,这些物体和痕迹就是直接有效的证据。而这些痕迹和印象与时间具有密切的关系,离发案时间越近,发现和提取这些证据的可能性就越大。因此,只有努力做到及时、主动,才能收集尽可能多的证明法律真实的证据,才会使法律真实尽可能地接近客观真实。

(2)收集和提取必须客观全面

目前违约用电、窃电行为的手段和方法日趋隐蔽,并逐步向高科技化发展,给违约用电、窃电证据的收集带来较大的难度。并且客观性是证据的一个重要特征。为了保证违约用电、窃电行为查处,用电检查人员在收集证据时,必须从客观出发,尽量保证证据的客观性。在查处违约用电、窃电案件中,必须要克服先入为主和偏听偏信的心理,特别是对群众举报的案件,更要克服这种心理倾向或偏见,客观全面地收集和审查证据,不能只收集或认定符合自己主观需要的、构罪的和罪重的证据,而忽视甚至故意舍弃不符合自己主观需要的、不构罪的和罪轻的证据。更不能为了所谓的"工作需要"或出于其他目的而弄虚作假,制造和使用虚假证据。

全面是指收集提取证据必须要收集、提取到一切能够反映案件真实情况的各种证据,只有将证据有机地构成完整的证据体系,才能反映案件事实的全部。证据的管理必须规范,因为在处理索赔和争议问题时,全靠证据来说明问题,所以对违约用电、窃电证据的管理、收集至关重要。要设专人进行管理,对证据要编号,每个案件要分类、归档、保存,以防丢失。

（3）收集和提取必须要有计划、有目的

有计划、有目的,就是指在收集证据时要有明确的调查、取证目标、范围、方法和要求,以及所要取到的成效等。

（4）收集和提取必须深入、细致

深入、细致地收集、提取证据,就是要注意材料的各种细节,注意那些微不足道的事物和其他一切可疑情况。同时,还必须查明各种证据材料的来龙去脉,通过表面现象把握事物的本质,而不为表面现象所迷惑,力求使取得的证据材料真正同案件有关,并对查明案件有某种实际的证明价值。

4）窃电查处中主要应收集的证据

窃电的查处是供电企业营销工作的一项重要内容,体现了供电企业和窃电行为人的斗智斗勇。特别是如何发现窃电行为,如何获取窃电行为的证据,如何固定证据,在发现窃电后应该采取哪些措施等,都是查处窃电工作中最重要的基础性工作,这关系到查处窃电工作能不能落到实处,关系到查处窃电工作能不能达到预期的效果,关系到查处窃电工作能不能维护供电企业的合法权益,关系到查处窃电工作能不能打击窃电行为人的违法行为、切实追究其法律责任。

实践中,查处窃电收集和保全证据应当围绕窃电行为的认定和窃电处罚的依据,包括但不限于以下内容。

（1）证明窃电行为人主体的证据

证明窃电行为人主体的证据主要是指能辨明窃电行为人身份的证据,例如供用电合同（证明与用电人的主体身份）、窃电行为人的营业执照、身份证件、实际用电人（窃电行为人）与房屋租赁方之间的合同等。

（2）证明窃电行为人实施了窃电行为的证据

证明窃电行为人实施了窃电行为的证据主要是指证明窃电行为人是否实施了窃电,以及窃电采用的手段和方式等证据。常见的有:

①接线的电力设施。

②接线点和现场勘查图（笔录）。

③损坏、不准或失效的用电计量装置。

④伪造或开启的封印。

⑤使用用电计量装置不准或失效的窃电装置、工具、材料等。

⑥在用电计量装置上遗留的窃电痕迹（拍照、摄像等方式加以固化,必要时提请鉴定）。

⑦知情人、举报人的书面材料。

⑧专业试验、专项技术鉴定结论资料。

（3）证明窃电电量、窃电金额的证据

证明窃电量、窃电金额的证据主要是指证明窃电行为人窃取的电量以及相应的金额的证据。常见的有：

①私接设备额定容量。

②用电计量装置标定电流值容量（如装有限流器，则为限流器整定电流值）。

③证明窃电时间的材料。包括窃电行为人对窃电时间的陈述以及举报人、知情人的证言；电能计量装置校验时间及数据；用户用电量显著异常变化的电量、电费资料；用户产品、产量、产值统计表；供电企业负荷管理系统实时监测记录的用户负荷、电量变化规律、窃电次数等资料。

④证明窃电量计算方式和窃电金额计算方式的材料。主要有《供用电合同》《供电营业规则》、现行有效电价文件。

⑤其他基础辅助资料。包括各分表电量与正常损耗之和，总表抄见电量；与用户同类产品平均耗电量数据表。

（4）证明窃电造成供电设施损坏等其他损失的证据

《供电营业规则》第一百零四条规定："因违约用电或窃电造成供电企业的供电设施损坏的，责任者必须承担供电设施的修复费用或进行赔偿。"据此，如窃电行为人的窃电行为导致供电企业设施损坏及造成第三人损失等情况的，供电企业也应收集相应的证据。

5）法律风险提示

（1）用户拒绝签收违约用电、窃电处理通知

①寄挂号信、特快专递、电报。收集邮政部门出具的邮寄凭证、电报收据、用户的签收回执等材料，并在寄出凭证上注明所寄材料的名称。

②公证送达。送达的各个环节，从催费通知的制作、寄出凭证的填写、送达过程到送达完毕，均应有公证人员的参与，并制作《公证书》。

③刊登公告。适用于因用户住所地变更时供电企业难以向用户送达相关资料的情况，供电企业可在用户所在地公开发行的报纸上刊登相关资料，如催费公告等。

④现场送达。直接送达给用户，由用户或其认可的接收人签收，同时拍摄签收、拒收文件的远近景影像。

（2）供电企业对发现窃电行为后无法及时通知到用户或者用户不配合确认

①报案并请负责的民警予以见证和确认。

②邀请无利害关系的第三方到现场见证并确认，如公证部门、街道办事处或者社区工作人员、小区物业管理部门、村委会、生产队长等。

（3）查处窃电时用电检查人员私自录音是否具有法律效力

2001年12月颁布的《最高人民法院关于民事诉讼证据的若干规定》（法释〔2019〕19号）第六十八条规定："以侵害他人合法权益或违反法律禁止性规定的方法取得的证据，不能作为认定案件事实的依据。"第七十条第三款规定："有其他证据佐证并以合肥手段取得的、无疑点的视听资料或者与视听资料核对无误的复制件，对方当事人提出异议但没有足以反

驳的相反证据的,人民法院应当确认其证明效力。"据此,录音资料没有侵害他人的合法权益、没有违反法律禁止性规定,即可作为证据使用。具体而言,以下 3 种私自录音,有可能作为证据被采信:

①一方当事人偷录,对方当事人虽不同意,但无其他利害关系人在场并证实私录过程真实的,可以作为证据。

②被录音者虽不知道秘密录制,但结束后知悉并表示同意的,可以作为证据予以采信。

③录音资料经过鉴定,证实未剪辑、拼凑、篡改和臆造,并有其他相关证据相印证的,可以认定其效力。

④人民法院或电力管理部门对窃电行为人判处罚金(进行处罚)与供电企业追补电费和电费违约金相冲突。

窃电行为依法可能需要承担民事法律责任、行政法律责任和刑事法律责任,从而出现财产责任方面的竞合。例如,窃电行为人需同时承担民事赔偿责任、缴纳罚款和罚金等。但如果其财产不足以同时支付时,应先承担哪一种责任呢? 过去实践中,普遍存在着当违法者财产不能同时承担民事赔偿责任和缴纳罚款、罚金时,往往是罚款和罚金优先,而民事侵权的受害人得不到赔偿的情况。例如在处理窃电实务中,电力管理部门在查实行为人窃电情况下,直接依据《中华人民共和国电力法》第七十一条规定,追缴电费并处交电费 5 倍以下罚款,由于窃电人的财产不足以支付罚款和民事赔偿,使得供电企业得不到应有的赔偿。

随着我国立法的逐步完善,民事赔偿责任优先的原则正逐步得到确立,如《中华人民共和国刑法》(以下简称《刑法》)第三十六条明确了民事赔偿优先于罚金的原则,在行政处罚与民事赔偿谁优先问题上,部分法律、法规也作出了规定,如《中华人民共和国食品安全法》第九十七条明确规定:"违反本法规定,应当承担民事赔偿责任和缴纳罚款、罚金,其财产不足以支付时,先承担民事赔偿责任。"2010 年 7 月 1 日起施行的《中华人民共和国侵权责任法》(以下简称《侵权责任法》)第四条规定:"侵权人因同一行为应当承担行政责任或者刑事责任的,不影响依法承担侵权责任。因同一行为应当承担侵权责任和行政责任、刑事责任,侵权人的财产不足以支付的,先承担侵权责任。"该规定确立了私权优先的原则,体现了政府、国家不与民争利的思想,为供电企业行使电费债权、请求权提供了坚实的保障。

(4)供电企业查处窃电时,用电检查人员能否强行进入用户的住宅

《中华人民共和国宪法》第三十九条规定:"中华人民共和国公民的住宅不受侵犯。禁止非法搜查或非法侵入公民的住宅。"这一规定是《刑法》第二百四十五条规定的宪法渊源。"每个人的家就是自己的一座城堡,"公民住宅具有私人领地的属性,正如国外一位哲学家所说:"风能进,雨能进,国王不能进。"住宅是公民居住、生活的处所,我国法律禁止非法侵入他人住宅的行为。

在查处窃电案件中不得未经住宅权利人同意、许可进入他人住宅,以及不顾权利人的反对、劝阻,强行进入他人住宅。实践中,破门而入、翻窗而入、强行闯入等方式进入他人住宅都是侵权行为。

目前,有部分供电企业与用户签订《供用电合同》中约定,供电企业有权进入用电场所检

查用电情况,这实际上是以合同的形式事前获得用户的许可,但如住宅权利人明确提出要求退出时起,供电企业用电检查人员也具有退出的义务。

非法侵入他人住宅收集的证据属于通过非法途径取得的证据,属于无效的证据。

3.3.7　防窃电方法

（1）应用防窃电能力强的计量装置

推广应用"智能电能表",提高电能表内部计量、外部封印防护、事件记录、安全认证等防窃电能力。应用电子标签嵌入式互感器、低压抗直流电流互感器、全封闭表箱、微电子防伪封印,提高计量设备防窃电能力。

（2）应用防窃电监测装置

应用回路状态巡检仪、用电远程稽查仪、电能计量在线监测装置、智能闭锁防窃电计量箱,对电能表、互感器及二次回路、表箱进行状态监测,对开路、短路、分流、串接半导体元件和强磁干扰、异常振动等事件进行预警。

（3）对台区进行防窃电改造

将防窃电要求纳入台区改造规划,消除接户线中间接头、拆除销户的接户线,将离建筑物、构筑物较近的低压线路更换为绝缘线。更换老旧分接箱、老旧表箱,严格落实表箱加锁、表计加封等计量管理规定。

（4）应用系统大数据分析开展防窃电预警

拓展采集系统功能,实现分相电流、电压、功率、电能示值等用电信息全数据采集。推进营销系统、采集系统、营销稽查监控系统等信息化系统等业务数据共享共用,建立涵盖营销各业务的反窃电及违约用电线索规则库,建立反窃电分析模型,对用电信息进行大数据分析,定位"窃电"嫌疑用户进行防窃电预警,构建起"异常发起—现场稽查—结果反馈"的常态工作机制。搭建出多功能防窃电仿真实验平台,开展业务培训,提高检查人员防窃电技能。

【任务实施】

窃电现场查处取证任务指导书见表3.9。

表3.9　窃电现场查处取证任务指导书

任务名称	窃电现场查处取证	学　时	2课时
任务描述	根据给定的用户用电异常,标准规范进行窃电现场查处。		

续表

任务要求	1. 规范使用安全工器具及仪器仪表; 2. 规范与客户进行沟通; 3. 规范进行现场取证。
注意事项	1. 正确着装; 2. 准备安全工器具:棉质工装、安全帽、纱手套、绝缘鞋、绝缘垫、验电笔; 3. 组织措施:第二种工作票制度、班前会制度、工作监护制度(红马甲)、工作终结制度; 4. 技术措施:验电、装设安全遮拦、挂安全标识牌,防止电流互感器二次回路开路。

任务实施步骤:

一、作业前准备

安全工器具、仪器仪表及证据收集工具准备。

二、现场取证

根据用户的用电异常,合理与客户沟通,规范取证。

三、证据保存

1. 证据分类;

2. 证据整理归档。

【任务评价】

窃电现场查处取证任务评价表见表 3.10。

表 3.10　窃电现场查处取证任务评价表

姓　名		班　级		小组成员			
开始时间		结束时间		标准分	100 分	得　分	
任务名称			窃电现场查处取证				

序号	步骤名称	质量要求	满分(分)	评分标准	扣分原因	得分
1	工作前准备	着装及工器具	1. 正确着装。 2. 安全帽。 3. 工具箱(验电笔、钳形万用表、斜口钳、铅封、尖嘴钳、手电筒、摄像记录设备、秒表、十字起、一字起、手套等)。	6 分	1. 未正确着装每处扣 1 分。 2. 安全帽未正确佩戴扣 2 分。 3. 工器具准备不齐全,少一项扣 0.5 分。		
		进入现场	1. 出示检查证件。 2. 与客户打招呼,要求客户协助。	4 分	1. 未出示证件,扣 2 分。 2. 未说明来意,扣 2 分。		

续表

序号	步骤名称		质量要求	满分/分	评分标准	扣分原因	得分
2	现场取证	与客户沟通	1. 核对用户用电信息。 2. 正确与客户进行沟通。	20	1. 未核对数据每处扣2分。 2. 与客户沟通不规范扣10分。		
		窃电现场取证	1. 验电。 2. 开封前拍照留证。 3. 计量装置检查过程取证。	30	1. 未验电扣3分。 2. 开封前未留证扣2分。 3. 计量装置检查取证不规范每次扣3~5分。		
		记录填写	填写规范、齐全、完整、准确。	10	1. 根据考核记录表内容，每项数据未测扣分1分。 2. 测试数据未按保留位数填写、数据单位不规范每处扣0.5分。 3. 涂改一处扣0.5分。		
3	证据收集		1. 证据分类正确规范。 2. 证据整理清晰。 3. 双方签字确认。	20	1. 准确描述证据情况，不正确扣2分。违反法规及条例，依据不正确扣4分。 2. 证据整理不规范，每处扣3~5分。 3. 签字不规范，扣2分。		
4	清理现场		1. 操作过程中，遵守有关安全规定，保证人身及仪器、设备的安全。 2. 操作完成后，关闭计量箱，打上铅封并记录编号，清扫现场。 3. 将考核记录表交给裁判，并收拾好工具箱，报告"完成"，裁判停止计时。	10	1. 操作过程中出现严重违反安全规程的行为，裁判可予以制止，报裁判长，并扣4分。 2. 没有整理工具箱扣1分。 3. 未进行场地清扫扣2分。		
考评员（签名）				总分/分			

【思考与练习】

1. 现场对计量装置检查的方法主要有哪些?

2. 窃电的证据有什么样的特点?

3. 窃电证据获取的主要途径有哪些?

项目4　系统监控与数据分析

【项目描述】

　　本项目分为电量比对法异常数据分析、分相分时段异常数据分析、电压电流异常数据分析、电能表开盖异常数据分析4个学习任务。通过该项目学习,要求学生能够运用用电信息采集系统、两率一损系统等查询相关数据,并对异常数据进行准确分析。

【教学目标】

知识目标:

1. 了解常见窃电手法的特点。

2. 了解电能表开盖记录的原理。

3. 掌握用电信息采集系统、两率一损系统的查询方法。

4. 掌握系统查询筛选线损率波动异常台区的方法。

5. 掌握公变台区分相别、分时段线损率的计算方法。

6. 掌握电量比对、分相分时段、居民用户电压电流、电能表开盖异常数据分析方法。

能力目标:

1. 能正确运用用电信息采集系统、两率一损系统查询公变客户的用电量、台区线损率、电流等关键数据。

2. 能正确使用软件编辑用电信息采集系统召测的相关数据。

3. 能合理筛选线损率波动异常的台区。

4. 能合理选择异常数据分析方法。

素质目标:

1. 能主动学习,在完成任务过程中发现问题、分析问题和解决问题。

2. 养成严谨细致、一丝不苟的工作态度。

3. 严格遵守法规政策,按章办事。

任务 4.1　电量比对法异常数据分析

【任务目标】

1. 能正确运用用电信息采集系统、两率一损系统查询公变客户的用电量、台区线损率等关键数据。

2. 能利用 Excel 或 WPS 软件对用电信息采集系统召测并导出的数据进行简单的表格编辑。

3. 能正确筛选线损率波动异常的台区，并对客户用电量的比对异常进行分析。

【任务描述】

在用电信息采集系统、两率一损系统中筛选出高损台区，通过用电信息采集系统召测并导出客户电量数据进行比对，并结合其他关联数据开展异常分析并得出正确的结论。

【任务准备】

1. 知识准备

①用电信息采集系统、两率一损系统的操作方法。

②常见窃电手法的类型。

2. 资料准备

联接内网的计算机，系统操作手册。

【相关知识】

4.1.1 用电信息采集系统的作用

电力用户用电信息采集系统是对电力用户的用电信息进行采集、处理和实时监控的系统,实现用电信息的自动采集、计量异常监测、电能质量监测、用电分析和管理、相关信息发布、分布式能源监控、智能用电设备的信息交互等功能。

电力用户用电信息采集系统的建设是为 SG186 工程营销业务应用提供电力用户实时用电信息数据,推进营销计量、抄表、收费模式标准化建设和公司信息化建设,为公司提升快速响应市场变化、快速反映客户需求,从客户用电信息的源头提供数据支持,为分时电价、阶梯电价、全面预付费的营销业务策略的实施提供技术基础。

4.1.2 线损管理的概念

线损管理是反映供电企业电网规划设计、生产运行和经营管理水平的一项重要经济技术指标,电量比对法异常数据分析、分相别分时段计算公变台区线损率、电压电流异常数据分析、电能表开盖异常数据分析等均是台区线损精细化管理的方法之一。由于采集全覆盖及信息化建设的不断推进,供电企业投入了各种业务应用系统,为供用电管理提供了极大的便利。新形势下,线损管理及反窃电工作也应该顺应形势,摒弃旧思维,减少通过原始的蹲点、夜查、地毯式稽查等方式开展用电检查方式,要充分利用业务应用系统,尤其是用电信息采集系统和用电营销系统作为辅助工具,可以精准锁定异常点或缩小异常排查范围,达到事半功倍的效果。另外,通过系统监控与大数据分析的"精确制导",在一定程度上也能对一些违法、违章用电的用户起到震慑的作用。

4.1.3 标准差的概念

标准差(Standard Deviation),通常又称为均方差,是离均差平方的算术平均数的平方根,用 σ 表示。在概率统计中最常用作统计分布程度上的测量。标准差是方差的算术平方根。标准差能反映一个数据集的离散程度。平均数相同的两组数据,标准差未必相同。

标准差是离均差平方和平均后的方根,用 σ 表示。假设有一组数值 $X_1, X_2, X_3, \cdots, X_N$(皆为实数),其平均值(算术平均值)为 μ,公式如下:

$$\sigma = \sqrt{\frac{1}{N} \sum_{i=1}^{N} (x_i - \mu)^2}$$

在本学习任务中提出标准差的概念,是为了在用电信息采集系统中筛选出线损率波动大的台区。在 Excel 或 WPS 软件中人们可以利用标准方差函数 STDEVP 来进行计算。

两率一损大数据分析——分流窃电分析

4.1.4　异常现象对应的常见窃电手法

(1)电能表接线端短接分流窃电

如图 4.1 所示,此类窃电的特点是,电能表火线接线端被短接分流,零线为正常负荷电流,零线电流大于火线电流。

(2)开盖分流窃电

如图 4.2 所示,此类窃电的特点是,电能表有开盖记录,火线接线端被短接分流,零线为正常负荷电流,零线电流大于火线电流。

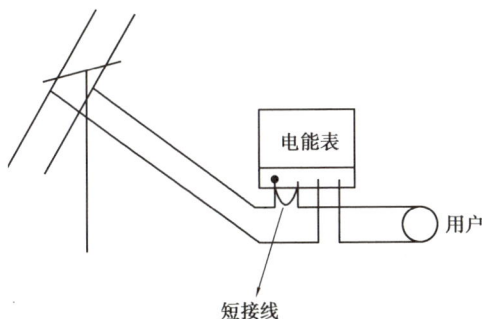

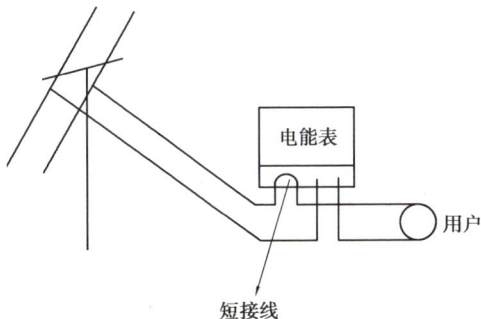

图 4.1　电能表接线端短接分流窃电示意图　　　　图 4.2　开盖分流窃电示意图

(3)外挂火线窃电

如图 4.3 所示,此类窃电的特点是,召测的电流数据零线为正常负荷电流、火线电流为零。

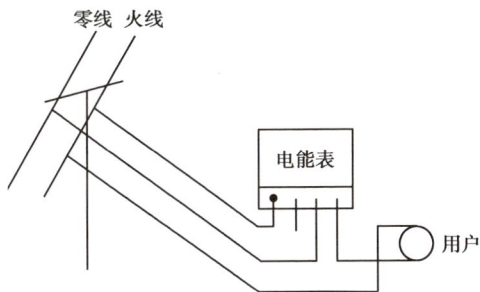

图 4.3　外挂火线窃电示意图　　　　图 4.4　表前接火线加倒换开关窃电示意图

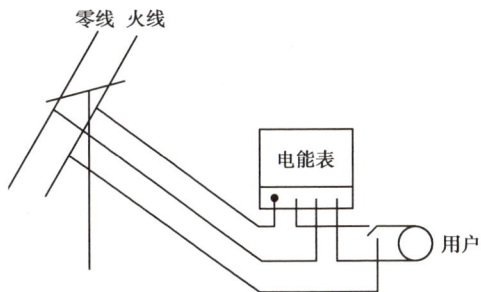

(4)表前接火线加倒换开关窃电

如图4.4所示,此类窃电的特点是,召测的电流数据,切换到窃电状态时零线为正常负荷电流、火线电流为零;切换到正常用电状态时零火线电流平衡。本窃电方式在日电量和四时段电量表现为部分时间有电量,部分时间无电量。

(5)部分负荷表前接线窃电

如图4.5所示,此类窃电的特点是,一般为固定小容量负荷经过电表正常计量,大容量负荷由窃电线路供电。在电量上表现的特点为电量非常平均,且电量不随季节、气温变化,在重要节日电量也无明显变化。

(6)通过切换开关窃电

如图4.6所示,此类窃电的特点是,在日电量和四时段电量表现为部分时间有电量,部分时间无电量。

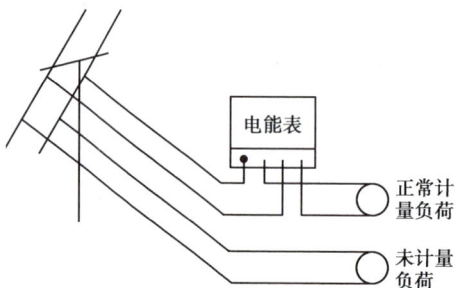

图4.5　部分负荷表前接线窃电示意图

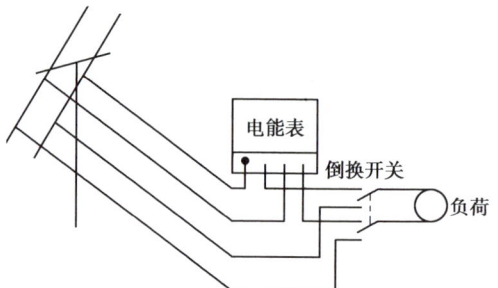

图4.6　通过切换开关窃电示意图

(7)电能表进、出线断零线窃电(电表失压)

如图4.7所示,此类窃电的特点是,电能表黑屏缺抄,检查人员在现场时电表恢复正常。在电流上表现为窃电时电表缺抄,不窃电时火线有电流,零线无电流。在电量上表现为部分日期、时段无电量。窃电状态时,断开表后零线(电能表4号端子),室内能正常用电。

(8)零火线反接、异地取零线窃电

如图4.8所示,此类窃电的特点是,电能表A正常计量,在电能表B窃电时,A表零线电流大于火线电流,不影响A表的正常计量。B表窃电时火线无电流、零线有电流。在电量上表现为部分日期、时段无电量。窃电状态时,断开表后零线(电能表B、2号端子),室内能正常用电。

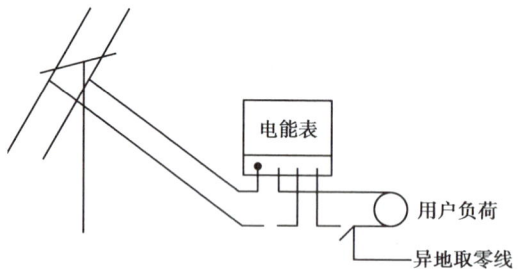

图4.7　电能表进、出线断零线窃电示意图

(9)零火线反接、加开关并联零线入地窃电

如图4.9所示,此类窃电的特点是,窃电时火线无电流、零线有电流。在电量上表现为部分日期、时段无电量。窃电状态时,断开表后零线(电能表2号端子),室内能正常用电。

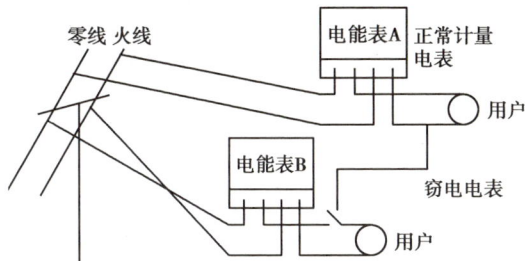

图4.8 零火线反接、异地取零线窃电示意图

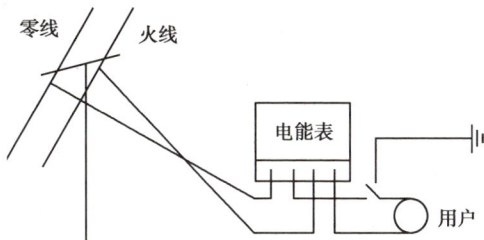

图4.9 零火线反接、加开关并联零线入地窃电示意图

4.1.5 电量比对法异常数据分析

电量比对法异常数据分析流程示意图如图4.10所示。

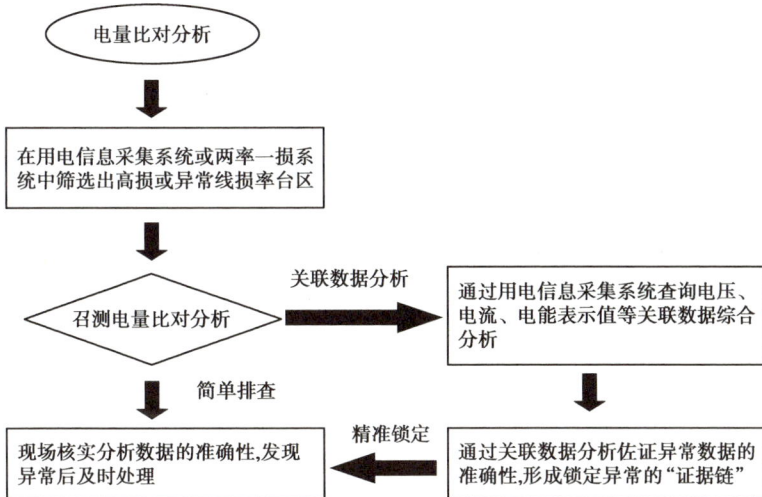

图4.10 电量比对法异常数据分析流程示意图

4.1.6 电量比对法异常数据分析方法

1)电量突增突减比对

(1)操作步骤

①通过用电信息采集系统查询线损率异常的台区。如图4.11所示,操作方法:"高级应用"→"台区线损分析"→"选择单位、日期"→"查询"→选择线损率异常的台区。

②通过用电信息采集系统查询异常台区异常日的前三天户表电量。如图4.12所示,操作方法:"高级应用"→"台区线损分析"→"选择单位、日期"→"输入线损名称"→"查询"→"详细"→

用电信息采集系统数据分析——电量比对法

图4.11　查询线损率异常台区的操作示意图

查询出户表前三天户表电量。

　　注意事项:a.适当选择查询日期,尽量将时间跨度拉开。

　　b.选择性单击"详细",尽量选择线损率波动大的当天。

图4.12　查询异常台区异常日前三天户表电量的操作示意图

　　③电量比对,在系统中比对或将电量导出后利用 Excel 或 WPS 软件进行编辑比对。如图4.13、表4.1 所示,操作方法:在系统中进行电量比对或编辑成表格进行对比,并找出电量突增突减的客户。

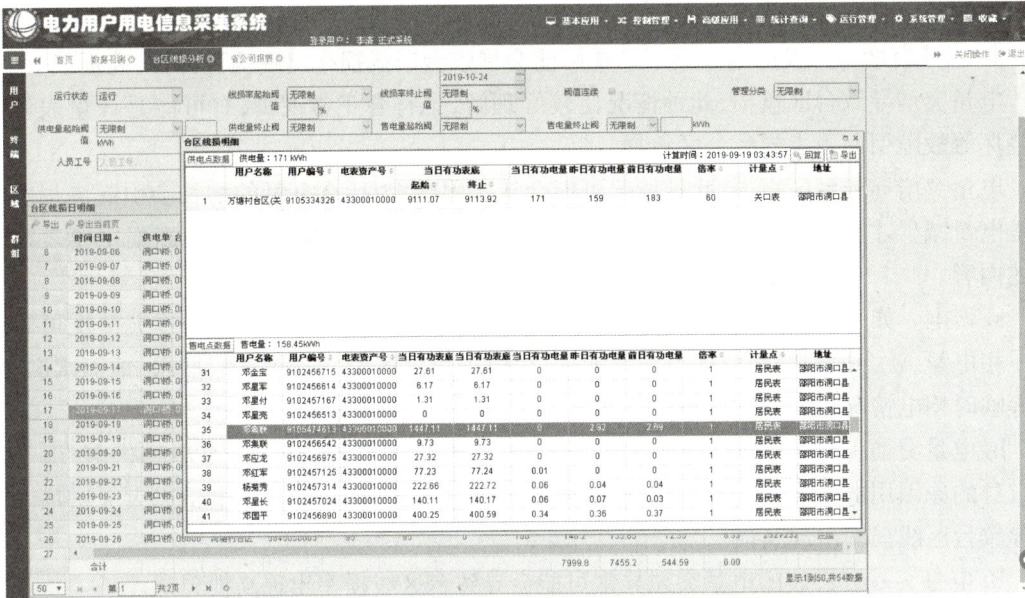

图 4.13　系统中电量比对的操作示意图

表 4.1　电量比对表示例表

用户名称	用户编号	电表资产号	当日有功表低（起始）	当日有功表低（终止）	当日有功电量/(kW·h)	昨日有功电量/(kW·h)	前日有功电量/(kW·h)
×××	910××××××	01000000×××	3 063.4	3 081.85	18.45	3.79	5.69
×××	910××××××	01000000×××	7 016.26	7 032.12	15.86	9.94	10.01
×××	186××××××	01000000×××	1 804.69	1 816.96	12.27	0.06	0.07
×××	910××××××	01000000×××	2 867.17	2 875.97	8.8	6.21	6.91
×××	910××××××	01000000×××	3 710.38	3 718.46	8.08	2.95	4.06
×××	910××××××	01000000×××	3 408.25	3 415.73	7.48	6.46	7.85
×××	910××××××	01000000×××	1 687.74	1 695.05	7.31	10.87	7.65
×××	910××××××	01000000×××	4 165.59	4 171.65	6.06	3.7	5.49
×××	910××××××	01000000×××	1 588.87	1 594.91	6.04	1.9	1.82
×××	910××××××	01000000×××	4 265.52	4 271.27	5.75	2.98	4.47
×××	910××××××	01000000×××	4 815.61	4 820.88	5.27	2.38	7.14
×××	910××××××	01000000×××	3 616.97	3 622.19	5.22	5.16	4.67
×××	910××××××	01000000×××	3 830.77	3 834.95	4.18	4.11	4.38
×××	910××××××	01000000×××	4 516.71	4 520.4	3.69	4.21	4.21
×××	910××××××	01000000×××	2 657.19	2 660.85	3.66	3.94	4.3

④分析电量突增突减客户的异常。

A.电量突增。户表的电量突增异常可能会导致台区线损率出现两种异常：高损或负损。

电量突增导致台区负损，此种情况比较好理解，也符合正常逻辑，有可能是计量表计端子烧坏等故障引起飞走导致台区负损。

电量突增导致台区高损，此种情况可能会让人困惑，为什么电量的增长会引起高损？应该是电量减少才会造成损耗增大。根据实际工作经验，电量突增导致台区高损主要表现为下述内容。

a.窃电。如采用3块不同相的电表进行三相用电，利用其中一块电表零火接反可以少计一相电量，就会出现两块电表电量突增，一块电表少计电量。一般三相抽水、地面水磨、建房等临时用电情况较多。

b.电量突增引起低电压使损耗增大。一般在供电线路的末端而且是单相供电，由于客户自身的原因用电量突然增长，这样会导致客户端电压急剧下降，损耗电量也大大增加。最终导致台区线损率出现高损。

B.电量突减。户表的电量突减异常可能会导致台区线损率出现高损异常。

户表的电量突减异常主要表现为：

A.计量表出现故障，导致少计电量。

B.窃电。注意参考户表电量突增突减的波动率。根据工作经验，户表日用电量在 10 kW·h 及以内，波动率达到 ±100% 以上的；户表日用电量在 20 kW·h 及以内，波动率达到 ±80% 以上的；户表日用电量在 20 kW·h 以上的，波动率达到 ±30% 至 50% 以上的；另外，电量突减经常会出现客户用电量直接突减为 0 的。以上均是需要重点关注和分析的对象。

（2）电量突增突减的实际应用案例

①案例1：电量突增应用案例。某供电所通过用电信息采集系统查询新江××台区某日线损率由平时3%左右突升至10%以上（该公司定义台区线损率 −1% ~0% 为合格），属高损台区范畴，如图4.14所示。系统监控人员先采取突增突减电量比对法进行异常分析，电量比对如图4.15所示。

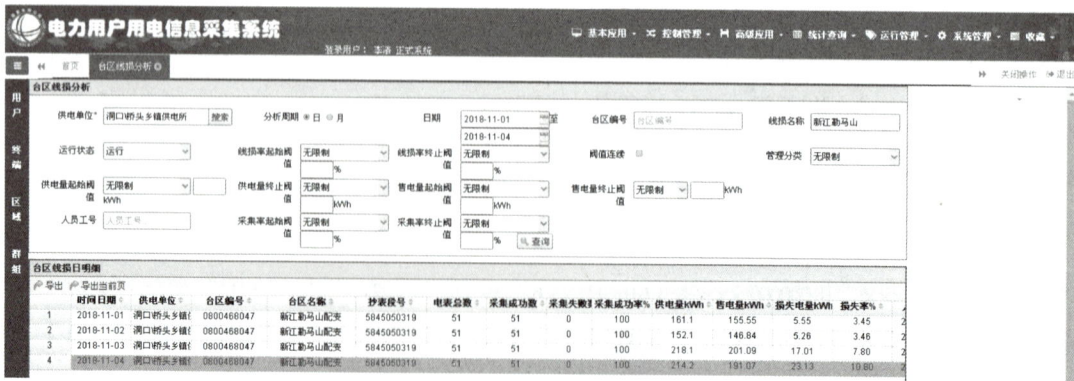

图4.14　案例1中高损台区示意图

图 4.15　案例 1 中系统电量比对示意图

分析过程:根据查询结果,新江××台区序号为 2、3 的客户(胡某某、杨某某)前三天用电量出现突增的现象,电量波动率非常大,见表 4.2,胡某某当日用电量为 17.52 kW·h,前日用电量为 2.32 kW·h,波动率达到 655.17%;杨某某当日用电量为 17.04 kW·h,前日用电量为 1.66 kW·h,波动率达到 926.51%。因此现场用电检查应稽查这两个客户的用电情况。

表 4.2　案例 1 电量比对表

用户名称	当日有功电量 /(kW·h)	昨日有功电量 /(kW·h)	前日有功电量 /(kW·h)	波动率/% (当日与前日比)
胡××	17.52	11.6	2.32	655.17
杨××	17.04	11.57	1.66	926.51

结合电量比对分析和现场检查结果,确定新江××台区高损的原因是用户窃电引起的,现场如图 4.16 所示。该客户家中由于建房临时需要使用三相电,便采用 3 块不同相的电表进行三相用电,利用其中一块电表零火线接反少计了一相电量,接线方式如图 4.17 所示。因此在用电信息采集系统中就出现了只有两只电表电量突增,从而造成了台区线损异常的现象。

图 4.16　案例 1 窃电现场图

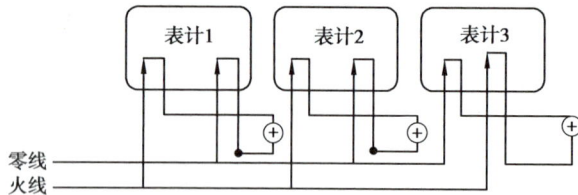

图4.17 案例1窃电接线方式示意图

②案例2：电量突减应用案例。某供电所通过用电信息采集系统查询××村庄上台区某日线损率由平时4%～5%突升至10%以上（该公司定义台区线损率－1%～10%为合格），属高损台区范畴，如图4.18所示。系统监控人员先采取突增突减电量比对法进行异常分析，电量比对如图4.19所示。

图4.18 案例2中高损台区示意图

图4.19 案例2中系统电量比对示意图

分析方法:根据查询结果,××村庄上台区序号为 30 的客户(胡某某)前三天用电量出现突减的现象,电量波动率非常大,见表 4.3,胡某某当日用电量为 1.78 kW·h,前日用电量为 15.51 kW·h,波动率达到 88.52%。因此现场用电检查应重点稽查该客户的用电情况。

表 4.3　案例 2 电量比对表

用户名称	当日有功电量 /(kW·h)	昨日有功电量 /(kW·h)	前日有功电量 /(kW·h)	波动率/% (当日与前日比)
胡××	1.78	7.85	15.51	−88.52

结合电量比对分析和现场检查结果,确定××村庄上台区高损的原因是用户窃电(绕越计量装置用电)引起的,现场如图 4.20 所示。

2)零电量客户比对

(1)操作步骤

①通过用电信息采集系统查询线损率异常的台区(可参照电量突增突减比对法)。

②通过用电信息采集系统查询异常台区异常日的前三天户表电量(可参照电量突增突减比对法)。

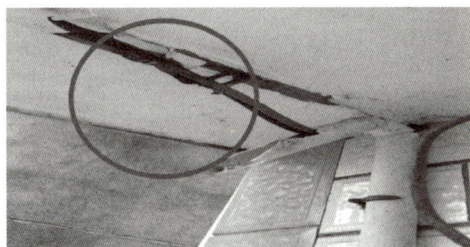

图 4.20　案例 2 窃电现场图

③零电量客户比对。比对方法:通过系统查询异常台区的前三天户表电量,筛选出零电量客户并进行比对。比对内容:a. 零火线电流比对;b. 电表示值比对。

操作方法:

A. 零火线电流比对:"基本应用"→"数据召测"→"日数据"→"选择日期、勾选用户"→"测量点固定时间点单相电流"→"查询"→查询出客户测量点固定时间点零火线电流比对,如图 4.21、图 4.22 所示。

图 4.21　查询零火线电流操作示意图

图 4.22　零火线电流比对示意图

　　B.电表示值比对:查询出异常台区异常日的前三天户表电量即可比对电表有功示值的大小,如图 4.23 所示。

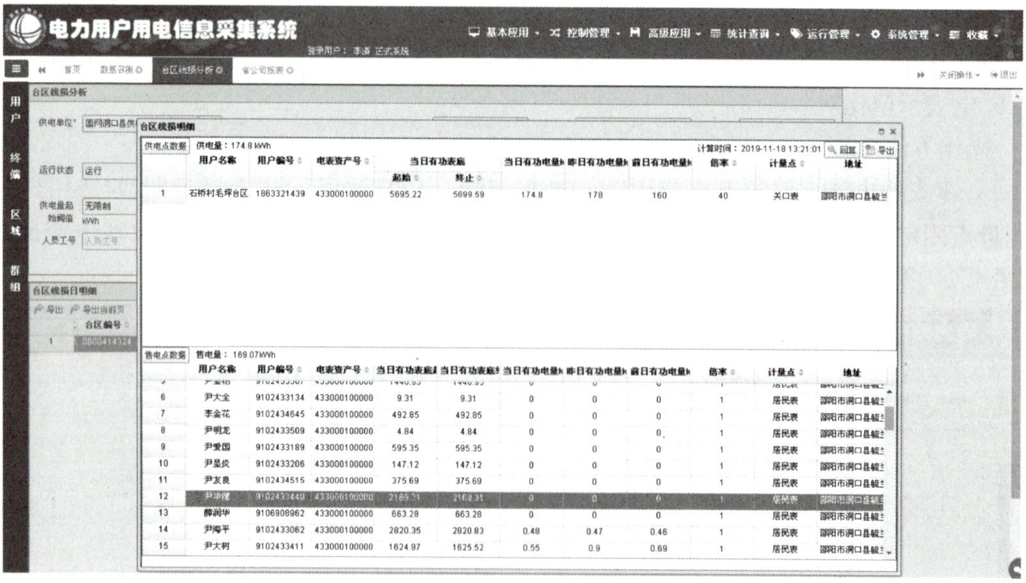

图 4.23　电表有功示值比对示意图

　　④分析零电量客户比对的异常。分析方法及注意事项:由于人员的流动性,用电客户存在大量的零电量客户,这种情况属于正常现象,但是有一部分异常客户也鱼目混珠地分布在里面,因此要重视零电量客户用电情况的检查。据统计,每个台区的零电量客户达到20%左右甚至更多,因此短时间内对每一个零电量客户进行排查到位难度较大。根据工作经验,总结了在用电信息采集系统中对零电量客户异常排查的一些方法。

A. 零火线电流比对

零电量客户的零火线电流比对的目的是寻找客户在用电过程中存在的电流异常现象。根据实际工作经验,异常主要表现为:

a. 窃电,如采用借零窃电(图 4.9)、零火接反一线一地等方式窃电(图 4.8)。

b. 计量表计故障,存在有电流无电量的现象,但此种现象一般也可通过用电信息采集系统应用模块查询。

比对方法:比对导出的零电量客户火线电流与零线电流,出现零线电流较大,火线电流为 0 的情况应重点稽查。可多选几天进行比较,以排除因采集时间不一致的误差或偶然性。出现火线电流大于零线电流(或为 0)时,多考虑表计计量故障。

B. 电能表有功示值比对。零电量客户的有功示值比对的目的是寻找客户平时正常用电时电能表有功示值较大,但出现了零电量存在的异常现象。根据实际工作经验,异常表现为:

a. 窃电,如采取外接火线、零线窃电,外接火线利用电表零线窃电等(图 4.4)。

b. 计量表计故障。电表通电但已不计量。

注意事项:零电量客户比对的异常是缩小异常排查范围的方法,只能作为现场排查的辅助参考。如零火线电流比对应排除客户之间共零的现象、电能表有功示值比对要排除客户确实已外出的事实。

(2)零电量客户比对的实际应用案例

①案例 3:零火线电流比对应用案例。某供电所通过用电信息采集系统查询××公租房台区线损率居高不下(图 4.24),一直处于高损状态(该公司定义台区线损率 -1% ~10% 为合格)。用电检查人员在现场也进行了多次排查,一直没有发现明显的问题。系统监控人员采取零电量客户比对法进行异常分析,电量比对如图 4.25 所示。

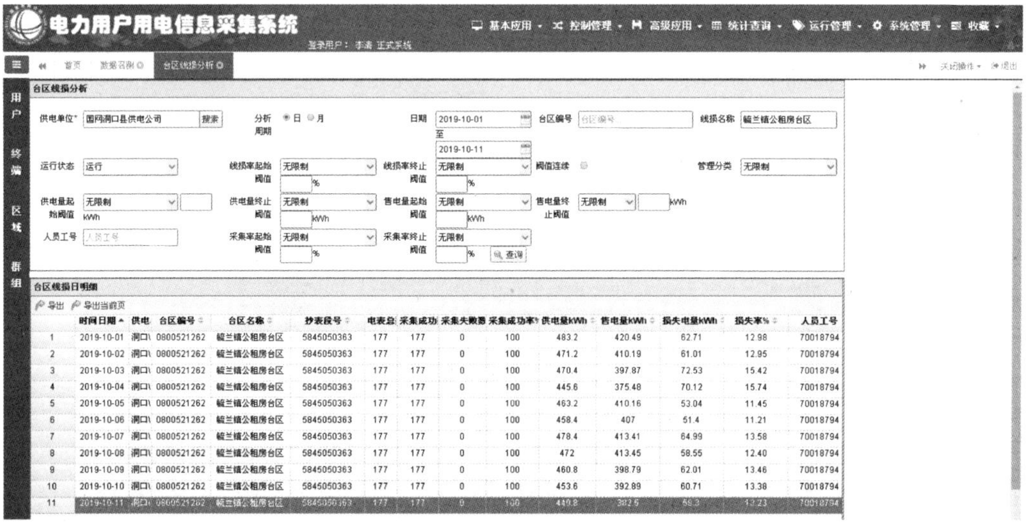

	时间日期	供电	台区编号	台区名称	抄表段号	电表总	采集成功	采集失败数	采集成功率	供电量kWh	售电量kWh	损失电量kWh	损失率%	人员工号
1	2019-10-01	洞口\	0800521262	毓兰镇公租房台区	5845050363	177	177	0	100	483.2	420.49	62.71	12.98	70018794
2	2019-10-02	洞口\	0800521262	毓兰镇公租房台区	5845050363	177	177	0	100	471.2	410.19	61.01	12.95	70018794
3	2019-10-03	洞口\	0800521262	毓兰镇公租房台区	5845050363	177	177	0	100	470.4	397.87	72.53	15.42	70018794
4	2019-10-04	洞口\	0800521262	毓兰镇公租房台区	5845050363	177	177	0	100	445.6	375.48	70.12	15.74	70018794
5	2019-10-05	洞口\	0800521262	毓兰镇公租房台区	5845050363	177	177	0	100	463.2	410.16	53.04	11.45	70018794
6	2019-10-06	洞口\	0800521262	毓兰镇公租房台区	5845050363	177	177	0	100	458.4	407	51.4	11.21	70018794
7	2019-10-07	洞口\	0800521262	毓兰镇公租房台区	5845050363	177	177	0	100	478.4	413.41	64.99	13.58	70018794
8	2019-10-08	洞口\	0800521262	毓兰镇公租房台区	5845050363	177	177	0	100	472	413.45	58.55	12.40	70018794
9	2019-10-09	洞口\	0800521262	毓兰镇公租房台区	5845050363	177	177	0	100	460.8	398.79	62.01	13.46	70018794
10	2019-10-10	洞口\	0800521262	毓兰镇公租房台区	5845050363	177	177	0	100	453.6	392.89	60.71	13.38	70018794
11	2019-10-11	洞口\	0800521262	毓兰镇公租房台区	5845050363	177	177	0	100	440.8	382.5	58.3	13.23	70018794

图 4.24　案例 3 中高损台区示意图

图 4.25　案例 3 中系统电量比对示意图

分析方法:根据查询结果,由于××公租房台区的客户邓××为零电量客户,且电表电流出现零线电流远大于火线电流的现象(图 4.26)。客户邓××的电表某日固定时间点电流为:零线电流(7 时电流为 9.076 A,11 时电流为 0.894 A,15 时电流为 6.072 A,19 时电流为 2.482 A)较大,火线电流 4 个时段均为 0(表 4.4)。系统监控人员将该客户列入重点稽查对象并通知用电检查人员现场检查。

图 4.26　零电量客户邓××的电流数据召测图

表 4.4　4 个时段零火线电流数据表

用户名称	7 时零线电流/A	7 时火线电流/A	11 时零线电流/A	11 时火线电流/A	15 时零线电流/A	15 时火线电流/A	19 时零线电流/A	19 时火线电流/A
邓××	9.076	0	0.894	0	6.072	0	2.482	0

　　将筛选出的零电量客户结合电流比对分析和现场检查结果,确定××公租房台区高损的原因是用户窃电引起的,现场如图 4.27 所示。该客户采用零火接反、外接零线的窃电方式(图 4.8),从而造成了台区线损异常的现象。经过用电检查人员现场处理和整改,该客户电流恢复正常(图 4.28),电量也恢复正常(图 4.29),该台区线损率也降下来了。

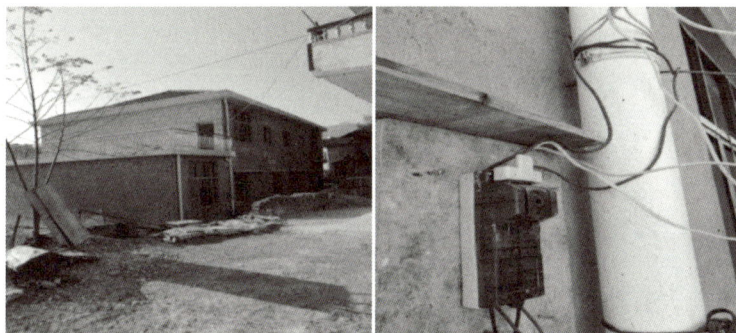

图 4.27　案例 3 窃电现场图

图 4.28　恢复正常后的客户电流数据图

197

图4.29　恢复正常后的客户电量数据图

②案例4：电能表有功示值比对应用案例。某供电所通过用电信息采集系统查询××一台区线损率高（图4.30），且以前也经常存在高损情况（该公司定义台区线损率－1%～10%为合格）。系统监控人员采取了零电量客户比对法进行异常分析，电量比对如图4.31所示。

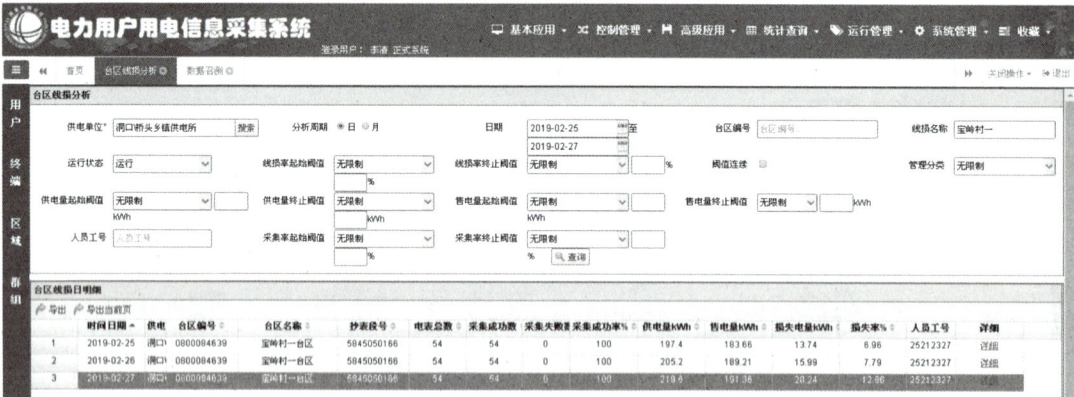

图4.30　案例4中高损台区示意图

分析方法：根据查询结果，××一台区的客户刘某某为零电量客户，且电能表的有功示值较大，如图4.31所示，有功示值为4 087.73。初步分析，在排除该客户确已外出等特殊情况外，该客户应存在有异常现象，也可结合电流比对分析。系统监控人员将该客户列入重点稽查对象并通知用电检查人员现场检查。

对筛选出的零电量且电表有功示值大的客户进行现场检查，发现××一台区高损的原因是用户窃电，现场如图4.32所示。该客户采用断开表后火线、表前外接火线的方式窃电，从而造成了台区线损异常的现象。

图4.31 案例4中系统电量比对示意图

图4.32 案例4窃电现场图

3)电量波动规律比对

(1)操作步骤

①通过用电信息采集系统查询线损率波动异常的台区(图4.33),或者通过两率一损系统查询。

操作方法(两率一损系统查询):"台区同期线损分析"→"台区日线损波动分析"→"选择供电单位"→"选择日期"→"查询"→查询出线损率波动较大台区的离散系数(图4.34)。

②通过用电信息采集系统查询异常台区异常日的前三天户表电量以及电表日电量。

操作方法(电表日电量):"统计查询"→"省公司报表"→"电表日电量报表"→"选择日期"→"查询"→查询出台区客户日电量,如图4.35、图4.36所示。

图 4.33　查询线损率波动异常台区的操作示意图

图 4.34　两率一损系统查询离散系数的操作示意图

③电量波动规律比对。离散系数：按照标准方差计算离散系数，即对 $\{[(1$ 日线损率值 – 平均值$)$的平方 $+(2$ 日线损率值 – 平均值$)$的平方 $+\cdots(N$ 日线损率值 – 平均值$)$的平方$]/N\}$ 开根号，离散系数 σ 越高说明台区日线损波动越大。

线损是否波动判定：

图 4.35   查询台区客户日电量操作示意图 1

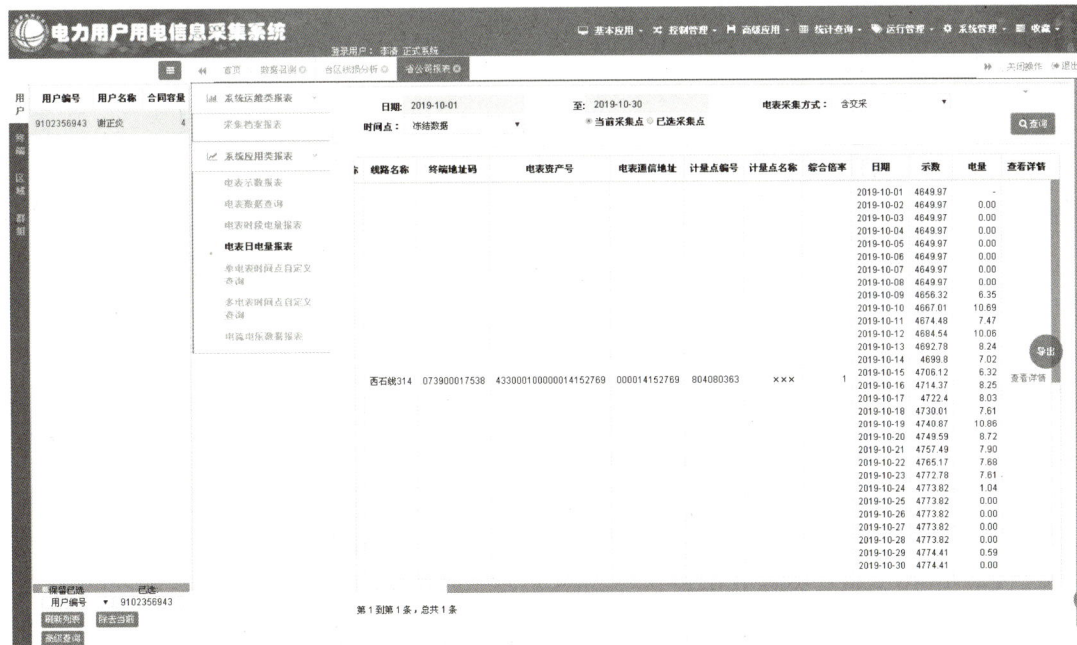

图 4.36   查询台区客户日电量操作示意图 2

　　a. 根据经验,当离散系数 $\sigma > 1.4$ 时可以判定台区线损波动,可以采用电量波动规律比对法进行异常排查。

　　b. 根据经验,在台区供电量相对稳定的情况下,当日台区线损率比日平均线损率波动 ± 3 个百分点时,可以采用电量波动规律比对法进行异常排查。

分析方法：比对异常客户的用电量 A 的变化与台区线损率 B 波动的规律，A 与 B 成反比关系，当 A 增大时，B 降低；当 A 降低或为 0 时，B 增大。电量波动规律比对法适用于一些心理上害怕的窃电者，在实施窃电的同时又害怕被发现，就自作聪明时而作案，时而又收手两天或者少窃一点电。但是电量波动与台区的波动成反比关系，找到这种规律就成为系统监控的一种反窃利器，根据实际经验，该种比对异常法非常精准。

注意事项：如果客户窃电量小，台区供电量大可能会有一些误差，需仔细甄别。

（2）案例5：电量波动规律比对的实际应用案例

某供电所通过用电信息采集系统查询到××庙堂台区虽然不属高损台区范畴，但日线损率波动较大（图4.37）。经计算，台区线损率离散系数 $\sigma = 2.16$，日台区线损率比日平均线损率波动最大达到 4.7 个百分点。系统监控人员采取电量波动规律比对法进行异常分析，发现有异常客户电量，如图4.38所示。

图 4.37　案例 5 中日线损率波动较大台区示意图

分析方法：根据查询结果，××庙堂台区序号为 14 的客户王某某的用电量有波动异常的现象，通过异常客户用电量的波动情况与该台区线损率波动情况进行比对（表4.5）。符合异常客户的用电量 A 的变化与台区线损率 B 波动的规律：A 与 B 成反比关系，当 A 增大时，B 降低；当 A 降低或为 0 时，B 增大。系统监控人员通知现场用电检查重点稽查该客户的用电情况。

根据系统分析结果，用电检查人员精准排查出异常原因。××庙堂台区线损率波动的原因是用户窃电，现场如图4.39所示。该客户采用表前开关接线直接入户进行窃电。

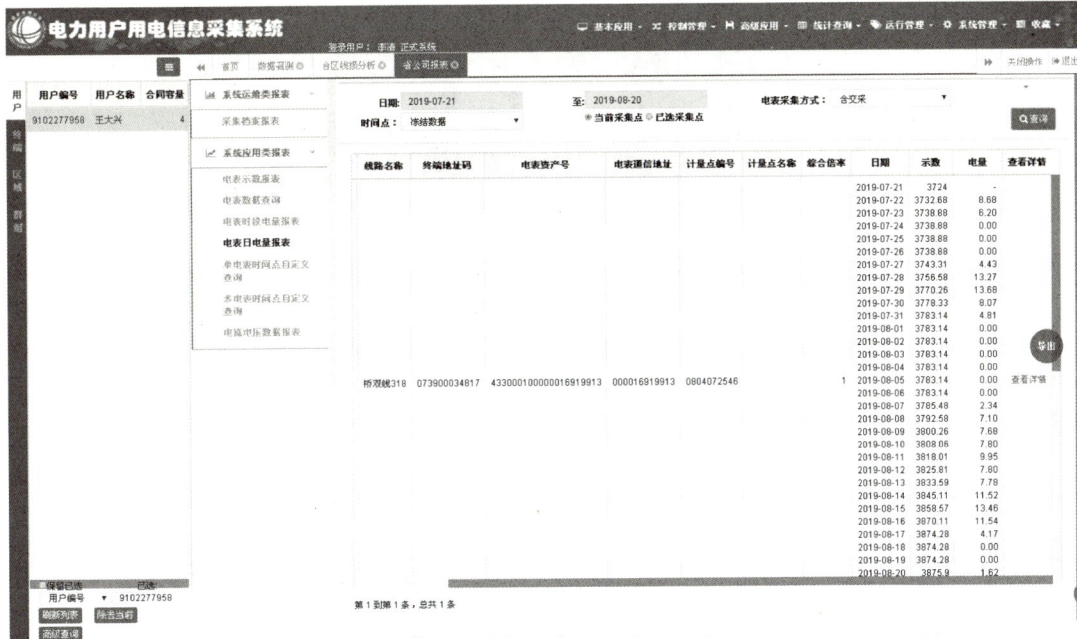

图4.38　案例5中异常客户电量示意图

表4.5　异常客户用电量与该台区日线损率比对表

日　期	异常客户用电量 /(kW·h)	台区日线损 率/%	日　期	异常客户用电量 /(kW·h)	台区日线损 率/%
2019-07-22	8.68	3.54	2019-08-06	0	6
2019-07-23	6.2	3.49	2019-08-07	2.34	4.52
2019-07-24	0	6.98	2019-08-08	7.1	3.12
2019-07-25	0	9.35	2019-08-09	7.68	3.03
2019-07-26	0	5.42	2019-08-10	7.8	3.22
2019-07-27	4.43	3.88	2019-08-11	9.95	2.94
2019-07-28	13.27	3.22	2019-08-12	7.8	3.21
2019-07-29	13.68	3.06	2019-08-13	7.78	3.18
2019-07-30	8.07	3.39	2019-08-14	11.52	3.05
2019-07-31	4.81	5.82	2019-08-15	13.46	3.15
2019-08-01	0	8.26	2019-08-16	11.54	2.89
2019-08-02	0	8.75	2019-08-17	4.17	3.82
2019-08-03	0	7.39	2019-08-18	0	7.65
2019-08-04	0	7.51	2019-08-19	0	9.68
2019-08-05	0	6.18	2019-08-20	1.62	5.17

图 4.39　案例 5 窃电现场图

【任务实施】

任务指导书见表 4.6。

表 4.6　电量比对法异常数据分析任务指导书

任务名称	电量比对法异常数据分析	学　时	4 课时
任务描述	1.结合实际案例,完成电量突增突减异常数据分析。 2.结合实际案例,完成零电量客户电量异常数据分析。 3.结合实际案例,完成电量波动规律分析		
任务要求	正确掌握系统操作方法,合理选择分析方式		
注意事项	保存操作关键步骤截图,以及办公软件制作的表格		

任务实施步骤:

一、风险点辨识

内网网络安全,客户信息保密。

二、作业前准备

联接内网的计算机,系统操作手册。

三、操作步骤及质量标准

1.电量突增突减异常数据分析操作

系统查询高损或线损率异常台区→召测电量比对分析→现场核实分析数据的准确性。

2.零电量客户电量异常数据分析操作

系统查询高损或线损率异常台区→召测电量比对分析→现场核实分析数据的准确性。

3.电量波动规律分析操作

系统查询高损或线损率异常台区→召测电量比对分析→现场核实分析数据的准确性。

【任务评价】

任务评价表见表4.7。

表 4.7　电量比对法异常数据分析任务评价表

姓　名		班　级		同组成员				
开始时间		结束时间		标准分	100 分		得　分	
任务名称			电量比对法异常数据分析					
序　号	步骤名称	质量要求	满分/分	评分标准			扣分原因	得　分
1	电量突增突减异常数据分析操作	正确掌握电量突增突减法异常数据分析操作	30	电量突增分析 15 分；电量突减分析 15 分				
2	零电量客户电量异常数据分析操作	正确掌握零电量客户电流比对、电表有功示值比对分析操作	40	客户电流比对 20 分；电表有功示值比对 20 分				
3	电量波动规律分析操作	正确掌握电量波动与台区线损率波动的规律及分析操作	30	查询数据 20 分；分析结果 10 分				
考评员(签名)			总分/分					

【思考与练习】

1. 电量比对方法主要有哪些?
2. 公变台区客户主要窃电方式有哪些?
3. 电量比对法中异常客户的电量波动与台区线损率波动有什么规律?

任务4.2　分相分时段异常数据分析

【任务目标】

1. 能正确应用用电信息采集系统召测并导出线损率异常台区户表相别、台区日供售电量、关口表计分相别日电量、时段电量。

2.能合理利用 Excel 或 WPS 软件对用电信息采集系统召测并导出的数据进行简单的表格编辑。

3.能正确计算公变台区分相别、分时段线损率并进行初步分析。

【任务描述】

在用电信息采集系统中筛选出一个高损台区,通过用电信息采集系统召测并导出相关数据计算分相别、分时段线损率,分析计算结果并得出正确结论。

【任务准备】

1.知识准备

①用电信息采集系统的操作方法。

②线损相关知识。

2.资料准备

联接内网的计算机,系统操作手册。

【相关知识】

4.2.1 公变台区损耗分类

公变台区客户是指供电电压等级为 220 V/380 V 公用变压器供电的客户。公变台区线损是公用配电变压器低压电力网电能损耗的简称。0.4 kV 及以下电压等级电网线损是指公用配电变压器低压总表到低压客户端电表之间的电能损耗,主要是低压线路和电能表的损耗。

从损耗的实际组成上分,线损电量可分为 3 部分,如下所述。

(1)固定损耗

固定损耗属于理论线损(技术线损),功率一般不随负荷变化而变化,只要设备带有电压,就有电能损耗。但实际上固定损耗功率也不是固定不变的,因为它与电压及电网频率有关,而电网电压及电网频率变动又不大,所以才认为它是固定不变的。低压固定损耗主要是表计电压线圈损耗。

（2）可变损耗

可变损耗属于理论线损（技术线损），功率是随负荷的变化而变化的，它与电流的平方成正比，电流越大则损耗的功率越大。低压可变损耗主要包括：低压主干线和接户线的导线损耗，电能表电流线圈的铜损。

（3）其他损耗

其他损耗是指由于管理工作不善，以及其他不明因素在供用电过程中造成的各种损失。因此它也称为管理损耗或不明损耗。其主要包括用户窃电及违章用电；计量装置误差、错误接线、故障等；营业和运行工作中的漏计（黑户）、错算及倍率差错等；砍青不到位或带电设备绝缘不良引起的泄漏电流等；供、售电量抄表时间不一致（集抄表计也存在时钟异常等因素而导致冻结数据不准确）等。

4.2.2　台区同期线损

1）台区同期线损概念

通过营销、采集、PMS、稽查等多个系统，通过采集全覆盖和营配调全贯通等手段，对台区供电量、用电量同步采集来进行线损计算，以此来实现台区线损达标治理和管理线损精准降损。

台区同期线损合格率，目前是作为评价营销工作管理水平的主要标志，整个营销工作都要以提高同期线损管理水平为龙头，以同期线损工作管控来推动营销业务的管理，通过精准降损来排查问题。

（1）数据实时化管控

台区同期线损管理由于采集系统的实时数据分析能力，使线损数据分析从月度分析提高到了日分析的水平，从而实现精准降损。

（2）管理上日清日结

台区同期线损管理使线损及相关专业的管理工作从月度数据分析模式转为了日分析、周管控的模式，相关问题的处理原则上 24 小时闭环。

（3）专业上高度协同

因同期线损数据获取方式及管理模式的转变，使得营销与运检专业、营销系统与采集、PMS 系统必须要高度协同，专业、系统的配合失利将造成管理混乱、数据不同步、指标失真。

（4）营销工作的"发动机"

因采集系统实时数据及日线损监控的利用，能及时发现营销各专业的问题，并通过"日早会"等形式将重点营销工作进行布置。

2）台区同期线损与原台区线损的区别

①系统支撑方面，台区线损主要依靠营销、采集系统；同期线损的系统数据来源多了PMS 及稽查等多个系统。

②计算和统计方式方面，台区线损依靠供电量、售电量在营销系统的发行，营销系统统

计，手工调整上报；同期线损完全从采集系统同步获取供/售电量，从营销系统获取台区归属关系（依赖营配调的台区/用户关系），由同期线损系统自动计算线损并上报。

③重点目标方面，台区线损主要是线损达标治理；同期线损在此基础上还能实现精准降损。

④考核指标方面，台区线损主要是线损率指标，同期线损指标包括线损合格率、可监测率、在线监测率 3 个指标。

4.2.3 台区同期线损异常类型

1）高损

高损台区是指在某统计期内同期线损率超过指标要求的异常台区。主要原因有档案错误、计量设备故障、采集异常、长期窃电等。

（1）台户关系不对应导致高损

营销档案用户数量与现场实际用户数量不相符，导致用户电能表存在跨台区、串台区用电（现场实际挂接在 A 台区用电的用户，营销系统挂接到 B 台区，导致 A 台区少计用电量），造成抄表失败或电量统计错误，台区呈现高损情况。

（2）营采不一致导致高损

营销或采集系统台区下档案信息与现场不同步，档案信息更新滞后于现场电能表变更情况，造成用电量少计，台区呈现高损情况。

（3）系统内倍率与现场不符导致高损

营销系统、采集系统台区下电能表倍率与实际倍率不相符，台区呈现高损情况。

（4）用户电能表采集失败导致高损

台区下部分用户电能表电量数据采集失败，采集成功率仍能够达到 98% 时，采集系统会使用不完整数据或补全数据进行线损计算，会造成台区线损计算少计用电量，台区呈现高损情况。

（5）台区采集设备参数设置错误导致台区高损

采集系统中，台区下的表计参数设置错误而导致用户电能表数据采集失败，造成电量统计与实际存在偏差，台区呈现高损情况。

（6）采集设备故障导致高损

台区下集中器与模块不匹配或发生故障，造成台区用电量无法被正确统计，台区呈现高损情况。

（7）光伏发电用户用电量采集错误导致高损

台区下接光伏发电用户，由于光伏发电用户用电量未能正确采集，造成台区用电量统计错误，台区呈现高损情况。

（8）总表与用户电能表电量不同期导致高损

台区下台区总表电量采集正常，但用户电能表时钟出现超差，导致用户电能表提前冻结电能示值，造成供、用电量不同期，台区呈现高损情况。

（9）用户电能表故障导致高损

台区下用户电能表出现烧毁、误差超差等故障，造成用电量少计，台区呈现高损情况。

（10）用户互感器故障导致高损

用户互感器因外力、长时间运行等原因出现故障，造成台区用电量少计，台区呈现高损情况。

（11）电能表倍率错误导致高损

台区下总表、用户电能表互感器实测倍率与铭牌不符，造成电量统计错误，台区呈现高损情况。

（12）互感器配置不合理导致高损

台区下用户互感器配置与现场用电负荷不匹配，造成现场计量不准确，进而引起用电量统计错误，台区呈现高损情况。

（13）电能表超容导致高损

台区下表计发生超容用电，实际发生电量不计入统计，造成用电量少计，台区呈现高损情况（电能表超容指用电量超过"变压器（用户）容量 $\times 24 \times 2 \times$ 天数"的阈值，用户状态为电能表超容）。

（14）电能表接线错误导致高损

台区所属用户电能表因人为工作差错等原因导致接线错误，造成用电量少计，台区呈现高损情况。

（15）供电设施老旧导致高损

树枝、围墙等长时间与裸露配电线路接触摩擦发生漏电，或断续接触裸露配电线路发生漏电，造成供电量损耗，台区呈现高损情况。

（16）用户窃电导致高损

由于用户私自在供电企业配电线路上接线用电或绕越计量装置用电等，造成台区用电量少计，台区呈现高损情况。

（17）台区供电半径过大导致高损

台区内用户物理分布过于分散，供电半径远超 500 m，造成台区配电线路损耗过大，出现台区长期高损情况。

（18）三相负荷不平衡导致高损

台区三相负荷分配不均匀，进而导致台区配变三相电流不平衡，配变损耗增大，造成台区高损。

（19）台区配变功率因数低导致长期高损

台区内无功补偿不足、设备老化或大马拉小车引起功率因数低，台区有功损耗大，台区呈现高损情况。

2）负损

负损台区是指用电信息采集系统台区线损率小于0%的异常台区。

（1）台户关系不一致导致负损

营销业务系统、采集系统台区所属用户明细与现场实际情况不一致，或台区总表、集中器配置与现场不一致，表现为用户用电信息系统台区用电量大于台区供电量，台区呈现负线损症状。

（2）光伏发电用户档案错误导致负损

光伏发电用户并网发电后，因档案信息维护错误，表现为用采集系统用户上网电量未统计到台区供电量中，台区呈现负线损症状。

（3）电能表倍率错误导致负损

营销业务系统、采集系统台区总表或用户电能表的倍率与现场实际情况不一致，表现为用户侧互感器系统倍率大于现场实际倍率或台区总表互感器系统倍率小于现场实际倍率，互感器匝数穿错，台区呈现负线损症状。

（4）台区总表接线错误导致负损

三相电流线与电压线接线不同相、零线公用、电流出线互串、三相电流互感器 S_2 互连、电能表三相电流出线互连、电流极性接反、二次电压线虚接，导致表计少计电量，或记错电量。可查询采集系统中台区总表电压、电流的瞬时量，当出现电压缺相、电流失流、功率因数、相位角异常等情况时，需现场检查台区总表接线，表现为进出线及零火线没有按照计量标准接线方式接线，台区呈现负线损症状。

（5）联合接线盒接线错误导致负损

联合接线盒电流连接片连接错误，导致电流短路；联合接线盒本身损坏，或者螺丝长短不适，导致虚接，造成供入电量少计，台区呈现负线损症状。

（6）数据补全不合格导致负损

查询采集系统中台区所带用户电量明细，与人工通过此用户期末和期初表底码值计算用户电量不一致，表现为系统统计电量大于人工计算电量；由于在采集系统中存在使用经验算法对未采集到的用户电能表底码进行系统补全，补全过程中会发生补全数据大于现场数据的情况，台区呈现负线损症状。

（7）表计时钟超差导致负损

在用户用电信息采集系统中召测电能表时钟，对比电能表时钟与系统时间，表现为供用电量冻结数据不同期，台区总表数据先于用户电能表数据冻结，供电量少计，台区呈现负线损症状。

（8）台区计量装置故障导致负损

台区总表、互感器等计量装置故障或烧毁，造成台区供电量无法计量，系统不能正确计算，台区呈现负线损症状。

（9）台区总表前接电导致负损

正常用户或临时用电用户在台区总表前接电，导致该部分供电量未计入台区总表，台区呈现负线。

3）小负损

小负损是指用户用电信息采集系统中统计期内台区线损率为 -1% ~0%（不包含线损率为 0 的台区）的台区。

（1）互感器配置不合理导致小负损

台区变压器运行效率低,表现为台区总表互感器根据变压器容量进行配置,但现场运行负荷达不到配置要求,计量回路电流低于电能表启动电流,采集系统中台区供电量少计,台区呈现负线损症状。

（2）三相负荷不平衡导致小负损

查看用户用电信息采集系统中的配变三相平衡情况,表现为统计期内台区总表某相电流超过额定值达到饱和状态或三相不平衡率远大于标准值（标准值为 15%）。台区呈现负线损症状。

（3）台区总表二次负载较大导致小负损

现场检查台区总表,发现接线截面小、装设位置不合理、连接节点松动等现象,引起用户用电信息采集系统台区供电量少计,台区呈现负线损症状。

（4）电能表时钟超差导致小负损

在采集系统中召测电能表时钟,对比电能表时钟与系统时间,表现为供用电量冻结数据不同期,供电量少计（台区总表数据先于用户电能表数据冻结）,台区呈现小负线损症状。

4.2.4　线损率计算

1）线损电量

供电量与售电量（用电量）的差值。

2）线损率

损失电量占供电量的百分比称为线损的损失率。

$$线损率 = \frac{线损电量}{供电量} \times 100\%$$

$$= \frac{供电量 - 售（用）电量}{供电量} \times 100\%$$

$$= 1 - \frac{售（用）电量}{供电量} \times 100\%$$

3）分相线损率计算

（1）计算公式

$$A 相线损率 = \frac{A 相供电量 - A 相售电量}{A 相供电量} \times 100\%$$

$$B \text{ 相线损率} = \frac{B \text{ 相供电量} - B \text{ 相售电量}}{B \text{ 相供电量}} \times 100\%$$

$$C \text{ 相线损率} = \frac{C \text{ 相供电量} - C \text{ 相售电量}}{C \text{ 相供电量}} \times 100\%$$

（2）分相别计算线损率示意图

如图 4.40 所示，公变台区变压器采用三相四线制供电；黄色线 A 相，绿色线 B 相，红色线 C 相，黑色线零线。通过用电信息采集系统召测出总表和户表的分相电量、户表相别的归属，计算出 A、B、C 三相的线损率情况。

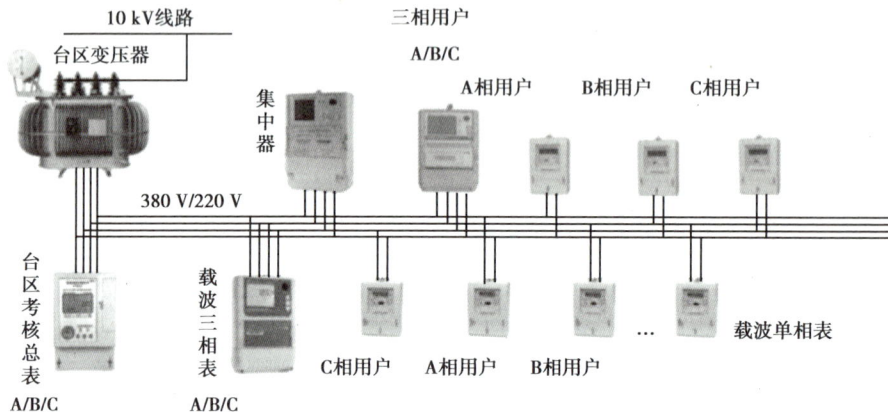

图 4.40　分相别计算线损率示意图

【例 4.1】通过用电信息采集系统召测数据，某公变台区的关口考核总表日供电量为 1 150 kW·h，分相供电量分别是 A 相 385 kW·h，B 相 412 kW·h，C 相 353 kW·h。台区户表日售电量为 1 080 kW·h，分相售电量分别是：A 相 366 kW·h，B 相 395 kW·h，C 相 320 kW·h。试计算该台区日同期线损电量是多少？日同期线损率是多少？分相别（A、B、C）线损率各是多少？

解：日同期线损电量 = 日供电量 − 日售电量 = 1 150 − 1 080 = 70（kW·h）。

$$\text{日同期线损率} = \frac{\text{日同期线损电量}}{\text{日供电量}} \times 100\% = \frac{70}{1\ 150} \times 100\% = 6.09\%$$

分相别线损率计算：

$$A \text{ 相线损率} = \frac{A \text{ 相供电量} - A \text{ 相售电量}}{A \text{ 相供电量}} \times 100\%$$

$$= \frac{385 - 366}{385} \times 100\% = 4.94\%$$

$$B \text{ 相线损率} = \frac{B \text{ 相供电量} - B \text{ 相售电量}}{B \text{ 相供电量}} \times 100\%$$

$$= \frac{412 - 395}{412} \times 100\% = 4.13\%$$

$$C \text{ 相线损率} = \frac{C \text{ 相供电量} - C \text{ 相售电量}}{C \text{ 相供电量}} \times 100\%$$

$$=\frac{353-320}{353}\times100\%=9.35\%$$

答:该台区日同期线损电量是 70 kW·h,日同期线损率是 6.09% 。分相别线损率为:A 相线损率是 4.94% ,B 相线损率是 4.13% ,C 相线损率是 9.53% 。

4)分时段线损率计算

(1)电表时段划分(以湖南省电力有限公司为例)

①平段 7:00—8:00;11:00—15:00;22:00—23:00。

②尖峰 19:00—22:00。

③高峰 8:00—11:00;15:00—19:00。

④低谷 23:00—次日 7:00。

(2)分时段计算线损率公式

通过用电信息采集系统召测出台区总表的分时段电量、户表的分时段电量,计算出台区当天尖、峰、平、谷的线损率情况。

$$尖段线损率=\frac{尖段供电量-尖段售电量}{尖段供电量}\times100\%$$

$$峰段线损率=\frac{峰段供电量-峰段售电量}{峰段供电量}\times100\%$$

$$平段线损率=\frac{平段供电量-平段售电量}{平段供电量}\times100\%$$

$$谷段线损率=\frac{谷段供电量-谷段售电量}{谷段供电量}\times100\%$$

(3)分时段计算线损率示意图

分时段计算线损率示意图如图 4.41 所示。

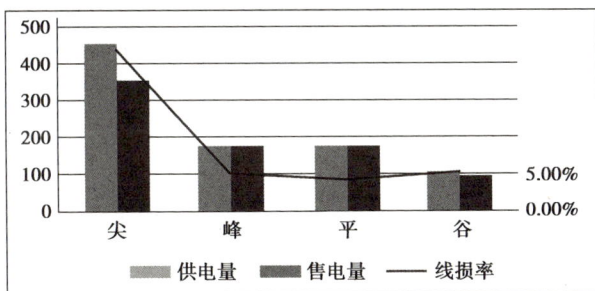

图 4.41 分时段计算线损率示意图

【例 4.2】通过用电信息采集系统召测数据,某公变台区的关口考核总表日供电量为 1 150 kW·h,分时段供电量分别是:尖段 273 kW·h,峰段 417 kW·h,平段 311 kW·h,谷段 149 kW·h。台区户表日售电量为 1 080 kW·h,分相售电量分别是:尖段 260 kW·h,峰段 378 kW·h,平段 298 kW·h,谷段 144 kW·h。试计算该台区分时段(尖、峰、平、谷)线损率各是多少?

$$解:尖段线损率=\frac{尖段供电量-尖段售电量}{尖段供电量}\times100\%$$

$$=\frac{273-260}{273}\times100\%=4.76\%$$

$$峰段线损率=\frac{峰段供电量-峰段售电量}{峰段供电量}\times100\%$$

$$=\frac{417-378}{417}\times100\%=9.35\%$$

$$平段线损率=\frac{平段供电量-平段售电量}{平段供电量}\times100\%$$

$$=\frac{311-298}{311}\times100\%=4.18\%$$

$$谷段线损率=\frac{谷段供电量-谷段售电量}{谷段供电量}\times100\%$$

$$=\frac{149-144}{149}\times100\%=3.36\%$$

答:该台区分时段线损率分别为:尖段线损率是4.76%,峰段线损率是9.35%,平段线损率是4.18%,谷段线损率是3.36%。

4.2.5 分相分时段异常数据分析

用电信息采集系统数据分析——分相分时段分析法

1)分相异常数据分析

(1)操作步骤

①在用电信息采集系统中筛选出一个高损台区。如××线路A台区平时日线损率为5%~6%,近期线损率突增至11.44%,存在异常现象(图4.42),系统监控人员在用电信息采集系统中未能精准查找异常点,可采用分相计算线损率的方法进行分析。

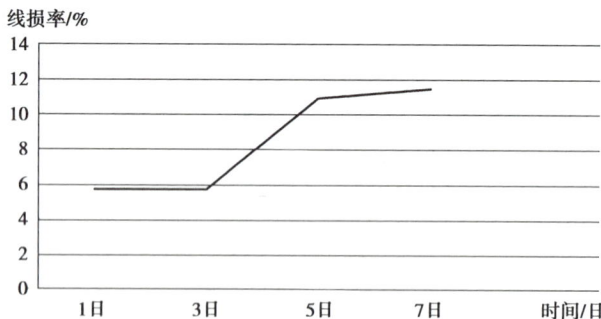

图4.42 ××线路A台区线损率曲线图

②分相别计算线损率。

A.通过用电信息采集系统召测A台区户表的相别。

操作方法:"基本应用"→"数据召测"→"预抄"→"勾选召测户表"→"电表抄读信息"→"召测"→召测出户表相别(图4.43)。

图 4.43　召测 A 台区户表相别的操作示意图

B. 将 A 台区召测的户表相别导出后利用 Excel 或 WPS 软件进行编辑。操作方法：将导出的户表相别保留用户名称、电表资产号、用电相别，见表 4.8。

表 4.8　户表相别信息表

用户名称	电表资产号	用电相别
×××	4330000000 ××××××××××	A 相
×××	4330000000 ××××××××××	A 相
×××	4330000000 ××××××××××	A 相
×××	4330000000 ××××××××××	A 相
×××	4330000000 ××××××××××	A 相
×××	4330000000 ××××××××××	A 相
×××	4330000000 ××××××××××	B 相
×××	4330000000 ××××××××××	B 相
×××	4330000000 ××××××××××	B 相
×××	43300000000 ××××××××××	B 相
×××	4330000000 ××××××××××	B 相
×××	4330000000 ××××××××××	B 相
×××	4330000000 ××××××××××	B 相
×××	4330000000 ××××××××××	B 相
×××	4330000000 ××××××××××	B 相

C. 通过用电信息采集系统查询 A 台区的户表电量(计算当日)。操作方法:"高级应用" →"台区线损分析"→"日期"→"查询"→导出 A 台区的户表电量(计算当日),如图 4.44 所示。

图 4.44　查询 A 台区户表电量的操作示意图

D. 将 A 台区查询出的户表电量导出后利用 Excel 或 WPS 软件进行编辑。操作方法:将导出的数据保留用户名称、用户编号、电表资产号、户表电量(保留当日电量、昨日电量、前日电量作为现场稽查时参考),见表 4.9。

表 4.9　户表电量信息表

用户名称	用户编号	电表资产号	当日有功电量 /(kW·h)	昨日有功电量 /(kW·h)	前日有功电量 /(kW·h)
×××	910×××	4330001000 ×××× ×××××	1.16	0.94	0.99
×××	910×××	4330001000 ××××××××××	7.68	17.81	18.17
×××	910×××	4330001000 ××××××××××	0	0	0
×××	910×××	4330001000 ××××××××××	0	0	0
×××	918×××	4330001000 ××××××××××	0	0.91	0
×××	910×××	4330001000 ××××××××××	0	0	0
×××	910×××	4330001000 ××××××××××	1.09	1.16	1.24
×××	186×××	4330001000 ××××××××××	0.01	0	0
×××	186×××	4330001000 ××××××××××	0	0	0
×××	910×××	4330001000 ××××××××××	0	0	0
×××	910×××	4330001000 ××××××××××	1.63	2.45	1.55

续表

用户名称	用户编号	电表资产号	当日有功电量 /(kW·h)	昨日有功电量 /(kW·h)	前日有功电量 /(kW·h)
×××	910×××	4330001000 ××××××××××	1.7	1.58	1.8
×××	910×××	4330001000 ××××××××××	5.19	6.5	11.3
×××	910×××	4330001000 ××××××××××	1.91	1.11	1.11
×××	910×××	4330001000 ××××××××××	0.36	0.59	0

E. 利用 Excel 或 WPS 软件将编辑的表格合二为一。操作方法:将编辑的表格 4.7、表 4.8 合成为一个表格,具体见表 4.10,包括用户名称、用户编号、电表资产号、当日/昨日/前日有功电量、用电相别。

表 4.10   户表电量和户表相别信息表

用户名称	用户编号	电表资产号	当日有功电量 /(kW·h)	昨日有功电量 /(kW·h)	前日有功电量 /(kW·h)	用电相别
×××	9102449827	4330001000 ××××××××××	1.16	0.94	0.99	C 相
×××	9102450661	4330001000 ××××××××××	7.68	17.81	18.17	B 相
×××	9102450616	4330001000 ××××××××××	0	0	0	B 相
×××	9102456193	4330001000 ××××××××××	0	0	0	C 相
×××	9102450573	4330001000 ××××××××××	0	0.91	0	B 相
×××	9186337287	4330001000 ××××××××××	0	0	0	A 相
×××	9102449120	4330001000 ××××××××××	1.09	1.16	1.24	B 相
×××	1861439190	4330001000 ××××××××××	0.01	0	0	B 相
×××	1864445248	4330001000 ××××××××××	0	0	0	A 相
×××	9102449016	4330001000 ××××××××××	0	0	0	A 相
×××	9102449612	4330001000 ××××××××××	1.63	2.45	1.55	A 相
×××	9102449638	4330001000 ××××××××××	1.7	1.58	1.8	B 相
×××	9102449582	4330001000 ××××××××××	5.19	6.5	11.3	C 相
×××	9102449609	4330001000 ××××××××××	1.91	1.11	1.11	A 相
×××	9102449641	4330001000 ××××××××××	0.36	0.59	0	B 相

F. 通过用电信息采集系统召测 A 台区关口表 A、B、C 分相日供电量。操作方法:"基本应用"→"数据召测"→"预抄"→"勾选关口表"→"勾选分相正向有/无功电能示值"→"选择日期"→"召测"→召测出当日和昨日的有功分相起止度并计算好分相供电量,如图 4.45 所示。

G. 将上述查询和编辑的表格数据进行分相线损率计算。操作方法:根据分相线损率计算公式,利用 Excel 或 WPS 软件对 A 台区进行分相线损率计算,如图 4.46 所示。

图4.45 召测 A 台区关口表分相日供电量的操作示意图

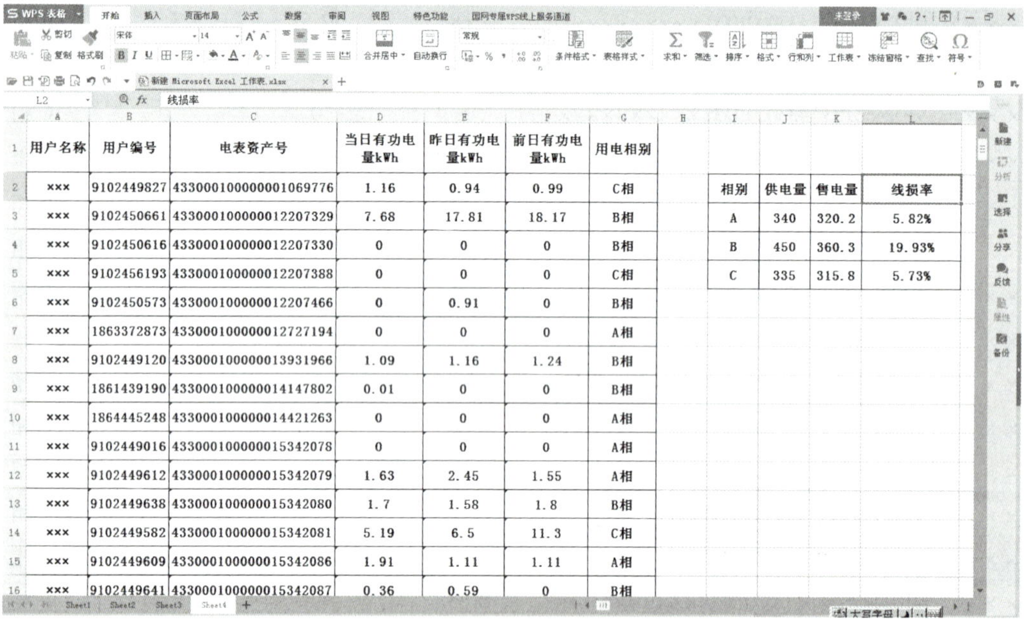

图4.46 A 台区分相线损率计算示意图

H. 分相线损率分析。

a. 分析要点。根据分相线损率计算的结果分析,A 台区的 A 相线损率为5.82%,B 相线损率为19.93%,C 相线损率为5.73%,很明显 B 相线损率偏高,远高于台区线损率11.44%,其他两相无明显异常。现场用电检查应重点检查 B 相客户。假设 A 台区 A 相用户 89 户、B 相用户 85 户、C 相用户 92 户,可以减少现场排查用户 181 户。

b. 注意事项。如果户表中含有三相用户,分相电量需要单独召测,召测方法与关口表计分相电量召测相同。

（2）案例1：分相计算线损率的实际应用案例

某供电所通过用电信息采集系统发现石龙村寨上台区近期线损率异常（10%～15%），不仅线损率偏高（该公司定义台区线损率－1%～10%为合格），且波动率大（图4.47）。系统监控人员决定采取分相计算线损率进行分析，为现场用电检查缩小排查范围。通过系统召测数据和编辑，分相计算线损率见表4.11所示。

图4.47　案例1台区近期线损率异常示意图

表4.11　案例4.1分相线损率统计表

相　　别	供电量	售电量	线损率/%
A	12.6	11.75	6.75
B	102.75	84.81	17.46
C	37.5	35.31	5.84
总	152.85	131.87	13.73

①分析方法。分相计算结果一般存在以下几种情况。

a. A、B、C三相分相线损率中出现一相高损相，并远远高出台区线损率，其他两相线损率无异常。此种情况应重点稽查高损相的用电情况。

b. A、B、C三相分相线损率中出现两相高损相，并和台区线损率最为接近，另外一相线损率无异常。此种情况应重点稽查两相高损相的用电情况。

c. A、B、C三相分相线损率中出现三相高损相，并和台线损率差不多。此种情况应重点稽查三相客户用电情况。

根据计算结果，石龙村寨上台区A相线损率为6.75%，B相线损率为17.46%，C相线损率为5.84%，台区线损率为13.73%。其中B相线损率为高损相，线损率远高于台区线损率，另外两相线损率无明显异常，因此该台区应属于第一种情况，现场用电检查应重点稽查B相用电情况。

②异常原因。影响线损率的因素有很多,在排除了因系统串户、营采不同步、电表时钟等简单因素和技术线损影响外,根据现场排查经验,造成分相别线损率较高的管理原因主要有:

　　a. 用户窃电及违章用电。

　　b. 砍青不到位或带电设备绝缘不良引起的漏电。

　　c. 计量装置故障坏表。

　　d. 计量装置接线错误。

　　e. 计量装置互感器或电表超误差。

　　f. 未在系统中实时流转的黑户。

　　g. 其他原因引起的高损。

　　根据现场检查结果,石龙村寨上台区引起 B相高损的原因用户窃电的结果(绕越计量装置),如图 4.48 所示。

图 4.48　案例 1 窃电现场图

　　2)分时段异常数据分析

　　(1)操作步骤

　　①在用电信息采集系统中筛选出一个高损台区。如××线路 A 台区平时日线损率为5% ~ 6% ,近期线损率突增至11.44% ,存在异常现象(图 4.42),系统监控人员在用电信息采集系统中未能精准查找异常点,在采用分相计算线损率的方法后,再进行分时段线损率的计算。

　　②分时段计算线损率。

　　a. 通过用电信息采集系统查询 A 台区总表及户表的时段电量。

　　操作方法:"统计查询"→"省公司报表"→"系统应用类报表"→"电表时段电量报表"→"选择日期"→"查询"→查询出总表及户表时段电量,如图 4.49 所示。

　　b. 将 A 台区查询的总表及户表的时段电量利用 Excel 或 WPS 软件进行编辑,并计算分时段线损率。

　　操作方法:根据分时段线损率计算公式,将导出的总表及户表的时段电量编辑,并进行分时段线损率的计算,结果见表 4.12。

　　③分时段损率分析。

　　A. 分析要点。根据分时段线损率计算的结果分析,A 台区的尖段线损率为 21.94% ,峰段线损率为 5.06% ,平段线损率为 4.41% ,谷段线损率为 5.3% ,很明显尖段线损率偏高,现场用电检查最好选择在尖峰时段进行。

　　B. 注意事项。如果为窃电异常,根据经验分析,白天线损率偏高,建房、抽水等挂勾临时用电的情况多一些,晚上线损率高则居民户窃电的概率高一些。分时段线损率最好结合分相线损率计算的结果一起进行分析,不仅缩小排查范围,也能缩小排查时段。

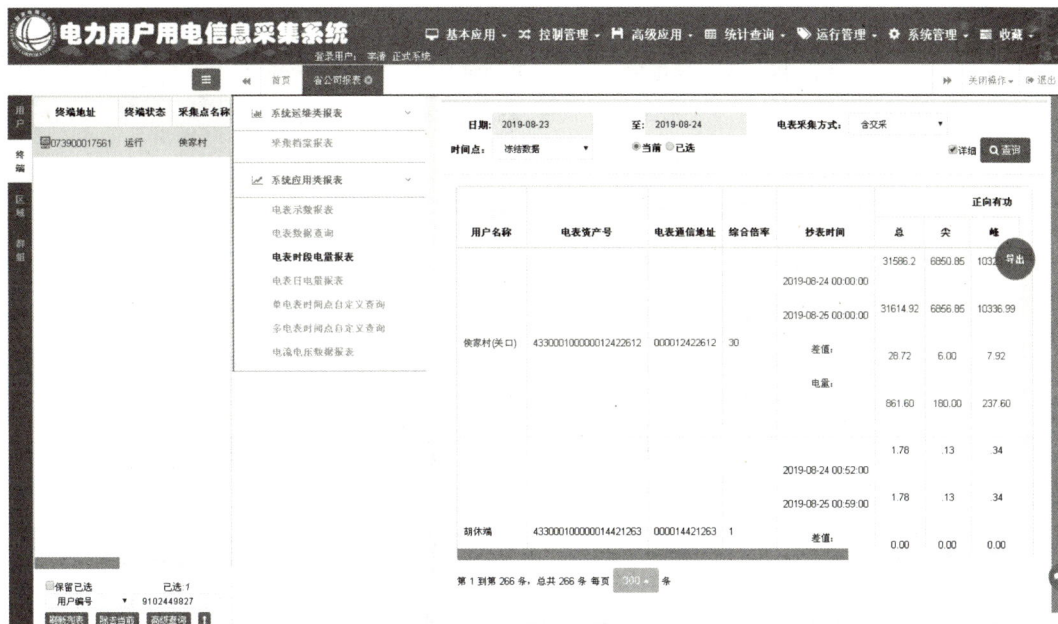

图 4.49　查询总表及户表时段电量的操作示意图

表 4.12　A 台区分时段线损率计算结果

时　段	供电量	售电量	线损率/%
尖	456.3	356.2	21.94
峰	333.7	316.8	5.06
平	231.3	221.1	4.41
谷	103.7	98.2	5.30

(2)案例 2:分时段计算线损率的实际应用案例

某供电所通过用电信息采集系统发现福泉××台区近期线损率15%左右(该公司定义台区线损率-1%～10%为合格),线损率曲线如图 4.50 所示,属高损台区范畴。系统监控人员决定采取分时段计算线损率,并结合分相计算线损率进行分析,为系统分析和现场用电检查缩小排查范围。通过系统召测数据和编辑,分时段计算线损率结果见表 4.13。

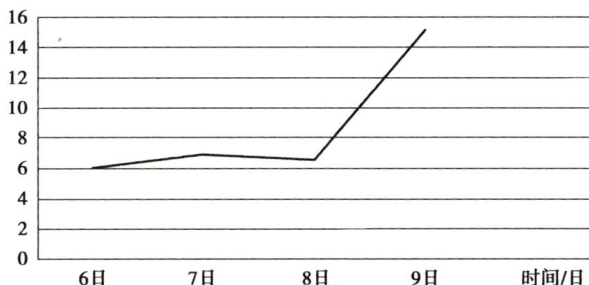

图 4.50　福泉××台区线损率曲线图

表 4.13　福泉××台区线损率统计表

时　段	供电量	售电量	线损率/%
尖	70.49	65.11	7.63
峰	109.23	101.2	7.35
平	86	80.1	6.86
谷	98.95	63.1	36.23
总	364.67	309.51	15.13

分析方法:

①尖峰平谷分时段线损率中出现单一时段高损,并远远高出台区线损率,其他时段线损率无异常。此种情况应重点在高损时段稽查用电情况。

②尖峰平谷分时段线损率中出现两个或多个时段高损,并远远高出台区线损率,其他时段线损率无异常。此种情况应重点在高损时段稽查用电情况。

③尖峰平谷分时段线损率中出现每个时段都是高损情况,此种情况说明异常发生在每个时段,不需要刻意选择时间段进行用电稽查。

④分时段计算线损率分析一般和分相线损率结合分析,分相计算出高损相后,再根据分时段计算线损率的结果,选择高损时段去稽查高损相的用电情况,查找出异常的概率会更高。

根据计算结果,福泉××台区尖时段线损率为7.63%,峰时段线损率为 7.35%,平时段线损率为6.86%,谷时段线损率为 36.23%,台区线损率为15.13%。其中谷线损率为高损相,线损率远高于台区损率,其他时段线损率无明显异常,因此现场用电检查应在谷时段重点稽查用电情况。

结合分相计算线损率分析和现场检查结果,福泉××台区高损的原因是用户窃电(绕越计量装置),现场如图4.51 所示。该客户是一名屠夫,一般在深夜和凌晨进行表前挂勾窃电,窃电后挂勾线取下。因此该台区在没有进行分时段计算线损率之前,用电检查人员已进行了多次稽查,由于时间段不对,窃电现场已不存在,无法找到异常点。

图 4.51　案例 2 窃电现场图

【任务实施】

任务指导书见表4.14。

表4.14　分相分时段异常数据分析任务指导书

任务名称	分相分时段异常数据分析	学　时	4 课时
任务描述	1.结合实际案例,完成分相别异常数据分析。 2.结合实际案例,完成分时段异常数据分析		
任务要求	正确掌握系统操作方法,合理选择分析方式		
注意事项	保存操作关键步骤截图,以及办公软件制作的表格		

任务实施步骤:

一、风险点辨识

内网网络安全,客户信息保密。

二、作业前准备

联接内网的计算机,系统操作手册。

三、操作步骤及质量标准

1.分相别异常数据分析操作

系统筛选出高损台区→分相别计算线损率→现场核实分析数据的准确性。

2.分时段异常数据分析操作

系统筛选出高损台区→分时段计算线损率→现场核实分析数据的准确性。

【任务评价】

任务评价表见表4.15、表4.16。

表4.15　分相别异常数据分析任务评价表

姓　名		单　位		同组成员			
开始时间		结束时间		标准分	100 分	得　分	
任务名称		分相别异常数据分析					
序　号	步骤名称	质量要求	满分/分	评分标准	扣分原因	得　分	
1	召测异常台区户表的相别	通过用电信息采集系统正确召测出异常台区户表的相别	30	未能召测户表相别扣30分			

续表

序 号	步骤名称	质量要求	满分/分	评分标准	扣分原因	得 分
2	户表相别导出数据编辑	将召测的户表相别导出后利用 Excel 或 WPS 软件进行编辑,保留资产编号和对应相别数据	5	每错一处扣 1 分		
3	查询异常台区的户表电量(计算当日)	用电信息采集系统准确查询异常台区的户表电量(计算当日)	10	未能查询异常台区的户表电量扣 10 分		
4	户表电量导出数据编辑	将查询出的户表电量导出后利用 Excel 或 WPS 软件进行编辑,保留用户名称、用户编号、电表资产号、户表电量	5	每错一处扣 1 分		
5	户表相别和户表电量表格合成一个表格	利用 Excel 或 WPS 软件将户表相别和户表电量表格合二为一,包括用户名称、用户编号、电表资产号、当日/昨日/前日有功电量、用电相别	5	每错一处扣 1 分		
6	召测异常台区关口表 A、B、C 分相日供电量	用电信息采集系统准确召测异常台区关口表 A、B、C 分相日供电量	10	召测错一处扣 2 分		
7	分相线损率计算	将上述查询和编辑的表格数据进行分相线损率正确计算	25	计算错误每相扣 10 分		
8	分相线损率分析	针对分相线损率的计算结果正确判断异常相别	10	结果判断错误扣 10 分		
考评员(签名)			总分/分			

表 4.16 分时段异常数据分析任务评价表

姓 名		单 位		同组成员		
开始时间		结束时间		标准分	100 分	得 分
任务名称		分时段异常数据分析				

序　号	步骤名称	质量要求	满分/分	评分标准	扣分原因	得　分
1	查询 A 台区总表及户表的时段电量	通过用电信息采集系统准确查询异常台区总表及户表的时段电量	35	未能准确查询总表及户表的时段电量扣 35 分		
2	编辑总表及户表的时段电量,并计算分时段线损率	将查询的总表及户表的时段电量利用 Excel 或 WPS 软件进行编辑,并正确计算分时段线损率	45	未能对导出数据进行编辑扣 20 分,不能正确计算分时段线损率扣 25 分		
3	分时段损率分析	针对分时段线损率的计算结果正确判断异常时段	20	结果判断错误扣 20 分		
考评员(签名)			总分/分			

【思考与练习】

1. 分相别计算线损率有什么作用?
2. 如果关口总表与集中器相别不对应怎么办?
3. 分相别计算线损率是否能为调整三相负荷平衡提供参考数据?
4. 电表中的时段是怎么划分的?
5. 根据经验分析,如果是窃电异常,每个时段的异常线损率一般会是哪一种窃电形式?
6. 分时段计算线损率的公式是什么?

任务 4.3　电压电流异常数据分析

【任务目标】

1. 能熟练使用用电信息采集系统对电能表电压电流异常进行在线监控。
2. 能使用用电信息采集系统进行反窃电在线分析。

【任务描述】

对信息采集系统中现有的电压、电流异常数据进行召测,对召测结果进行分析并记录。

【任务准备】

1. 知识准备

单相和三相电能表接线方式及计量原理。

2. 资料准备

联接内网的计算机,系统操作手册。

【相关知识】

用电信息采集系统数据分析——错误接线分析

4.3.1 单相电能表

单相电能表接线方式如图 4.52 所示。

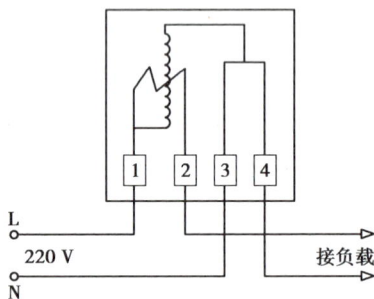

图 4.52 单相有功电能表跳入式接线图

单相电能表接入的电气参数及正常范围见表 4.17。

表 4.17 单相电能表参数

电气参数	标定值	正常范围
电压/V	220	$0.9U_n \sim 1.1U_n$
电流/A	5(60)	$0 \sim 60$
功率因数	0.8	$0 \sim 1$

4.3.2　三相三线电能表

三相三线电能表接线方式如图 4.53 所示。

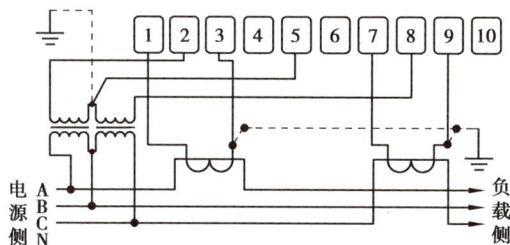

图 4.53　三相三线经电压、电流互感器接入式接线图

三相电能表(准确度 0.5 s 级以上)接入的电气参数及正常范围见表 4.18。

表 4.18　三相电能表参数

电气参数	标定值	正常范围
电压/V	3×100	$0.9U_n \sim 1.1U_n$
电流/A	$3 \times 1.5(6)$	$0 \sim 6$
功率因数	0.8	$0 \sim 1$

4.3.3　三相四线电能表

(1)三相四线直接接入式电能表

三相四线直接接入式电能表接线方式如图 4.54 所示。

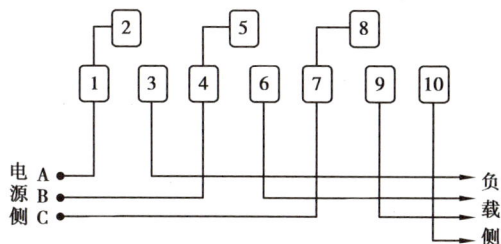

图 4.54　三相四线直接接入式接线图

三相四线直接接入式电能表(准确度 1.0 级以上)接入的电气参数及正常范围见表 4.19。

表 4.19　三相四线直接接入式电能表参数

电气参数	标定值	正常范围
电压/V	$3 \times 220/380$	$0.9U_n \sim 1.1U_n$
电流/A	$3 \times 5(60)$	$0 \sim 60$
功率因数	0.8	$0 \sim 1$

（2）三相四线经电流互感器接入式电能表

三相四线经电流互感器接入式电能表接线方式如图 4.55 所示。

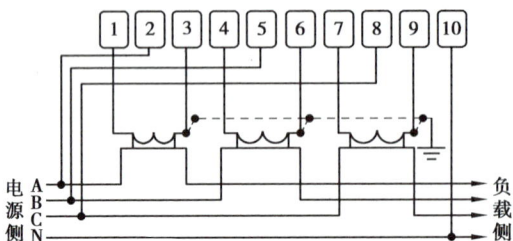

图 4.55　三相四线经电流互感器接入式接线图

三相四线经电流互感器接入式电能表（准确度 1.0 级以上）接入的电气参数及正常范围见表 4.20。

表 4.20　三相四线经电流互感器接入式电能表参数

电气参数	标定值	正常范围
电压/V	$3 \times 220/380$	$0.9U_n \sim 1.1U_n$
电流/A	$3 \times 1.5(6)$	$0 \sim 5$
功率因数	0.8	$0 \sim 1$

（3）三相四线经电流、电压互感器接入式电能表

三相四线经电流、电压互感器接入式电能表接线方式如图 4.56 所示。

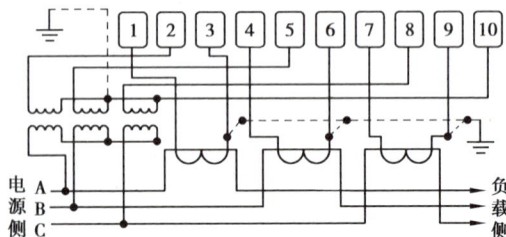

图 4.56　三相四线经电流、电压互感器接入式接线图

三相四线经电流、电压互感器接入式电能表（准确度 1.0 级以上）接入的电气参数及正常范围见表 4.21 所示。

表 4.21　三相四线经电流、电压互感器接入式电能表参数

电气参数	标定值	正常范围
电压/V	$3 \times 57.7/100$	$0.9 U_n \sim 1.1 U_n$
电流/A	$3 \times 1.5(6)$	$0 \sim 5$
功率因数	0.8	$0 \sim 1$

4.3.4　电压电流异常数据分析

①进入用电信息采集系统,选择"统计查询"→"电压异常查询"→"选择筛选条件"→"查询"(图 4.57),对查询结果中存在异常的用户全部进行召测,判断召测结果是否异常并记录。

电压异常的判断原则主要有:

a. 单相表电压越上限、越下限。

b. 三相三线电能表电压越上限、越下限、缺相。

c. 三相四线电能表电压越上限、越下限、缺相。

②选择"统计查询"→"电流异常查询"→"选择用户类型、日期等条

两率一损大数据分析——居民用户电压电流分析法

台区线损管理之台区表计电压异常分析法

图 4.57　系统查询电压异常操作示意图

件"→"选择时间段"→"查询"(图 4.58),对查询结果中存在异常的用户全部进行召测,判断召测结果是否异常并记录。

电流异常的判定原则主要有:

a. 三相四线电能表有一至两相电流为负,其余为正。

图 4.58　系统查询电流异常操作示意图

b. 三相三线电能表 A 相电流为正,C 相电流为负;或者其中某一相电流为零。

c. 三相四线电能表平均电流达到 0.15 A,且三相电流严重不平衡(不平衡度 >50%),或者某相电流为零。

③选择"运行管理"中的"两率一损大数据分析"→选择"台区同期线损分析"下的"窃电专项主题分析"中的"分流窃电分析"→选择单位和日期→查询(图 4.59)。

图 4.59　分流窃电分析示意图

对查询结果中的疑似窃电电能表选择至少两块召测实时电压、电流数据,判断召测结果是否异常,并记录于表 4.22 中。

表 4.22　系统监控及数据分析记录表

序　号	用户编号	用户名称	电能表资产编号	系统监控异常类型	实际召测数据	判断是否有效异常	判断依据
1							
2							
3							
4							
⋮							

④选择"运行管理"中的"两率一损大数据分析"→选择"台区同期线损分析"下的"窃电专项主题分析"中的"居民电压电流分析"→选择单位和日期→查询(图 4.60)。

图 4.60　居民电压电流分析示意图

对查询结果中的不同类型异常电能表各选择一块召测实时电压、电流数据,判断召测结果是否异常并记录。

【任务实施】

任务指导书见表 4.23。

表 4.23　电压电流异常数据分析任务指导书

任务名称	电压电流异常数据分析	学　时	4 课时
任务描述	1.结合实际案例,完成分流窃电分析。 2.结合实际案例,完成居民电压电流分析		
任务要求	正确掌握系统操作方法,合理选择分析方式		

231

续表

注意事项	保存操作关键步骤截图,以及办公软件制作的表格

任务实施步骤:

一、风险点辨识

内网网络安全,客户信息保密。

二、作业前准备

联接内网的计算机,系统操作手册。

三、操作步骤及质量标准

电压异常查询→电流异常查询→分流窃电分析→居民电压电流分析

【任务评价】

任务评价表见表4.24。

表4.24　电压电流异常数据分析任务评价表

姓　　名		单　　位		同组成员			
开始时间		结束时间		标准分	100分	得　分	
任务名称		电压电流异常数据分析					

序　号	步骤名称	质量要求	满分/分	评分标准	扣分原因	得　分
1	电压异常数据查询与分析	按步骤对电压异常数据进行分析及判断,找出至少一处有效异常	30	未查询出结果全扣,未判断出至少一处有效异常数据扣15分		
2	电流异常数据查询与分析	按步骤对电流异常数据进行分析及判断,找出至少一处有效异常	30	未查询出结果全扣,未判断出至少一处有效异常数据扣15分		
3	分流窃电分析	按步骤对疑似分流窃电电能表进行筛选及分析,记录2块电能表的召测结果	20	未查询出结果全扣,未按要求记录召测结果扣10分/块		
4	居民电压电流分析	按步骤对居民电压电流异常数据进行筛选及分析,记录3块不同异常状态的电能表的召测结果	20	未查询出结果全扣,未按要求记录召测结果扣10分/块		
考评员(签名)			总分/分			

【思考与练习】

1. 单相表出现负电流的原因可能有哪些?
2. 三相三线电能表正常情况下为什么 B 相电压为零?
3. 三相四线带电流互感器接入式电能表某相电压越上限的原因可能有哪些?
4. ××电力公司用电检查人员现场查实,陈某租赁某低压供电的服装厂进行服装加工,采取短接计费电能表三相 TA(变比 150/5)次级、使电能表停走的方法进行窃电,时间 3 个月。请按《供电营业规则》规定计算,陈某应补交电费和违约使用电费多少元[设一般工商业电价 0.80 元(kW·h)]?

任务 4.4　电能表开盖异常数据分析

【任务目标】

1. 能熟练使用用电信息采集系统对电能表开盖异常进行在线监控。
2. 能使用用电信息采集系统进行反窃电在线分析。

【任务描述】

对信息采集系统中现有的电能表开盖异常数据进行召测,对召测结果进行分析并记录。

【任务准备】

1. 知识准备
单相和三相电能表接线方式及计量原理。
2. 系统准备
联接内网的计算机,系统操作手册。

【相关知识】

4.4.1　电能表开盖记录原理

电能表按钮式导电件安装在线路板上,图中抵柱能与按钮式导电件相抵。当表盖闭合到位时,按钮式导电件的导体会与线路板上的导电点接触,使得线路板上的导电点相导通。当电能表盖被拆开时,导体与线路板上的导电点分开,从而发出开盖信号,处理芯片记录开盖发生时间。当电能表盖再次闭合到位时,发出表盖闭合信号,处理芯片记录闭合时间。连续的一次开盖与闭合信号视作一次开盖记录。

4.4.2　电能表开盖异常数据分析

两率一损大数据
分析——电能表
开盖分析

目前电能表能监测表盖(外壳)和端钮盒盖开盖情况,但记录并不十分准确,原因有几个方面:一是由于电能表运输和安装过程中可能出现碰撞和振动,引起触点开合,造成虚假开盖记录;二是电子元器件存在质量缺陷或受安装环境影响误发开盖信号;三是由于工作人员疏忽,电能表端钮盒在接线后没有闭合到位,造成电能表误认为一直处于端钮盒打开状态。

"两率一损大数据分析"模块中的开盖记录分析具备对开盖次数和开盖时长的筛选功能,默认开盖时长 >1 min 的开盖记录为有效记录,可以大大节省异常排查时间。

由于开盖后窃电人员一般会采取短接电流测量回路或者在电压测量回路串接电阻的方式扩大计量误差,开盖异常一般要结合电压电流异常进行分析。

选择"运行管理"中的"两率一损大数据分析"→选择"台区同期线损分析"下的"窃电专项主题分析"中的"开盖记录分析"→选择单位和日期→查询,对查询结果中的"重点窃电嫌疑电能表"和"非工作时间开端钮盖电能表"各选择若干召测实时电压、电流数据,判断召测结果是否为有效异常并记录,各找出至少一块有效异常电能表。

【任务实施】

任务指导书见表4.25。

表 4.25　电能表开盖异常数据分析任务指导书

任务名称	电能表开盖异常数据分析	学　时	4 课时
任务描述	结合实际案例,完成电能表开盖异常数据分析		
任务要求	正确掌握系统操作方法,合理选择分析方式		
注意事项	保存操作关键步骤截图,以及办公软件制作的表格		

任务实施步骤:

一、风险点辨识

内网网络安全,客户信息保密。

二、作业前准备

联接内网的计算机,系统操作手册。

三、操作步骤及质量标准

两率一损大数据分析→台区同期线损分析→开盖记录分析

【任务评价】

任务评价表见表4.26。

表 4.26　电能表开盖异常数据分析任务评价表

姓　名		单　位		同组成员			
开始时间		结束时间		标准分	100 分	得　分	
任务名称		电压电流异常数据分析					
序　号	步骤名称	质量要求	满分/分	评分标准		扣分原因	得　分
1	电能表开盖异常数据查询与分析	按步骤对电能表开盖异常数据进行分析及判断,找出至少一处有效异常	100	未查询出结果全扣,未判断出至少 1 处有效异常数据扣 50 分			
考评员(签名)			总分/分				

【思考与练习】

1.供电所在普查中发现,某低压动力用户绕越电能表用电,容量1.5 kW,且接用时间不清,问按规定该用户应补交电费多少元? 违约使用电费多少元? [假设电价为 0.50 元/(kW·h)]

2. 已知某 10 kV 高压供电工业户，$K_{TA} = 50/5$，$K_{TV} = 10\ 000/100$，有功表起码为 165，止码为 235，试求该用户有功计费电量。

3. 通过用电信息采集系统监控到一块低压单相电能表存在开盖记录，现场对该电能表校验发现误差为 -90%，已知开盖记录当天的有功表码为 480 kW·h，超差电能表拆回时的有功表码为 560 kW·h，试求追补有功电量。

附录 合同范本

低 压 供 用 电 合 同

合同编号：

供电人：

用电人：

用户编号：

签订日期①：

签订地点：

---

① 此处的签订日期应与签署页中的最迟签订日期保持一致。

使用说明

1. 本统一合同文本适用于国家电网有限公司各单位与用户签订的低压供用电合同。

2. 在总部的统一管理下,各省级公司负责具体管理统一合同文本的使用。

3. 供用电合同的起草严格按照统一合同文本的条款格式进行。根据国家法律、法规及相关政策,签约单位结合实际工作需要,可在网省公司引用的供用电统一合同文本基础上,对合同文本 1 至 5 条款项下的具体内容进行变更。其余各条款内容如需变更,应在"特别约定"条款中进行约定。

4. 对于合同文本中需当事人填写之处,由双方根据实际情况填写。如当事人约定无须填写的,则应注明"无"或画"/"。

5. 有关合同文本的其他使用说明见文本脚注。

6. 国家电网有限公司各单位合同承办人员应按照本使用说明起草合同,在合同开始内部审核或提交对方前应删除本使用说明及文本脚注。

目　录

为明确供电人和用电人在电力供应与使用中的权利和义务,安全、经济、合理、有序地供电和用电,根据《民法典》《电力法》《电力监管条例》《电力供应与使用条例》《供电监管办法》《供电营业规则》等有关规定,双方经协商一致,订立本合同。

1. 用电地址、用电性质和用电容量

1.1 用电地址:_____。

1.2 用电性质

(1)行业分类:_____。

(2)用电分类:_____。

1.3 合同约定容量为_____千瓦,该容量为用电人最大用电容量。

2. 供电方式

2.1 供电人向用电人提供 380 V/220 V 交流 50 Hz 电源,经以下变压器向用电人供电:

(1)_____公用变压器。

(2)_____公用变压器。

(3)_____。

供电人在不影响用电人正常用电的情况下,有权自行调整供电方式。

2.2 为防止电网意外断电影响用电人安全生产,用电人应自备应急电源或非电保安措施,并确保应急电源及非电保安措施在电网意外断电时能有效运行。用电人若有保安负荷时,应自备应急电源,并装设可靠的闭锁装置,防止向电网倒送电。

(1)用电人自备发电机_____千瓦,闭锁方式为_____。

(2)不间断电源(UPS)_____千瓦。

3. 产权分界点及责任划分

供用电设施产权分界点①为:

(1)_____(见附件2附图)。

(2)_____(见附件2附图)。

供用电设施产权分界点以文字和《供电接线及产权分界示意图》(附件2)表述;如二者不一致,以本条文字描述为准。

本条约定的分界点电源侧产权属供电人,分界点负荷侧产权属用电人。双方各自承担其产权范围内供用电设施的运行维护管理责任,并承担各自产权范围内供用电设施上发生事故等引起的法律责任。

4. 用电计量

4.1 用电计量装置②

□普通电能表　　□费控电能表　　□其他

---

① 分界点文字描述应具体、详细并与附图保持一致。

② 采用费控电能表时,为履行供电人的告知义务,应在第20条特别约定条款中约定断电报警的方式。示例:"费控电能表欠费断电报警方式有两种:(1)当表内余额不足_____元时,费控电能表的报警灯亮或显示屏背光灯常亮,用电人应及时购电;(2)当表内余额为零时,费控电能表将自动断电,显示屏上显示数据为零及'请购电、拉闸'字符,报警灯亮或显示屏背光灯常亮。用电人及时预交电费即可恢复用电。……"。

1

4.2 按照规定,每一受电点内按不同电价类别分别安装电能计量装置,其记录作为向用电人计算电费的依据。

(1)计量点1:计量装置装设在_____处,为总/分表,记录数据作为用电人_____类别用电量的计量依据。

(2)计量点2:计量装置装设在_____处,为总/分表,记录数据作为用电人_____类别用电量的计量依据。

4.3 未分别计量的电量认定:

_____计量装置计量的电量包含多种电价类别的电量,对_____电价类别的用电量,每月按以下第____种方式确定:

(1)_____电量定比为:_____% ;

(2)_____电量定量为_____千伏安/千瓦时。

以上方式及核定值双方每年至少可以提出重新核定一次,对方不得拒绝。重新核定后,从下一个抄表周期开始,按重新核定的比例和定量确定各类电价的用电量。

4.4 各计量点计量装置配置如下:

计量点	计量设备名称	计算倍率	备注 (总分表关系)

4.5 用电人应妥为保护计量装置,不应在表前堆放影响抄表或计量准确及安全的物品。如发生计费电能表丢失、损坏或过负荷烧坏等情况,用电人应及时告知供电人,以便供电人采取措施。如因供电人责任或不可抗力致使计费电能表出现或发生故障的,供电人应负责换表,不收费用;其他原因引起的,用电人应负担赔偿费或修理费。

5.电价及电费结算

5.1 电价按照政府主管部门批准的电价执行,根据调价政策规定进行调整。

根据国家《功率因数调整电费办法》的规定,功率因数调整电费的考核标准为_____,相关电费计算按规定执行。

5.2 抄表周期为_____，抄表例日为_____。供电人可以单方调整抄表周期和抄表例日,但须通知知用电人。

5.3 抄表方式:采用人工/自动抄录方式。

采用用电信息采集装置自动抄表的,其自动抄录的数据作为电度电费结算依据,当装置故障时,依人工抄录数据为准。

5.4 电费按抄表周期结算,支付方式为_____,用电人应在当月_____日前结清全部电费。双方可另行订立电费结算协议。

5.5 用电人将用电地址内的房屋、场地出租、出借或以其他方式给他人使用的,用电人仍需承担交纳电费、违约金和其他违约责任义务。

5.6 若遇电费争议,用电人应先按结算电费金额按时足额交付电费,待争议解决后,双方据实退、补。

6. 计量失准及异议处理规则

6.1 一方认为用电计量装置失准,有权提出校验请求,对方不得拒绝。校验应由有资质的计量检定机构实施。如供电人已为用电人提供计量装置校验服务超过三次且不属于供电人责任的,则超出部分相关费用由用电人承担。

用电人在申请验表期间,其电费仍应按期交纳,验表结果确认后,再行退、补电费。

6.2 计量失准时,计费差额电量按下列方式确定:

(1)互感器或电能表误差超出允许范围时,以"0"误差为基准,按验证后的误差值确定计费差额电量。上述超差时间从上次校验或换装后投运之日至误差更正之日的二分之一时间计算;

(2)其他非人为原因致使计量记录不准时,以用电人上年度或正常月份用电量的平均值为基准,确定计费差额电量,计算退、补电量的时间按导致失准时间至误差更正之日的差值确定。

发生以上情形,退、补电量未确定之前,用电人先按抄见电量如期交纳电费,误差确定后,再行退补。

6.3 以下原因导致的电能计量或计算出现差错时,计费差额电量按下列方式确定:

(1)计费计量装置接线错误的,以其实际记录的电量为基数,按正确与错误接线的差额率退、补电量,计算退、补电量的时间从上次校验或换装投运之日至接线错误更正之日;

(2)计算电量的计费倍率与实际倍率不符的,以实际倍率为基准,按正确与错误倍率的差值确定计费差额电量,计算退、补电量的时间以发生时间为准确定。

发生以上情形,退、补电量未确定之前,用电人先按抄见电量如期交纳电费,误差确定后,再行退补。

6.4 抄表记录、用电信息采集系统、表内留存的信息作为双方处理有关计量争议的依据。

6.5 按确定的退补电量和误差期间的电价标准计算退、补电费。

7. 供电质量

在电力系统处于正常运行状况下,供到用电人受电点的电能质量应符合国家规定的

3

标准。

8. 连续供电

8.1 在发供电系统正常情况下,供电人连续向用电人供电。

8.2 发生如下情形之一的,供电人可中止供电:

(1)供电设施计划或临时检修的;

(2)用电人危害供用电安全,扰乱供用电秩序,拒绝检查的;

(3)用电人逾期未交电费,经供电人催缴仍未交付的;

(4)用电人受电装置经检验不合格,在指定期间未改善的;

(5)用电人注入电网的谐波电流超过标准,以及冲击负荷、非对称负荷等对电网电能质量产生干扰和妨碍,严重影响、威胁电网安全,拒不按期采取有效措施进行治理改善的;

(6)用电人拒不在限期内拆除私增用电容量的;

(7)用电人拒不在限期内交付违约用电引起的费用的;

(8)用电人违反安全用电、有序用电有关规定,拒不改正的;

(9)发生不可抗力或紧急避险的;

(10)用电人实施本合同第13条行为的;

(11)用电人装有预购电装置、限流开关、负荷控制装置的,在预购电量使用完毕、用户超容量用电或超负荷用电时自动停电的;

(12)供电人执行政府机关或授权机构依法做出的停电指令的;

(13)因电力供需紧张等原因需要停电、限电的;

(14)法律、法规和规章规定的其他情形。

9. 中止供电程序

9.1 因故需要中止供电的,按如下程序进行:

(1)供电设施计划检修需要中止供电的,供电人应当提前7日公告停电区域、停电线路、停电时间,并通知重要电力用户等级的用电人;

(2)供电设施临时检修需要中止供电的,供电企业应当提前24小时公告停电区域、停电线路、停电时间,并通知重要电力用户等级的用电人。

9.2 发生以下情形之一的,供电人可当即中止供电:

(1)发生不可抗力或紧急避险;

(2)用电人实施本合同第13.6条至第13.11条行为的。

9.3 因执行政府机关或授权机构做出的停电指令而中止供电的,供电人应按照指令的要求中止供电。

9.4 除以上中止供电情形外,需对用电人中止供电时,按如下程序进行:

(1)停电前三至七天内,将停电通知书送达用电人,对重要电力用户的停电,同时将停电通知书报送同级电力管理部门;

(2)停电前30分钟,将停电时间再通知用电人一次。

9.5 引起中止供电或限电的原因消除后,供电人应在三日内恢复供电。不能在三日内

4

恢复供电的,应向用电人说明原因。

10. 配合事项

10.1 供电人为用电人交费和查询电价、电费、用电量、电能表示数提供方便。

10.2 为保障电网安全或因发电、供电系统发生故障以及根据本合同约定,需要停电、限电时,用电人应予以配合。

10.3 供电人为保障电网运行安全,有权对用户涉网设备进行用电检查,用电人应提供必要方便,并根据检查需要,向供电人提供相应的真实资料。用电检查的内容是:

(1)用户受(送)电装置工程施工质量检验;

(2)用户受(送)电装置中电气设备运行安全状况;

(3)用电计量装置、电力负荷控制装置、继电保护和自动装置、调度通信等安全运行状况;

(4)供用电合同及有关协议履行的情况;

(5)受电端电能质量状况;

(6)违章用电和窃电行为;

(7)并网电源、自备电源并网安全状况。

10.4 用电计量装置的安装、移动、更换、校验、拆除、加封、启封由供电人负责,用电人应提供必要的方便和配合;安装在用电人处的用电计量装置由用电人妥善保管,如有异常,供电人有权要求用电人配合对异常进行更正。

11. 质量共担

用电人用电时的功率因数和谐波源负荷、冲击负荷、非对称负荷等产生的干扰与影响应符合国家标准。如用电人行为影响电网供电质量,威胁电网安全,供电人有权要求用电人限期整改,并在必要时采取有效措施解除对电网安全的上述威胁,用电人应给予充分且必要的配合。

12. 供电人不得实施的行为

12.1 故意使用电计量装置计量错误;

12.2 随电费收取其他不合理费用。

13. 用电人不得实施的行为

13.1 在电价低的供电线路上,擅自接用电价高的用电设备或私自改变用电类别;

13.2 私自超过合同约定容量用电;

13.3 擅自使用已在供电人处办理暂停手续的电力设备或启用已封存电力设备;

13.4 私自迁移、更动和擅自操作供电人的用电计量装置;

13.5 擅自引入(供出)电源或将自备应急电源和其他电源并网;

13.6 在供电人的供电设施上,擅自接线用电;

13.7 绕越供电人用电计量装置用电;

13.8 伪造或者开启供电人加封的用电计量装置封印用电;

13.9 损坏供电人用电计量装置;

5

13.10 使供电人用电计量装置失准或者失效;

13.11 采取其他方法导致不计量或少计量。

14. 供电人的违约责任

14.1 供电人违反本合同约定,应当按照国家、电力行业标准或本合同约定予以改正,继续履行。

14.2 供电人违反本合同电能质量义务给用电人造成损失的,应赔偿用电人实际损失,最高赔偿限额为用电人在电能质量不合格的时间段内实际用电量和对应时段的平均电价乘积的百分之二十。但因用电人原因导致供电人未能履行电能质量保证义务的,则对用电人的该部分损失,供电人不承担赔偿责任。

14.3 供电人违反本合同约定实施停电给用电人造成损失的,应赔偿用电人实际损失,最高赔偿限额为用电人在停电时间内可能用电量(该用电量的计算参照)电度电费的五倍。

前款所称的可能用电量,按照停电前用电人在上月与停电时间对等的同一时间段的平均用电量乘以停电小时求得。

14.4 供电人未履行抢修义务而导致用电人损失扩大的,对扩大损失部分按本条第3款的原则给予赔偿。

14.5 供电人随电费收取其他不合理费用,造成用电人损失的,应退还用电人有关费用。

14.6 有如下情形之一的,供电人不承担违约责任:

(1)符合本合同第八条约定的连续供电的除外情形且供电人已履行必经程序;

(2)电力运行事故引起开关跳闸,经自动重合闸装置重合成功;

(3)多电源供电只停其中一路,其他电源仍可满足用电人用电需要的;

(4)用电人未按合同约定安装自备应急电源或采取非电保安措施,或者对自备应急电源和非电保安措施维护管理不当,导致损失扩大部分;

(5)因用电人或第三人的过错行为所导致;

(6)不可抗力;

(7)用电人应对其设备的安全负责,供电人不承担因被检查设备不安全引起的任何直接损坏或损害的赔偿责任;

(8)法律、法规和规章规定的其他免责情形。

15. 用电人的违约责任

15.1 用电人违反本合同约定义务,应当按照国家、电力行业标准或本合同约定予以改正,并继续履行。用电人违约行为危及供电安全时,供电人可要求用电人立即改正,用电人拒不改正时,供电人可采用操作用电人设施等方式直接代替用电人改正,相关费用和损失由用电人承担。

15.2 由于用电人责任造成供电人对外供电停止,应当按供电人少供电量乘以上月份平均售电单价给予赔偿;其中,少供电量为停电时间上月份每小时平均供电量乘以停电小时。停电时间不足1小时的按1小时计算,超过1小时的按实际停电时间计算。

15.3 因用电人过错给供电人或者其他用户造成财产损失的,用电人应当依法承担

6

赔偿责任。本款责任不因15.4条责任而免除。

15.4用电人有以下违约行为,应按合同约定向供电人支付违约金或违约使用电费:

(1)用电人违反本合同约定逾期交付电费,居民用户每日按欠费总额的千分之一计算,其他用户当年欠费部分的每日按欠交额的千分之二、跨年度欠费部分的每日按欠交额的千分之三计付,但累计不超过造成损失的百分之三十,交纳电费时应先冲抵到期电费债务,即用户应先交纳电费欠费后再交纳违约金。

(2)用电人擅自改变用电类别或在电价低的供电线路上,擅自接用电价高的用电设备的,按差额电费的两倍计付违约使用电费,差额电费按实际违约使用日期计算;违约使用起讫日难以确定的,按三个月计算。

(3)擅自迁移、更动或操作用电计量装置、电力负荷管理装置、擅自操作供电企业的供电设施以及约定由供电人调度的受电设备的,按每次5 000元计付违约使用电费。

(4)擅自引入、供出电源或者将自备电源和其他电源私自并网的,按引入、供出或并网电源容量的每千瓦(千伏安)500元计付违约使用电费。

(5)用电人擅自在供电人供电设施上接线用电、绕越用电计量装置用电、伪造或开启已加封的用电计量装置用电,损坏用电计量装置、使用电计量装置不准或失效的,按补交电费的三倍计付违约使用电费。少计电量时间无法查明时,按180天计算。日使用时间按小时计算,其中,电力用户每日按12小时计算,照明用户每日按6小时计算。

(6)私自超过本合同约定容量用电的,属于两部制电价的用户,按三倍私增容量基本电费计付违约使用电费;属单一制电价的用户,按擅自使用或启封设备容量每千瓦(千伏安)50元支付违约使用电费。

15.5用电人发生拖欠电费、违约用电、窃电等情形的,供电人可以将用电人列入失信客户名单,提交给金融机构、政府的征信系统作为信用评价的依据。

15.6因用电人原因导致表计等计量装置断开或中止供电,影响光伏、风力、水电等发电并网的情况,由用电人自行承担一切损失。

15.7用电人违约责任因以下原因而免除:

(1)不可抗力;

(2)法律、法规及规章规定的免责情形。

15.8因追究用电人违约责任而产生的费用,包括但不限于律师费、差旅费等费用由用电人承担。

16. 合同的生效、转让及变更

16.1合同生效

(1)用电人受电装置已验收合格,业务相关费用已结清且本合同和有关协议均已签订后,供电人应即依本合同向用电人供电。

(2)本合同经双方签署并加盖公章或合同专用章后成立。合同有效期为_____年,自_____起至_____止。合同有效期届满,双方均未提出书面异议的,继续履行,有效期按本合同有效期限重复续展。

7

(3)对合同有异议的,应在本合同约定的期限或续展期限届满日之前30天向对方提出书面意见,经协商,双方达成一致,重新签订供用电合同;双方不能达成一致,在双方对供用电事宜达成新的书面协议前,本合同继续有效。

16.2 合同转让

未经对方同意,任何一方不得将本合同项下的权利和义务转让给第三方。

16.3 合同变更

合同如需变更,双方协商一致后签订《合同事项变更确认书》(附件三)。

17. 争议解决①

17.1 双方发生争议时,应本着诚实信用原则,通过友好协商解决。

17.2 若争议经协商仍无法解决的,按以下第_____种方式处理:

(1)仲裁:提交_____仲裁,按照申请仲裁时该仲裁机构有效的仲裁规则②进行仲裁。仲裁裁决是终局的,对双方均有约束力;

(2)诉讼:向_____所在地人民法院提起诉讼。

17.3 在争议解决期间,合同中未涉及争议部分的条款仍须履行。

18. 通信

18.1 供电人用电业务联系电话为_____。

18.2 用电人联系电话

(1)用电业务联系人_____,电话_____,调度电话_____;

(2)电气联系人_____,电话_____;

(3)财务联系人_____,电话_____。

联系方式_____。

19. 附则

19.1 本合同正本一式_____份,供电人执_____份,用电人执_____份,具有同等法律效力。

合同签署前,双方按供用电业务流程所形成的申请、批复等书面资料,为合同附件,与合同正文具有同等效力。

本合同附件包括:

(1)附件1:术语定义。

(2)附件2:供电接线及产权分界示意图。

(3)附件3:合同事项变更确认书。

(4)_____。

19.2 <u>供电人和用电人均已阅读并完全理解本合同及其附件的全部条款,自愿履行合同义务。</u>

---

① 建议选择诉讼作为争议解决方式。
② 如选择其他仲裁规则,可以在特别约定条款中明确。

20. 特别约定

本特别约定①是合同各方经协商后对合同其他条款的修改或补充,如有不一致,以特别约定为准。

_____

_____。

（以下无正文）

---

① 对本统一合同文本的任何修改或补充,均应在本条(第20条特别约定)中约定。如需修改时,应明确被修改的具体条款,示例:"将第32条修改为:……";如需补充时,应订立补充条款,示例:"增加以下条款:……"。

9

签 署 页

供电人：
(盖章)

用电人：
(盖章)

法定代表人(负责人)或
授权代表(签字)：

法定代表人(负责人)或
授权代表(签字)：

签订日期：

签订日期：

地址：

地址：

联系人：

联系人：

电话：

电话：

传真：

传真：

开户银行：

开户银行：

账号：

账号：

统一社会信用代码：

统一社会信用代码：

附件1

术语定义

1. 用电地址:用电人受电设施的地理位置及用电地点。

2. 用电容量:又称协议容量,用电人申请、并经供电人核准使用电力的最大功率或视在功率。

3. 供电质量:指供电电压、频率和波形。

4. 谐波源负荷:指用电人向公共电网注入谐波电流或在公共电网中产生谐波电压的电气设备。

5. 冲击负荷:指用电人用电过程中周期性或非周期性地从电网中取用快速变动功率的负荷。

6. 非对称负荷:因三相负荷不平衡引起电力系统公共连接点正常三相电压补平衡度发生变化的负荷。

7. 计划检修:按照年度、月度检修计划实施的设备检修。

8. 临时检修:供电设备障碍、改造等原因引起的非计划、临时性停电(检修)。

9. 紧急避险:指电网发生事故或者发电、供电设备发生重大事故;电网频率或电压超出规定范围、输变电设备负载超过规定值、主干线路功率值超出规定的稳定限额以及其他威胁电网安全运行,有可能破坏电网稳定,导致电网瓦解以致大面积停电等运行情况时,供电人采取的避险措施。

10. 不可抗力,指不能预见、不能避免并不能克服的客观情况。

11. 逾期日:指超过双方约定的交纳电费的截止日的第二天算起,不含截止日。

12. 重要用户:指有重要负荷的用户。重要负荷的定义参见国家标准《供配电系统设计规范》(GB 50052—2009)。

附件 2

供电接线及产权分界示意图

附件 3

<h1 style="text-align:center">合同事项变更确认书</h1>

序号	变更事项	变更前约定	变更后约定	供电人确认	用电人确认
1				（签）章 ___年__月__日	（签）章 ___年__月__日
2				（签）章 ___年__月__日	（签）章 ___年__月__日
3				（签）章 ___年__月__日	（签）章 ___年__月__日
4				（签）章 ___年__月__日	（签）章 ___年__月__日
5				（签）章 ___年__月__日	（签）章 ___年__月__日

高压供用电合同

合同编号：

供电人：

用电人：

用户编号：

签订日期①：

签订地点：

---

① 此处的签订日期应与签署页中的最迟签订日期保持一致。

使用说明

1. 本统一合同文本适用于国家电网有限公司各单位与用户签订的高压供用电合同。

2. 在总部的统一管理下,各省级公司负责具体管理统一合同文本的使用。

3. 供用电合同的起草严格按照统一合同文本的条款格式进行。根据国家法律、法规及相关政策,签约单位结合实际工作需要,可在引用的供用电统一合同文本基础上,对合同文本第一章"供用电基本情况"条款项下的具体内容进行变更。其余各条内容如需变更,应在"特别约定"条款中进行约定。

4. 对于合同文本中需当事人填写之处,对方根据实际情况填写。如当事人约定无须填写的,则应注明"无"或画"/"。

5. 有关合同文本的其他使用说明见文本脚注。

6. 国家电网有限公司各单位合同承办人员应按照本使用说明起草合同,在合同开始内部审核或提交对方前应删除本使用说明及文本脚注。

目 录

为明确供电人和用电人在电力供应与使用中的权利和义务,安全、经济、合理、有序供电和用电,根据《中华人民共和国民法典》《中华人民共和国电力法》《电力监管条例》《电力供应与使用条例》《供电监管办法》《供电营业规则》等有关法律、法规、行政规章以及国家和电力行业相关标准,经双方协商一致,订立本合同。

第一章　供用电基本情况

1. 用电地址①

用电人用电地址位于:＿＿＿＿＿＿＿＿＿＿＿＿＿＿＿＿＿＿＿＿。

2. 用电性质

2.1 行业分类:＿＿＿＿＿＿＿＿＿＿＿＿＿＿＿＿＿＿＿＿。

2.2 用电分类:＿＿＿＿＿＿＿、＿＿＿＿＿＿、＿＿＿＿＿。

2.3 负荷特性:

(1)负荷性质:＿＿＿＿＿＿＿＿＿＿＿＿＿＿＿＿＿＿＿。

(2)负荷时间特性:＿＿＿＿＿＿＿＿＿＿＿＿＿＿＿＿＿。

2.4 负荷等级:

(1)＿＿＿＿＿＿＿＿＿设备为＿＿＿＿＿＿＿＿＿级负荷。

(2)＿＿＿＿＿＿＿＿＿设备为＿＿＿＿＿＿＿＿＿级负荷。

(3)＿＿＿＿＿＿＿＿＿设备为＿＿＿＿＿＿＿＿＿级负荷。

3. 用电容量

用电人共有＿＿＿＿＿＿个受电点,用电容量＿＿＿＿＿＿千瓦(千伏安),自备发电容量＿＿＿＿＿＿千瓦。

3.1 ＿＿＿＿＿＿受电点有受电变压器＿＿＿＿＿＿台。其中,＿＿＿＿＿＿千伏安变压器＿＿＿＿＿＿台,＿＿＿＿＿＿千伏安变压器＿＿＿＿＿＿台,共计＿＿＿＿＿＿千伏安。(多台变压器时)运行方式为＿＿＿＿＿＿,＿＿＿＿＿＿台容量为＿＿＿＿＿＿千伏安的受电变压器为＿＿＿＿＿＿(冷/热)备用状态。

＿＿＿＿＿＿受电点有受电高压电机＿＿＿＿＿＿台,共计＿＿＿＿＿＿千瓦,运行方式为＿＿＿＿＿＿。其中＿＿＿＿＿＿台容量为＿＿＿＿＿＿千瓦的高压电机为＿＿＿＿＿＿(冷/热)备用状态。

3.2 ＿＿＿＿＿＿受电点有受电变压器＿＿＿＿＿＿台。其中,＿＿＿＿＿＿千伏安变压器＿＿＿＿＿＿台,＿＿＿＿＿＿千伏安变压器＿＿＿＿＿＿台,共计＿＿＿＿＿＿千伏安。(多台变压器时)运行方式为＿＿＿＿＿＿,＿＿＿＿＿＿台容量为＿＿＿＿＿＿千伏安的受电变压器为＿＿＿＿＿＿(冷/热)备用状态。

＿＿＿＿＿＿受电点有受电高压电机＿＿＿＿＿＿台,共计＿＿＿＿＿＿千瓦,运行方式为＿＿＿＿＿＿。其中＿＿＿＿＿＿台容量为＿＿＿＿＿＿千瓦的高压电机为＿＿＿＿＿＿(冷/热)备用状态。

---

① 用电地址应填写用电人实际用电地址。

1

4. 供电方式

4.1 供电方式

供电人向用电人提供单/双/多电源、单/双/多回路三相交流50赫兹电源。

(1) 第一路电源

电源性质:(主供/冷备用/热备用)

供电人由_____变(配)电站/开闭站,以_____千伏电压,经出口_____开关送出的_____(架空线/电缆)专用/公用线路,向用电人_____受电点供电。

(2) 第二路电源

电源性质:(主供/冷备用/热备用)

供电人由_____变(配)电站/开闭站,以_____千伏电压,经出口_____开关送出的_____(架空线/电缆)专用/公用线路,向用电人_____受电点供电。①

4.2 多路供电电源的联络及闭锁

(1) 电源联络方式:_____(高压联络/低压联络)。

(2) 电源闭锁方式:_____(机械闭锁/电气闭锁)。

4.3 供电人在不影响用电人正常用电的情况下,有权自行调整供电方式。

4.4 如供电人因电网统一规划、统一命名的需要切改或重新命名供电线路、设备名称(编号)的,以切改或重新命名的供电线路名称、设备名称(编号)为准。

5. 自备应急电源及非电保安措施

用电人应自行采取下列电或非电保安措施,确保电网意外断电不影响用电安全:

5.1 自备应急电源

用电人自备下列电源作为保安负荷的应急电源:

(1) 用电人自备发电机_____千瓦;

(2) 不间断电源(UPS/EPS)_____千瓦;

(3) 自备应急电源与电网电源之间装设可靠的电气/机械闭锁装置。

5.2 用电人按照行业性质应当采取以下非电保安措施:

(1) _____;

(2) _____;

(3) _____。

5.3 用电人在履行本合同过程中,需要根据自身对用电可靠性要求的变化,同步提升自备应急电源及强化非电保安措施。

6. 无功补偿及功率因数

6.1 无功补偿装置由用电人自行采购、安装、管理、维护。

6.2 用电人无功补偿装置总容量不低于_____千乏,功率因数在电网高峰时段应达值最低为_____。

---

① 多于两路电源的,可重复使用4.1(1)或4.1(2)条款,依次编号。

2

7. 产权分界点及责任划分

7.1 供用电设施产权分界点为①：

(1)_____；(见附件2之附图)

(2)_____；(见附件2之附图)

(3)_____。(见附件2之附图)

供用电设施产权分界点以文字和《供电接线及产权分界示意图》(附件2)附图表述，如二者不一致，以本条文字描述为准。

7.2 供用电设施的运行维护管理及责任认定按以下方式确定：

双方依本合同7.1条约定的分界点电源侧产权属供电人，分界点负荷侧产权属用电人。双方各自承担其产权范围内供用电设施的运行维护管理责任，并承担各自产权范围内供用电设施上发生事故等引起的法律责任。

8. 用电计量

8.1 计量点设置及计量方式

(1)计量点1：计量装置装设在_____处，记录数据作为用电人_____(类别)用电量的计量依据，计量方式为_____。

(2)计量点2：计量装置装设在_____处，记录数据作为用电人_____(类别)用电量的计量依据，计量方式为_____。

(3)计量点3：计量装置装设在_____处，记录数据作为用电人_____(类别)用电量的计量依据，计量方式为_____。

8.2 用电计量装置安装位置与产权分界点不一致时，以下损耗(包括有功和无功损耗)由产权所有人负担。

(1)变压器损耗(按_____计算)；

(2)线路损耗(按_____计算)。

上述损耗的电量按各分类电量占抄见总电量的比例分摊。

8.3 未分别计量的电量认定

_____计量装置计量的电量包含多种电价类别的电量，对_____电价类别的用电量，每月按以下第_____种方式确定：

(1)_____电量定比为：_____%；

(2)_____电量定量为：_____千瓦·时。

以上方式及核定值各方每年至少可以提出重新核定一次，对方不得拒绝。

计量点计量装置如下：

---

① 分界点文字描述应具体、详细并与附图保持一致。

3

计量点	计量设备名称	计算倍率	备注(总分表、主副表关系)

8.4 用电人应妥为保护计量装置,不应在表前堆放影响抄表或计量准确及安全的物品。如发生计费电能表丢失、损坏或过负荷烧坏等情况,用电人应及时告知供电人,以便供电人采取措施。如因供电人责任或不可抗力致使计费电能表出现或发生故障的,供电人应负责换表,不收费用;其他原因引起的,用电人应负担赔偿费或修理费。

9. 电量的抄录和计算

9.1 抄表周期为_____,抄表例日为_____。供电人可以单方调整抄表周期和抄表例日,但须通知用电人。

9.2 抄表方式:人工/自动抄录方式。

9.3 结算依据:

供用电双方以抄录数据作为电度电费的结算依据。以用电信息采集装置自动抄录的数据作为电度电费结算依据的,当用电信息采集装置发生故障时,以供电人人工抄录数据作为结算依据。

9.4 用电人的无功用电量为正反向无功电量绝对值的总量。

10. 计量失准及异议处理规则

10.1 一方认为用电计量装置失准,有权提出校验请求,对方不得拒绝。校验应由有资质的计量检定机构实施。如供电人已为用电人提供计量装置校验服务超过三次且不属于供电人责任的,则超出部分相关费用由用电人承担。

用电人在申请验表期间,其电费仍应按期交纳,验表结果确认后,再行退、补电费。

10.2 用电计量装置存在计量记录失准时,可以确定失准时间的,按确定的失准时间退、补相应电量的电费;无法确定失准时间的,按以下约定确定失准时间:

(1)互感器或电能表误差超出允许范围时,退、补时间从上次校验或换装后投入之日起至误差更正之日止的二分之一时间计算;

4

（2）计量回路连接线的电压降超出允许范围时,补收时间从连接线投入或负荷增加之日起至电压降更正之日止;

（3）计量装置运行故障等其他非人为原因致使计量记录失准时,退、补时间按抄表记录确定。

（4）计费计量装置接线错误(含接线失效的)的,退、补时间从上次校验或换装投入之日起至接线错误更正之日止;

（5）电压互感器保险熔断的,补收时间按抄表记录或按失压自动记录仪记录确定。

10.3 用电计量装置存在计量记录失准时,按照以下约定确定退、补电量:

（1）计算电量的计费倍率或铭牌倍率与实际不符的,以实际倍率为基准,按正确与错误倍率的差值退、补电量。

（2）涉及计量计费参数设置错误的,按正确参数与错误参数的误差值退、补电量。

（3）用电人装有对比表或存在独立回路的用电信息采集装置,且故障期间有正常的对比表电量或交采电量的,以对比表电量或交采电量为准确定退、补电量。

（4）无对比表电量或交采电量的,以三相负荷平衡为基础,能计算更正系数的,按更正系数确定退、补电量。

依前四款仍无法确定退、补电量的,依10.4—10.7确定退、补电量。

10.4 用电计量装置存在计量记录失准,依10.3无法确定退、补电量的,按以下约定计算退、补相应电量的电费:

（1）互感器或电能表误差超出允许范围时,以"0"误差为基准,按验证后的误差值确定退补电量。

（2）计量回路连接线的电压降超出允许范围时,以允许电压降为基准,按验证后实际值与允许值之差确定补收电量。

（3）计量装置运行故障等其他非人为原因致使计量记录失准时,以用电人正常月份用电量为基准退、补电量。

（4）计费计量装置接线错误(含接线失效的)的,以其实际记录的电量为基数,按正确与错误接线的差额率退、补电量。

（5）电压互感器保险熔断的,按规定计算方法计算值补收相应电量的电费;无法计算的,以用电人正常月份用电量为基准,按正常月与故障月的差额补收相应电量的电费。

10.5 "用电人正常月份用电量"参照以下标准确定:

（1）以用电人上一年度同期电量为"用电人正常月份用电量",如:用电人2018年3—5月期间存在失准现象,其失准期间用电量为2017年3—5月期间用电量。

（2）用电人无上一年度同期电量的,若用电人用电时间小于6个月的,以用电人实际用电的月份电量的平均值为标准;若用电人用电时间大于6个月的,以计量失准前6个月用电量的平均值为"用电人正常月份用电量"。

10.6 未安装主、副表或主、副表均出现误差的,按照第10.2—10.5条的约定确定误差的电能电费。主、副电能表所计电量有差值时,按以下原则处理:

5

（1）主、副电能表所计电量之差与主表所计电量的相对误差小于电能表准确等级值的1.5 倍时，以主电能表所计电量作为结算的电量。

（2）主、副电能表所计电量之差与主表所计电量的相对误差大于电能表准确等级值的1.5 倍时，对主、副电能表进行现场校验，主电能表不超差，以其所计电量为准；主电能表超差而副电能表不超差，以副电能表所计电量为准；主、副电能表均超差，以主电能表的误差计算退、补电量，并及时更换超差表计。

10.7 用电计量装置存在计量记录失准，按确定的退、补电量和误差期间的电价标准计算退、补电费。退、补电量未正式确定前，用电人先按正常月份用电量交付电费。

10.8 抄表记录和失压、断流自动记录、用电信息采集系统等装置记录的数据作为双方处理有关计量争议的依据。

11. 电价、电费

11.1 电价

供电人根据用电计量装置的记录和政府主管部门批准的电价（包括国家规定的随电价征收的有关费用），与用电人按本合同约定时间和方式结算电费。在合同有效期内，如发生电价和其他收费项目费率调整，按政府有关电价调整文件执行。

11.2 电费

（1）电度电费

按用电人各用电类别结算电量乘以对应的电度电价。

（2）基本电费

用电人的基本电费选择按_____（变压器容量/合同最大需量/实际最大需量）方式计算，_____①为一个选择周期。按变压器容量计收基本电费的，基本电费计算容量为_____千瓦（千伏安）（含不通过变压器供电的高压电动机）。用电人可提前 15 个工作日申请变更下一选择周期基本电价计费方式。

按合同最大需量计算的，按照双方协议确定最大需量核定值_____千瓦（千伏安），用电人最大需量超过合同确定值 105% 时，超过 105% 部分的基本电费加一倍收取；未超过合同确定值 105% 的，按合同确定值收取；申请最大需量核定值低于变压器容量和高压电动机容量总和的 40% 时，按容量总和的 40% 核定合同最大需量；对按最大需量计费的两路及以上进线用户，各路进线分别计算最大需量，累加计收基本电费。用电人选择按合同最大需量计费方式的，可提前 5 个工作日变更下一个日历月（或抄表结算周期）的合同最大需量值。

按实际最大需量计费方式的用户，按实际抄见最大需量值计收基本电费。对按实际最大需量计费的两路及以上进线用户，各路进线分别计算最大需量，累加计收基本电费。

基本电费按月计收，对新装、增容、变更和终止用电当月基本电费按实际用电天数计收（不足 24 小时的按 1 天计算），每日按全月基本电费的三十分之一计算。

---

① 该处填写时，依《国家发展改革委办公厅关于完善两部制电价用户基本电价执行方式的通知》发改办价格〔2016〕1583 号规定为：一个季度为一个选择周期。如各省有不同的政策文件规定的，以各省政策文件规定的选择周期为准。

6

用电人减容、暂停和恢复用电按《供电营业规则》和国家颁布的有关文件规定办理。选择按合同最大需量或实际最大需量计费方式的,申请减容、暂停应以日历月或抄表结算周期为单位。事故停电、检修停电、计划限电不扣减基本电费。

(3)功率因数调整电费

根据国家《功率因数调整电费办法》的规定,功率因数调整电费的考核标准为＿＿＿＿＿,相关电费计算按规定执行。

(4)用户自备电厂的系统备用容量费、自发自用电量收费按国家政策规定执行。

12. 电费支付及结算

12.1 双方同意采用以下第( )种方式:

(1)每月一次性结清全部电费,支付时间为用电当月＿＿＿＿＿日前。支付方式为＿＿＿＿＿＿＿＿＿。

(2)每月分＿＿＿＿＿次支付,首次支付时间为用电当月(或上月)＿＿＿日,支付金额按上月电费的＿＿＿＿＿%计算,第二次支付时间为用电当月＿＿＿＿＿日,支付金额按上月电费的＿＿＿%计算,并于用电当月＿＿＿日前按照抄表结算电费多退少补结清电费(或并于用电当月＿＿＿日前按照抄表结算电费补清差额电费,超出抄表结算电费的金额结转下月)。支付方式为＿＿＿＿＿＿＿。

(3)每月分＿＿＿＿＿次支付,首次支付时间为用电当月(或上月)＿＿＿＿＿日,支付金额为＿＿＿元,第二次支付时间为用电当月＿＿＿日,支付金额为＿＿＿元,并于用电当月＿＿＿日前按照抄表结算电费多退少补结清电费(或并于用电当月＿＿＿日前按照抄表结算电费补清差额电费,超出抄表结算电费的金额结转下月)。支付方式为＿＿＿＿＿＿。

(4)每月分＿＿＿＿＿次抄表结算支付电费,抄表日期分别为每月＿＿＿日、＿＿＿日和＿＿＿日,支付电费以每次抄表结算电费为准,支付时间为用电当月每次抄表日起 10 日内。支付方式为＿＿＿＿＿＿。

(5)双方可参照《电费结算协议》(附件三)的格式另行订立电费结算协议,作为本合同的附件。

(6)供电人与用电人可另行订立购电协议、电费担保协议等,具体确定电费结算事宜,作为本合同的附件。

12.2 若遇电费争议,用电人应先按供电人所抄见的电量、电力计算的电费金额结算,按时足额交付电费,待争议解决后,双方据实退、补。

第二章　双方的义务

第一节　供电人义务

13. 电能质量

13.1 在电力系统处于正常运行状况下,供到用电人受电点的电能质量应符合国家规定标准。

13.2 因下列用电人原因导致供电人未能履行电能质量保证义务的,则对用电人的该部分损失,供电人不承担赔偿责任。

(1)用电人违反本合同无功补偿保证;

(2)因用电人用电设施产生谐波、冲击负荷等影响电能质量或者干扰电力系统安全运行的;

7

(3)用电人不采取措施或者采取措施不力,功率因数达不到国家标准或产生的谐波、冲击负荷仍超过国家标准的;

(4)用电人其他原因导致供电人未能履行电能保证义务的。

14. 连续供电

14.1 在发供电系统正常情况下,供电人连续向用电人供电。但发生如下情形之一的,供电人可中止供电:

(1)供电设施计划或临时检修的;

(2)用电人危害供用电安全,扰乱供用电秩序,拒绝检查的;

(3)用电人逾期未交纳电费和违约金,经供电人催交仍未交付的;

(4)用电人受电装置经检验不合格,在指定期间未改善的;

(5)用电人注入电网的谐波电流超过标准,以及冲击负荷、非对称负荷等对电网电能质量产生干扰和妨碍,严重影响、威胁电网安全,拒不按期采取有效措施进行治理改善的;

(6)用电人拒不在限期内拆除私增用电容量的;

(7)用电人拒不在限期内交付违约用电引起的费用的;

(8)用电人违反安全用电、有序用电有关规定,拒不改正的;

(9)发生不可抗力或紧急避险的;

(10)用电人实施本合同第31条行为的;

(11)用电人装有预购电装置、限流开关、负荷控制装置的,在预购电量使用完毕、用户超容量用电或超负荷用电时自动停电的;

(12)供电人执行政府机关或授权机构做出的停电指令的;

(13)因电力供需紧张等原因需要停电、限电的;

(14)法律、法规和规章规定的其他情形。

15. 中止供电程序

15.1 因故需要中止供电的,按如下程序进行:

(1)供电设施计划检修需要中止供电的,供电人应当提前7日公告停电区域、停电线路、停电时间,并通知重要电力用户等级的用电人;

(2)供电设施临时检修需要中止供电的,供电人应当提前24小时公告停电区域、停电线路、停电时间,并通知重要电力用户等级的用电人。

15.2 发生以下情形之一的,供电人可当即中止供电:

(1)发生不可抗力或紧急避险;

(2)用电人实施本合同第31.6条至31.11条行为的。

15.3 因执行政府机关或授权机构依法做出的停电指令而中止供电的,供电人应按照指令的要求中止供电。

15.4 除15.1条至15.3条约定中止供电情形外,需对用电人中止供电时,按如下程序进行:

(1)停电前三至七天内,将停电通知书送达用电人,对重要用电人的停电,同时将停电通知书报送同级电力管理部门;

(2)停电前30分钟,将停电时间再通知用电人一次。

8

15.5 引起中止供电或限电的原因消除后,供电人应在三日内恢复供电。不能在三日内恢复供电的,应向用电人说明原因。

16.越界操作

16.1 供电人不得擅自操作用电人产权范围内的电力设施,但下列情况除外:

(1)可能危及电网和用电安全;

(2)可能造成人身伤亡或重大设备损坏;

(3)供电人依法或依合同约定实施停电。

16.2 供电人实施前款行为时,应遵循合理、善意的原则,并及时告知用电人,最大限度减少损失发生。

17.禁止行为

17.1 故意使用电计量装置计量错误。

17.2 随电费收取其他不合理费用。

18.事故抢修

因自然灾害等原因断电的,应按国家有关规定及时对产权所属的供电设施进行抢修。

19.信息提供

19.1 为用电人交费和查询提供方便。

19.2 免费为用电人提供电能表示数、负荷、电量及电费等信息。

19.3 及时公布电价调整信息。

20.信息保密

对确因供电需要而掌握的用电人商业秘密,除政府部门或司法机关要求提供的,不得公开或泄露。用电人需要保守的商业秘密范围由其另行书面向供电人提出,双方协商确定。

第二节　用电人义务

21.交付电费

21.1 用电人应按照本合同约定方式、期限及时交付电费。

21.2 用电人将用电地址内的房屋、场地出租、出借或以其他方式给他人使用的,用电人仍需承担交纳电费、违约金和其他违约责任的义务。

22.保安措施

用电人保证电或非电保安措施有效,以满足安全需要,防止人身和财产等事故发生。

23.受电设施合格

用电人保证受电设施及多路电源的联络、闭锁装置始终处于合格、安全状态,并按照国家或电力行业电气运行规程定期进行安全检查和预防性试验,及时消除安全隐患。

24.受电设施及自备应急电源管理

24.1 用电人电气运行维护人员应持有安全监管部门颁发的《特种作业操作证(电工)》或能源监管部门颁发的《电工进网作业许可证》、且证件在有效期内,方可上岗作业。

24.2 用电人应对受电设施进行维护、管理,并负责保护供电人安装在用电人处的用电计量与用电信息采集等装置安全、完好,如有异常,应及时通知供电人。

24.3 用电人应自备电源作为保安负荷的应急电源,电源容量至少应满足全部保安负荷正常供电的要求;用电人在使用自备应急电源过程中应避免如下情况:

9

(1)自行变更自备应急电源接线方式;

(2)自行拆除自备应急电源的闭锁装置或使其失效;

(3)自备应急电源发生故障后长期不能修复并影响正常运行;

(4)其他可能发生自备应急电源向电网倒送电的。

25. 保护的整定与配合

用电人受电装置的保护方式应当与供电人电网的保护方式相互配合,并按照电力行业有关标准或规程进行整定和检验,用电人不得擅自变动。

26. 无功补偿保证

用电人按无功电力就地平衡的原则,合理装设和投切无功补偿装置,保证相关数值符合国家相关规定。

27. 电能质量共担

27.1 用电人应采取积极有效的技术措施对影响电能质量的因素实施有效治理,确保将其控制在国家规定电能质量指标限值范围内。如用电人行为影响电网供电质量,威胁电网安全,供电人有权要求用电人限期整改,并在必要时采取有效措施解除对电网安全的上述威胁,用电人应给予充分必要的配合。

27.2 用电人对电能质量的要求高于国家相关标准的,应自行采取必要技术措施。

28. 有关事项的通知

如有以下事项发生,用电人应及时通知供电人:

(1)用电人发生重大用电安全事故及人身触电事故;

(2)电能质量存在异常;

(3)电能计量装置计量异常、失压断流记录装置的记录结果发生改变、用电信息采集装置运行异常;

(4)用电人拟对受电装置进行改造或扩建、用电负荷发生重大变化、重要受电设施检修安排以及受电设施运行异常;

(5)用电人拟作资产抵押、重组、转让、经营方式调整、名称变化、发生重大诉讼、仲裁等,可能对本合同履行产生重大影响的;

(6)行业类别或负荷特性发生改变;

(7)用电人其他可能对本合同履行产生重大影响的情况。

29. 配合事项

29.1 用电人应配合做好需求侧管理,落实国家能源方针政策。

29.2 供电人为保障电网运行安全,有权对用户涉网设备进行用电检查,用电人应提供必要方便,并根据检查需要,向供电人提供相应真实资料。用电检查的内容是:

(1)用户受(送)电装置工程施工质量检验;

(2)用户受(送)电装置中电气设备运行安全状况;

(3)用电计量装置、电力负荷控制装置、继电保护和自动装置、调度通信等安全运行状况;

(4)供用电合同及有关协议履行的情况;

(5)受电端电能质量状况;

10

(6)违章用电和窃电行为;

(7)并网电源、自备电源并网安全状况。

29.3 供电人依本合同实施停、限电时,用电人应及时减少、调整或停止用电。

29.4 用电计量装置的安装、移动、更换、校验、拆除、加封、启封由供电人负责,用电人应提供必要的方便和配合;安装在用电人处的用电计量装置由用电人妥善保管,如有异常,供电人有权要求用电人配合对异常进行更正。

30. 越界操作

用电人不得擅自操作供电人产权范围内的电力设施,但遇下列情形除外:

(1)可能危及电网和用电安全;

(2)可能造成人身伤亡或重大设备损坏。

31. 禁止行为

31.1 在电价低的供电线路上,擅自接用电价高的用电设备或私自改变用电类别;

31.2 私自超过合同约定容量用电;

31.3 擅自使用已在供电人处办理暂停手续的电力设备或启用已封存电力设备;

31.4 私自迁移、更动和擅自操作供电人的用电计量装置;

31.5 擅自引入(供出)电源或将自备应急电源和其他电源并网;

31.6 在供电人的供电设施上,擅自接线用电;

31.7 绕越供电人用电计量装置用电;

31.8 伪造或者开启供电人加封的用电计量装置封印用电;

31.9 损坏供电人用电计量装置;

31.10 使供电人用电计量装置、用电信息采集装置失准或者失效;

31.11 采取其他方法导致不计量或少计量。

32. 减少损失

32.1 当发生供电质量下降或停电等情形时,用电人应采取合理、可行措施,尽量减少由此导致的损失。

32.2 当供电人依本合同约定或法律规定实施停、限电或复电时,用电人应根据供电人通知的停、复电时间预先做好准备,以防止人身或财产损害等事故发生。

第三章 合同变更、转让和终止

33. 合同变更

33.1 合同履行中发生下列情形,供用电双方应协商修改合同相关条款:

(1)增加或减少受电点、计量点;

(2)电费计算方式变更;

(3)用电人对供电质量提出特别要求;

(4)产权分界点调整;

(5)违约责任的调整;

(6)由于供电能力变化或国家对电力供应与使用管理的政策调整,使订立合同时的依据被修改或取消;

(7)其他需要变更合同的情形。

11

33.2 合同履行中,发生非永久性减容(减容恢复)、暂停(暂停恢复)、暂换(暂换恢复)、移表、暂拆、改类、调整定比定量、调整基本电费收取方式的,双方约定不再重新签订合同,该变更的申请及相关批复作为供用电合同的补充,与本合同具有同等法律效力。

34. 合同变更程序

合同如需变更,按以下程序进行:

(1)一方提出合同变更请求,双方协商达成一致;

(2)双方签订《合同事项变更确认书》(附件四)。

35. 合同转让

未经对方同意,任何一方不得将本合同项下权利和义务转让给第三方。

36. 合同终止

36.1 合同因如下情形终止:

(1)用电人主体资格丧失或依法宣告破产;

(2)供电人主体资格丧失或依法宣告破产;

(3)合同依法或依协议解除;

(4)合同有效期届满,双方或一方对继续履行合同提出书面异议。

36.2 合同终止,不影响合同既有债权、债务的依法处理。

36.3 合同终止后,供用电双方应相互配合,解除双方设施的物理连接,如用电人不予配合的,在保证安全的前提下,供电人有权操作或更动有关供电设施,单方解除双方设施的物理连接。

36.4 用电人连续六个月不用电,也不申请办理暂停用电手续的,供电人可以对其采取销户措施,终止本合同。

第四章　违约责任

37. 供电人的违约责任

37.1 供电人违反本合同约定,应当按照国家、电力行业标准或本合同约定予以改正,继续履行。

37.2 供电人违反本合同电能质量义务给用电人造成损失的,应赔偿用电人实际损失,最高赔偿限额为用电人在电能质量不合格的时间段内实际用电量和对应时段的平均电价乘积的百分之二十。但因用电人原因导致供电人未能履行电能质量保证义务的,则对用电人的该部分损失,供电人不承担赔偿责任。

37.3 供电人违反本合同约定中止供电给用电人造成损失的,应赔偿用电人实际损失,最高赔偿限额为用电人在中止供电时间内可能用电量电度电费的五倍(单一制四倍)。

前款所称的可能用电量,按照停电前用电人正常用电月份或正常用电一定天数内的每小时平均用电量乘以停电小时求得。

37.4 供电人未履行抢修义务而导致用电人损失扩大的,对扩大损失部分按本条第 37.3 条的原则给予赔偿。

37.5 供电人随电费收取其他不合理费用,造成用电人损失的,应退还用电人有关费用。

37.6 有如下情形之一的,供电人不承担违约责任:

12

（1）符合本合同第14条约定的连续供电的除外情形且供电人履行了必经程序的；

（2）电力运行事故引起开关跳闸，经自动重合闸装置重合成功的；

（3）多电源供电只停其中一路，其他电源仍可满足用电人用电需要的；

（4）用电人未按合同约定安装自备应急电源或采取非电保安措施，或者对自备应急电源和非电保安措施维护管理不当，导致损失扩大部分；

（5）因用电人或第三人的过错行为所导致；

（6）因用电人原因导致供电人未能履行电能质量保证义务的；

（7）不可抗力或因台风、强对流等极端天气导致的损害；

（8）用电人应对其设备的安全负责，供电人不承担因被检查设备不安全引起的任何直接或间接损坏、损害的赔偿责任；

（9）法律、法规和规章规定的其他免责情形。

38.用电人的违约责任

38.1 用电人违反本合同约定义务，应当按照国家、电力行业标准或本合同约定予以改正，并继续履行。用电人违约行为危及供电安全时，供电人可要求用电人立即改正，用电人拒不改正时，供电人可采用操作用电人设施等方式直接代替用电人改正，相关费用和损失由用电人承担。

38.2 出于用电人原因造成供电人对外供电停止或减少的，应当按供电人少供电量乘以上月份平均售电单价给予赔偿；其中，少供电量为停电时间上月份每小时平均供电量乘以停电小时。停电时间不足1小时的按1小时计算，超过1小时的按实际停电时间计算。

38.3 因用电人过错给供电人或者其他用户造成财产损失的，用电人应当依法承担赔偿责任。本款责任不因第38.4条责任而免除。

38.4 用电人有以下违约行为的还应按合同约定向供电人支付违约金、违约使用电费：

（1）用电人违反本合同约定逾期交付电费，居民用户每日按欠费总额的千分之一计算，其他用户当年欠费部分的每日按欠交额的千分之二、跨年度欠费部分的每日按欠交额的千分之三计付，但累计不超过造成损失的百分之三十，交纳电费时应先冲抵到期电费债务，即用户应先交纳电费欠费后再交纳违约金。

（2）用电人擅自改变用电类别或在电价低的供电线路上，擅自接用电价高的用电设备的，按差额电费的两倍计付违约使用电费，差额电费按实际违约使用日期计算；违约使用起讫日难以确定的，按三个月计算。

（3）擅自超过本合同约定容量用电的，属于两部制电价的用户，按三倍私增容量基本电费计付违约使用电费；属单一制电价的用户，按擅自使用或启封设备容量每千瓦（千伏安）50元支付违约使用电费。

（4）擅自使用已经办理暂停使用手续的电力设备，或启用已被封停的电力设备的，属于两部制电价的用户，按基本电费差额的两倍计付违约使用电费；如属单一制电价的，按擅自使用或启封设备容量每次每千瓦（千伏安）30元支付违约使用电费；启用私自增容被封存的设备，还应按38.4条第（3）款支付违约使用电费。

（5）擅自迁移、更动或操作用电计量装置、电力负荷管理装置、擅自操作供电企业的供电设施以及约定由供电人调度的受电设备的，按每次5 000元计付违约使用电费。

13

（6）擅自引入、供出电源或者将自备电源和其他电源私自并网的,按引入、供出或并网电源容量的每千瓦(千伏安)500元计付违约使用电费。

（7）擅自在供电人供电设施上接线用电、绕越用电计量装置用电、伪造或开启已加封的用电计量装置用电,损坏用电计量装置、使用电计量装置不准或失效的,按补交电费的三倍计付违约使用电费。少计电量时间无法查明时,按180天计算。日使用时间按小时计算,其中,电力用户每日按12小时计算,照明用户每日按6小时计算。

38.5 用电人应对其设备的安全负责,供电人进行用电检查,不承担因被检查设备不安全引起的任何直接或间接损坏、损害的赔偿责任。

38.6 用电人的违约责任因以下原因而免除:

（1）不可抗力;

（2）法律、法规及规章规定的免责情形。

38.7 因追究用电人违约责任而产生的费用,包括但不限于律师费、差旅费等费用由用电人承担。

38.8 用电人发生拖欠电费、违约用电、窃电等情形的,供电人可以将用电人列入失信客户名单,提交给金融机构、政府的征信系统作为信用评价的依据。

38.9 因用电人原因导致表计等计量装置断开或中止供电,影响光伏、风力、水电等发电并网的情况,由用电人自行承担一切损失。

第五章　附则

39. 供电时间

用电人受电装置已验收合格,业务相关费用已结清且本合同和有关协议均已签订后,供电人应即依本合同向用电人供电。

40. 合同效力

40.1 本合同经双方签署并加盖公章或合同专用章后成立。合同有效期为_____年,自_____起至_____止。合同有效期届满,双方均未提出书面异议的,继续履行,有效期按本合同有效期限重复续展。

40.2 合同一方提出异议的,应在合同有效期届满的30天前提出,并按以下原则处理:

（1）一方提出异议,经协商,双方达成一致,重新签订供用电合同。在合同有效期届满后续签的书面合同签订前,本合同继续有效。

（2）一方提出异议,经协商,不能达成一致的,在双方对供用电事宜达成新的书面协议前,本合同继续有效。

41. 调度通信

41.1 按照双方签订的调度协议执行。

41.2 用电人联系电话

（1）用电业务联系人_____,电话_____,调度电话_____;

（2）电气联系人_____,电话_____;

（3）财务联系人_____,电话_____。

41.3 供电服务热线95598。

14

42. 争议解决

42.1 双方发生争议时,应本着诚实信用原则,通过友好协商解决。

42.2 若争议经协商仍无法解决的,按以下第_____种方式处理①:

(1)仲裁:提交_____仲裁,按照申请仲裁时该仲裁机构有效的仲裁规则②进行仲裁。仲裁裁决是终局的,对双方均有约束力。

(2)诉讼:向_____所在地人民法院提起诉讼。

42.3 在争议解决期间,合同中未涉及争议部分的条款仍须履行。

43. 通知及同意

43.1 根据本合同规定发出的所有通知及同意,应按照下列地址、电子邮箱或传真号码送达相关方。有关通知及同意按下述规定予以具体确定:

(1)通过邮寄方式发送的,邮寄到相应地址之日为其有效送达之日;

(2)通过电子邮件形式发送的,由收件人收到之日为其有效送达之日;

(3)通过传真形式发送的,发出并收到发送成功确认函之日为其有效送达之日。

43.2 如果按照上述原则确定的有效送达日在收件人所在地不属于工作日的,则当地收讫日后的第一个工作日为该通知或同意的有效送达日。

43.3 任何一方均应按本合同约定,向另一方发出通知,变更其接收地址、电子邮箱或传真号码。如变更未通知另一方,导致发出的所有通知及同意被退回或拒收的,退回或拒收之日为有效送达日。

43.4 各方接收所有该等通知及同意的地址、传真号码和电子邮箱地址如下:

供电人地址:_____,传真:_____,电子邮箱:_____;

用电人地址:_____,传真:_____,电子邮箱:_____。

44. 文本和附件

44.1 本合同一式____份,供电人持____份,用电人持____份,具有同等法律效力。

44.2 双方按供用电业务流程所形成的申请、批复等书面资料均作为本合同附件,与合同正文具有相同效力。

44.3 本合同附件包括:

(1)附件1:术语定义;

(2)附件2:供电接线及产权分界示意图;

(3)附件3:电费结算协议;

(4)附件4:合同事项变更确认书;

(5)_____。

45. 提示和说明

45.1 用电人为政府机关、医疗、交通、通信、工矿企业,以及其他按照本合同第二条选择"重要负荷""连续性负荷"的,应当选择配备自备应急电源,并采取有效的非电保安措施,以保证供用电安全。

---

① 建议选择诉讼作为争议解决方式。
② 如选择其他仲裁规则,可以在特别约定条款中明确。

15

45.2 供电人和用电人均已阅读并完全理解本合同及其附件的全部条款,自愿履行合同义务。

46. 特别约定①

本特别约定是合同各方经协商后对合同其他条款的修改或补充,如有不一致,以特别约定为准。_____

_____

(以下无正文)

---

① 对本统一合同文本的任何修改或补充,均应在本条(第46条 特别约定)中约定。如需修改时,应明确被修改的具体条款,示例:"将第32条修改为:……";如需补充时,应订立补充条款,示例:"增加以下条款:……"。

16

签 署 页

供电人：

（盖章）

法定代表人（负责人）或

授权代表（签字）：

签订日期：

地址：

联系人：

电话：

传真：

开户银行：

账号：

统一社会信用代码：

用电人：

（盖章）

法定代表人（负责人）或

授权代表（签字）：

签订日期：

地址：

联系人：

电话：

传真：

开户银行：

账号：

统一社会信用代码：

附件1

术语定义

1. 用电容量：指用电人申请、并经供电人核准使用电力的最大功率或视在功率。

2. 受电点：即用电人受电装置所处的位置。为接受供电网供给的电力，并能对电力进行有效变换、分配和控制的电气设备，如高压用户的一次变电站(所)或变压器台、开关站，低压用户的配电室、配电屏等，都可称为用电人的受电装置。

3. 保安负荷：指重要电力用户用电设备中需要保证连续供电和不发生事故，具有特殊的用电时间、使用场合、目的和允许停电的时间等构成的重要电力负荷。

4. 电能质量：指供电电压、频率和波形。

5. 计量方式：计量电能的方式，一般分为高压侧计量和低压侧计量以及高压侧加低压侧混合计量等三种方式。

6. 计量点：指用于贸易结算的电能计量装置装设地点。

7. 计量装置：包括电能表、互感器、二次连接线、端子牌及计量箱柜。

8. 冷备用：需经供电人许可或启封，经操作后可接入电网的设备，本合同视为冷备用。

9. 热备用：不需经供电人许可，一经操作即可接入电网的设备，本合同视为热备用。

10. 谐波源负荷：指用电人向公共电网注入谐波电流或在公共电网中产生谐波电压的电气设备。

11. 冲击负荷：指用电人用电过程中周期性或非周期性地从电网中取用快速变动功率的负荷。

12. 非对称负荷：因三相负荷不平衡引起电力系统公共连接点正常三相电压补平衡度发生变化的负荷。

13. 自动重合闸装置重合成功：指供电线路事故跳闸时，电网自动重合闸装置在整定时间内自动合闸成功，或自动重合装置不动作及未安装自动重合装置时，在运行规程规定的时间内一次强送成功的。

14. 倍率：间接式计量电能表所配电流互感器、电压互感器变比及电能表自身倍率的乘积。

15. 线损：线路在传输电能时所发生的有功损耗、无功损耗。

16. 变损：变压器在运行过程中所产生的有功损耗和无功损耗。

17.无功补偿:为提高功率因数、减少损耗、提高用户侧电压合格率而采取的技术措施。

18.计划检修:供电人按照年度、月度检修计划实施的设备检修。

19.临时检修:供电设备障碍、改造等原因引起的非计划、临时性停电(检修)。

20.紧急避险:指电网发生事故或者发电、供电设备发生重大事故;电网频率或电压超出规定范围、输变电设备负载超过规定值、主干线路功率值超出规定的稳定限额以及其他威胁电网安全运行,有可能破坏电网稳定,导致电网瓦解以致大面积停电等运行情况时,供电人采取的避险措施。

21.不可抗力,指不能预见、不能避免并不能克服的客观情况。包括:火山爆发、龙卷风、海啸、暴风雪、泥石流、山体滑坡、水灾、火灾、来水达不到设计标准、超设计标准的地震、台风、雷电、雾闪等,以及核辐射、战争、瘟疫、骚乱等

22.逾期日:指超过双方约定的交纳电费的截止日的第二天算起,不含截止日。

23.受电设施:用电人用于接受供电企业供给的电能而建设的电气装置及相应的建筑物。

24.国家标准:国家标准管理专门机关按法定程序颁发的标准。

25.电力行业标准:国务院电力管理部门依法制定颁发的标准。

26.基本电价:指按用户用电容量(合同最大需量或实际最大需量)计算电费的电价。

27.电度电价:指按用户用电量计算电费的电价。

28.两部制电价:同时执行基本电费和电度电价的电价。

29.重要电力用户:指有重要负荷的用户。重要负荷的定义参见国家标准《供配电系统设计规范》(GB 50052—2009)。

附件2

供电接线及产权分界示意图

附件3

电费结算协议

合同编号：

供电人：

地址：

用电人：

地址：

供用电双方就电费结算等事宜,经过协商一致,达成如下协议:

一、供电人按规定日期抄表,按期向用电人收取电费。

二、电费由用电人通过如下方式支付:

1. 银行直接支付。

供电人收款单位(全称):

银行账号：

开户银行：

用电人付款单位(全称):

银行账号：

开户银行：

2. 其他支付方式:＿＿＿＿＿＿＿＿。

3. 双方约定:采用以下(　　)种方式交纳电费:

(1)用电人每月＿＿＿日、＿＿＿日、＿＿＿日分三次向供电人支付电费(节假日顺延),其中,前两次分别按上月电费的三分之一,最后一次按多退少补的原则结清当月全部电费。电费发票在用电人结清当月电费后＿＿＿日内由供电人寄出。

(2)＿＿＿＿＿＿＿＿＿＿＿＿＿＿＿＿＿＿＿＿＿＿＿＿＿＿＿。

三、用电人未能按合同约定及时交付电费(包括未能按时交纳分次划拨电费),供电人按《高压供用电合同》38.4(1)款约定标准向用电人计收电费违约金。违约金自逾期之日起计算至交费之日止,逾期日期自双方约定的缴费日期起计算。

四、用电人对用电计量、电费有异议时,先交清电费,然后双方协商解决。协商不成时,可请求电力管理部门调解。调解不成时,双方可根据《高压供用电合同》中约定方式解决争议。

五、供、用电双方如变更户名、银行账号,应及时书面通知对方。如用电人未及时通知供电人,造成未按时交付电费时,供电人按本协议第三条处理。

六、本协议自供电人、用电人签字或盖章,并加盖合同专用章或公章后成立。协议有效期为_____年,自_____起至_____止。协议有效期届满,双方均未提出书面异议的,继续履行,有效期按本协议有效期限重复续展。

七、本协议一式两份,作为《高压供用电合同》的附件。供电人、用电人各执一份,具有同等法律效力。

供电人:(公章)　　　　　用电人:(公章)
签约人:(盖章)　　　　　签约人:(盖章)
签约时间: 年 月 日　签约时间: 年 月 日

附件4

合同事项变更确认书

序号	变更事项	变更前约定	变更后约定	供电人确认	用电人确认
1				（签）章 ___年__月__日	（签）章 ___年__月__日
2				（签）章 ___年__月__日	（签）章 ___年__月__日
3				（签）章 ___年__月__日	（签）章 ___年__月__日
4				（签）章 ___年__月__日	（签）章 ___年__月__日
5				（签）章 ___年__月__日	（签）章 ___年__月__日

参考文献

［1］山西省电力公司.农网营销［M］.北京:中国电力出版社,2010.

［2］国家电网公司营销部.供电服务典型案例汇编［M］.北京:中国电力出版,2017.

［3］国家电网公司营销部(农电工作部)."全能型"乡镇供电所岗位培训教材通用知识
［M］.北京.中国电力出版社,2017.

［4］姜力维.违约用电和窃电查处与防治［M］.北京:中国电力出版社,2012.